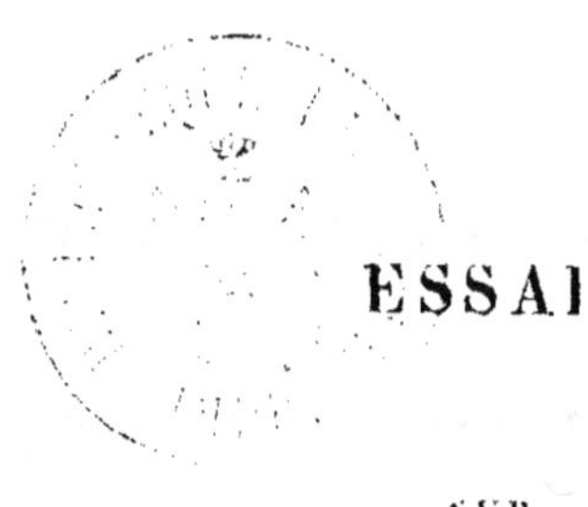

ESSAI

SUR

L'AGRICULTURE.

SOISSONS, IMPRIMERIE DE GILLES-GIBERT.

ESSAI SUR L'AGRICULTURE

DANS

SES RAPPORTS GÉNÉRAUX,

1° AVEC LES HOMMES ; 2° AVEC LES TEMPS ET LES LIEUX ; 3° AVEC LES RELIGIONS ET LES MOEURS ; 4° AVEC LES SCIENCES ET LES ARTS ;

PAR

M. BERTHEVIN.

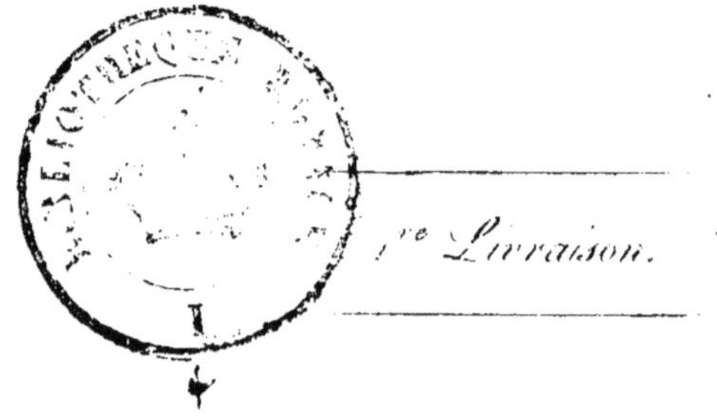

A PARIS,

Chez GUSTAVE PISSIN, place du Palais-de-Justice, n° 1.
Madame HUZARD, rue de l'Éperon, n° 2.
GRIMBERT, libraire, rue de Savoie

AOUT 1835.

ESSAI SUR L'AGRICULTURE.

§ — I.

Si monumenta quæris, circumspice.
La terre est le domaine des enfants de l'homme.
Semel jussit : semper patet et servat natura.   Sen.
Tout sortit de la main de Dieu, le jour comme la nuit :
Le jour fut le père du travail, et la nuit berça les enfants
de la terre dans ses bras.

VIEILLE CHANSON MILANAISE

J'écris sur l'agriculture : ai-je mission? J'écris sur l'agriculture : ai-je puissance? J'ai volonté : si la volonté est le pouvoir, je reporterai sur ces pages muettes les pensées qui m'ont long-temps occupé; et si je suis entendu, je serai, je le crois, utile ; parce qu'avec une conviction entière, j'aurai énoncé des choses vraies.

Lorsqu'à la voix de Dieu l'univers sortit du néant, et qu'il se présenta devant celui qui l'appelait, et lui dit « Me voilà, » les temps commencèrent pour la terre.

et tout ce qui est fut créé : le souffle de Dieu fut la vie universelle. Elle se modifia suivant la nature des êtres auxquels Dieu la fixa : ainsi l'homme reçut une âme vivante ; l'animal, l'instinct ; la plante, une vie imparfaite ; les corps organisés, une vie mécanique. Dieu, en créant d'abord, déploya sa puissance ; en conservant par des créations successives et continues, il justifie sa Providence ; en choisissant l'homme pour arbitre des nouvelles créations qui ornent et remplissent la terre, il a voulu qu'il fût son image : il prouve sa bonté pour sa créature de prédilection.

Privés d'habitants, tandis que les soleils restèrent de brillantes solitudes (1), la terre fut peuplée : l'homme y fut placé, pour *connaître et oublier*, pour subir l'épreuve de sensations primitives et de manifestations nouvelles et de successives révélations dues ou à l'inspiration du génie, ou au souvenir de la tradition. Nous voyons la tradition dans les religions antiques, chez les Égyptiens, les Indiens, les Druides même. Nous voyons que les faits, ce souvenir du passé, étaient confiés à la mémoire des initiés, à la charge de les reproduire au besoin.

Sans la tradition, sans ce mode de transmission (2), sans le secours des pères, le souvenir eût-il existé ? et sans le souvenir et la tradition, le génie eût-il trouvé la révélation des choses ? Il ne lui est pas donné de créer : il ne peut que reproduire et confier à la méditation les choses qu'il reçoit d'en haut, qu'il entrevoit instinctivement ; mais voir, mais reproduire n'est pas créer.

---

(1) Châteaubriand.

(2) Tite-Live avoue que sans le secours de la tradition l'histoire des temps anciens serait impossible.

L'homme s'étant fait un besoin de connaître et de savoir, l'univers lui fut jeté comme une proie ; car il est dit que le monde a été livré à la dispute des hommes : et parmi les hommes, ce furent les savants qui se ruèrent avec plus de fureur sur cette proie. Produit d'un seul jet avec tout ce qui constitue son bagage actuel (1), l'univers fut le but de la science, qui, dès les premiers jours fut la connaissance des faits et de leur liaison avec nous. Ainsi dans ces premiers jours la science était une, et les distinctions que la faiblesse de nos moyens nous a forcés d'établir, et que le savoir, par impuissance, a admises, n'existaient pas (2). Nous le répétons, *la science était une.* Le père, dans de fréquentes leçons, redisait à son fils ce qu'il avait vu, ce qu'il avait appris ; il ordonnait de répéter à son premier-né ce qu'il tenait de lui tant pour sa vie morale, que pour ses intérêts matériels, les deux seules sources des besoins des hommes. Le fils écoutait en silence, recueillait religieusement en lui-même, gardait dans son souvenir et répétait ensuite les choses qu'il avait entendues. La science alors était un héritage qui passait du père au fils.... Mais en s'éloignant de sa source, le fleuve perd de son eau primitive, et ne s'accroît que par des confluences inattendues : ainsi l'altération a été l'effet du temps.

Il est pourtant des fleuves dont les eaux se mêlent plus lentement, et ne se confondent qu'à une grande

---

(1) Opinion de Newton que nous admettons.

(2) Platon aussi croyait, d'après Socrate son maître, à l'unité de la science ; mais par science, il ne comprenait pas la connaissance des choses, mais seulement la philosophie, qui est le lien universel des arts et des sciences.

distance... Il en est quelquefois des peuples comme des fleuves, et aujourd'hui encore les Juifs sont obstinément fidèles à leur antiques traditions. Ils sont, dispersés, ce qu'ils étaient comme corps de nation ; ils sont ce que les peignent les Saintes-Écritures ; ils ont, de nos jours, résisté aux fallacieuses agaceries de nos institutions modernes ; l'univers est pour eux un grand désert ; ils choisissent pour quelques jours des lieux pour y planter leurs tentes ; ils erreront encore dans le désert pendant des siècles, jusqu'à ce qu'ils aient retrouvé leur patrie.

La science était une.... Le prophète la voyait au-delà des limites dans lesquelles son aïeul l'avait circonscrite : le mage, élevant ses regards vers le ciel, voulut trouver dans la contemplation des astres une science nouvelle. Son orgueil lui fit créer de nouveaux et de faux rapports : dès lors les sciences furent divisées ; dès lors le mal naquit du désir d'une science erronée, qui perdit de sa force en s'étendant. Dès qu'on a voulu rechercher des principes comme conséquences des faits, la déviation a commencé : les causes nous seront toujours inconnues, et les faits ne nous apparaissent qu'à leur surface. Aussi l'agriculture, qui a pris la surface de la terre pour but de son étude, est-elle de toutes les branches de la science celle qui repose sur des faits plus positifs, qui admet des règles plus sûres ; est celle qui retrace le plus ce qu'elle était à son origine, une science de faits.

Il est à remarquer, comme phénomène de l'antique puissance de la science *unitaire*, si je puis parler ainsi, que les premiers qui crurent devoir diviser la science pour l'envisager dans ses parties, qui arrachèrent violemment une branche du tronc, en la détachant pour la livrer aux systèmes et à la vaine curiosité des disciples à venir, déployèrent pour la plupart une énergie qui, aujour d'hui encore, rappelle à eux, une force d'accents dont nos voix ne sont que les faibles échos, une homogénéité de vues qui doit nous frapper d'étonnement, en un mot un grand ensemble, tels que les vestiges de la science tra ditionnelle qu'ils nous ont transmise les rendent encore aujourd'hui nos maîtres. C'est sur leurs documents que nous sommes obligés de nous appuyer pour baser nos sciences tronquées : oui, ils sont nos maîtres. Hippo crate, qui eut l'expérience des siècles, n'a pas été sur passé, et l'oracle de Cos l'est de nos écoles. Salomon n'aura pas d'égal. Ésope ou Lokman n'est que répété de nos jours. Homère n'est que copié, qu'imité. Qui, sans en excepter Virgile, le Tasse et Milton, a pu refléter même la pâle image d'Homère rêveur, suivant l'expres sion caractéristique du satirique latin (1)? Et pour par ler plus particulièrement de l'agriculture, si tous les géoponiques anciens nous étaient restés, peut-être se rions-nous convaincus qu'aucunes vues, qu'aucune des méthodes renouvelées et des Latins et des Grecs n'a vaient échappé à la sagacité, à la sagesse de leurs ob-

---

(1) Nous devons, et ce ne sera pas la seule obligation que nous lui avons, à M. le baron Rougier de La Bergerie, les recherches si minu tieuses et si exactes, qui nous permettront de représenter Homère comme profondément instruit des secrets et des pratiques de l'agricul ture. Homère savait tout, et Horace avoue qu'il surpassait Crantor en philosophie. Nous ne citerons pas M. de La Bergerie toutes les fois que nous lui emprunterons des idées, des vues : son nom eût été reproduit à chaque page de notre travail ; qu'il reçoive ici nos remerciments pour la permission qu'il nous a donnée d'emprunter à ses livres les pensées qui rentreraient dans les bornes de notre cadre.

servations sur ce qu'ils voyaient : les prescriptions d'aujourd'hui ne sont que des redites des sentences des Varron, des Columelle, des Pline, des Celse chez les Latins : des Hiéron, des Hésiode, des Xénophon, des Philométor chez les Grecs; des Magon, des Hamilcar, chez les Carthaginois (1). En examinant les ouvrages des anciens sur l'histoire naturelle et sur l'agriculture, on reste muet d'étonnement : quelle étendue de vues! quelle variété de connaissances! Ils ont mérité, quoique les premiers dans la carrière, de rester nos modèles !...

§—II.

Jocer ne tecum cum litteris? Civem me hercule non puto esse, qui temporibus his ridere possit. Ita sunt omnia debilitata, jam et prope extincta. CICÉRON.

Qui pourrait, aujourd'hui que l'arbre est abattu, réunir les branches arrachées du tronc et dispersées? Ils l'ont voulu les Dalembert, les Diderot, les

____

(1) Magon, Suffète de Carthage, écrivit sur l'agriculture des livres tellement estimés, que le peuple romain, qui donna aux rois d'Afrique ses alliés tous les livres trouvés dans les bibliothèques de Carthage, fit une exception, et ordonna de recueillir et de traduire les vingt-huit volumes de cet illustre écrivain. Ce fut *Decius Silanus* qui, par un mandement spécial, fut chargé de la mission honorable de surveiller ce

Robinet, les d'Holback, les Turgot, les mille et un savants qui tentèrent de se faire les précepteurs du genre humain. Leur œuvre prodigieuse est déjà oubliée, délaissée, et tous leurs efforts n'ont pu faire revivre en une seule pensée la science tout entière… Quelques parties ont décelé la force de leur génie; quelques aperçus se sont rarement et difficilement fait jour à travers une foule de pensées incohérentes, de lourdes dissertations, d'articles jetés alphabétiquement pêle-mêle, sans unité de vues, sans méthode, qui, comme le cahos, aux premiers temps, recèlent, l'élément des choses. Les plantes parasites ont, dans cette ébauche imparfaite, dominé le champ de la science et étouffé le bon grain. Leur œuvre est déjà dans le souvenir.

Depuis, ces géants du xviiie siècle ont trouvé une foule d'imitateurs. Les Encelades modernes avaient entassé quelques montagnes : la faux du temps a laissé à peine des traces de leurs efforts, et pourtant le génie, l'éloquence, une érudition profonde pouvaient leur faire espérer qu'ils attacheraient leurs noms à une œuvre immortelle : un demi-siècle a passé, et ils ne sont déjà plus.

Et cependant le mot d'encyclopédie n'a-t-il pas sa

travail…. Quel est donc ce peuple qui s'est montré si grand parmi les peuples !… Il adopte les dieux des nations qu'il a soumises, il détruit ses ennemis et distribue leurs dépouilles *aux petits rois d'Afrique*, et par une exception politique et noble à la fois, pense devoir adopter les écrits de leurs grands hommes, *ces dieux d'un jour, souvent créateurs d'une seule œuvre*. Il les conserve, comme il réunit dans un vaste panthéon les images des dieux qui reçoivent les adorations de ses ennemis. M. Heeren a réuni dans un apendice de 15 pages les fragments de Magon que Pline, Varron et Columelle ont transmis

magie ? La science renfermée dans un cercle, cercle immense, cette pensée colossale devait-elle rester inféconde ? Est-il impossible de réduire l'ensemble des connaissances humaines à un système unique ? Les sciences pourtant se touchent entre elles, on ne voit pas de barrière infranchissable. O science, tu n'es pas comme Dieu, tu as ta circonférence, tu as ta limite. Investigateurs d'un jour, savants éphémères, assignez-la cette limite. L'univers vous est livré : chacun de vous paraît vouloir, suivant un sentier nouveau et inconnu, arriver au sommet, connaître le secret *de la nature*..... Profane ! *de la nature ?*.... c'est le secret de Dieu que j'aurais dû dire..... Que dis-je, de Dieu ? d'une seule de ses œuvres.....

Oui la limite de l'univers est celle de la science : le connaître, ce serait savoir; mais qui l'atteindra cette limite ? qui pourra suivre les pas du géant ? qui pourra expliquer les mystères de cet univers qui reste inconnu, quoique parcouru dans toutes les directions, quoique étudié sous tant de rapports divers ? Il serait plus facile de réunir en un seul foyer tous les rayons du soleil, que de resserrer dans une seule pensée l'ensemble de la science. Toujours l'univers sera pour les savants le Dieu inconnu, il ne sera compris que par celui qui l'arrondit sans compas, qui le soutient sans pivot.

L'univers ne pouvant être compris, la science s'est partagé son examen, *sa comptabilité*, si je peux hasarder cette expression. Une foule d'hommes se sont réunis pour le sillonner en tous sens, pour l'étudier. Quelque fois ils se sont réunis en caravane pour son investigation, quelque fois un seul homme a exploré une contrée, un point a été aperçu par chacun d'eux, mais le tout sera toujours inconnu; car, comme M. Châteaubriand l'a remarqué, à chaque découverte de la science, il semble que l'on va atteindre la limite; mais bientôt d'insurmontables obstacles apparaissent. C'est la montagne arrêtant le voyageur qui vient de parcourir un chemin uni (1).

Quelle activité parmi les hommes que la science occupe! Quelle dévorante ambition, quel puissant orgueil les soutient dans la recherche constante du système de l'univers et de sa composition! Les minéralogistes, les géologues ont voulu pénétrer dans le sein de la terre, pour en extraire les richesses, pour en détailler les parties internes.

Les astronomes ont tenté de s'élever jusqu'à la connaissance des astres, qui, entraînés dans la période de mouvements imprimés au tout, agissant et réagissant sans cesse les uns sur les autres, ont été suspendus au-dessus de nos têtes comme de grands luminaires. Pour le mathématicien, l'univers a des lois, et à force de voir se reproduire avec une constance de tous les siècles, de toutes les années, de tous les jours, de tous les moments, les mêmes phénomènes, il a conclu des théories, bâti des systèmes, que la révélation d'un seul fait nouveau pourra renverser avec la brutale brusquerie d'un usurpateur qui vient, pour un jour, essayer une nouvelle combinaison du pouvoir.

____

(1) J'avais dans mes extraits consigné la pensée de M. de Châteaubriand, sans désigner l'ouvrage auquel je l'avais empruntée; je ne réponds pas de la fidélité du texte, mais de la justesse de la pensée.

Le navigateur réunit les parties éparses, rapproche les continents, détruit ou confirme les faits déjà en expérience.

Quel sera, au milieu des efforts combinés des diverses branches de la science, le rôle de l'agriculteur? L'agriculteur, de concert avec le naturaliste et le botaniste, s'est partagé la surface de la terre. Leur conquête a été commune, leurs efforts ont été simultanés : sans rivalité ils ont choisi la meilleure part, et de concert il leur a été donné d'arriver à leur but, celui d'offrir à la grande famille le prix de leurs labeurs. Les faits se montrent à chaque instant, pour ainsi dire, sous leurs pas : ils peuvent voir et décrire, et s'ils ne peuvent deviner les causes intimes, la pratique et l'expérience aident leurs travaux, et peut-être qu'un jour, après une constante concentration d'efforts, la connaissance des causes ajoutera à leur combinaison une impression lente et utile.

§—III.

Orbis manum emendatricem desiderat : non omnia dicuntur, sed maxime insignia. PLINE.

La science est un grand cercle, un cercle immense ; mais plusieurs cercles concentriques se meuvent dans

le développement de la surface qu'ils couvrent entièrement. Chaque science est elle-même un cercle
particulier qui, outre le mouvement du cercle géné-
rateur, a son mouvement propre et un mouvement
variable. Il obéit aux lois générales et à ses lois particulières. Cercle flexible, il s'étend et pénètre les
autres cercles; il se resserre et en est pénétré, tour
à tour. Il donne et reçoit la lumière; placé successivement sous l'influence d'un astre momentanément plus puissant que lui, il cède alors à une action,
quand il ne peut se contenter de son action propre.
Que serait une science isolée si les autres sciences,
ses auxiliaires, ne venaient successivement lui offrir un
utile et indispensable concours (1)?

Dans une foule de passages des anciens nous voyons
consacrée cette consanguinéité des sciences : ils les ont
montrées tantôt dans la force de leur réunion, tantôt
dans la simplicité de leur être, dans l'indépendance et
l'unité de leur existence, sous la condition qui les fait
vivre d'une vie qui leur est propre. Ils ont ensuite in-

(1) Quand nous émettions cette pensée de la pénétration successive
des cercles scientifiques, celle de leur mutualité, nous ne faisions que
produire une idée que nous avions pendant longues années caressée.
Nous ne savions pas qu'en 1825, le professeur Tauscher, à Leipsik,
présentait l'histoire naturelle comme un espace triangulaire renfermant
trois cercles, dont les tangentes formaient le triangle. Ces cercles étant
disposés de manière à pouvoir entrer les uns dans les autres. Pour expliquer la liaison des trois règnes, il admet pour tous les êtres divers
dont l'univers se compose, un parallélisme et un antagonisme qui
rapproche et éloigne dans leur mouvement, sans cesse, les êtres les
uns des autres. L'organisme, le mutualisme l'aide à expliquer la transmutation des individus.... avec l'action du temps et du mouvement,
élémens de toutes choses.

diqué un lien (1) commun, une nécessité d'appui, qui font qu'elles sont *sciences* *avec* ou *sans* le patronage d'une autre *science*.

§—IV.

> La vue de l'horizon console de la
> brièveté des regards.   Balzac.

L'agriculture, comme toutes les autres sciences, est par elle-même, et pourtant elle emprunte de la fréquence de ses rapports des moyens d'action et d'accroissement. Elle ressemble sous ce rapport à toutes les autres sciences : elle les aide, elle en est aidée : elle les pénètre, elle en est pénétrée. En considérant ce double mouvement d'action et de réaction, de concession et d'emprunt, qui fait que sans cesser d'être elle, elle ressemble aux autres sciences, on peut lui appliquer ce joli mot d'Ovide : Elle a, malgré les traits communs à la famille, sa physionomie particulière. C'est une sœur qui ressemble à sa sœur. Le cercle qu'elle parcourt va touchant d'autres cercles, son atmosphère tend sans cesse à se mêler à d'autres atmosphères, elle reçoit sans cesse une influence égale à celle qu'elle

____

(2) Etenim omnes artes quæ ad humanitatem pertinent, habent quoddam commune vinculum, et quasi cognatione quadam inter se continentur. Cicero.

communique : elle se montre tour à tour dans la force
du bienfait, ou sous le poids de la reconnaissance ; elle
prête quelque fois ses faits, ses observations, aux autres
sciences ; puis à leur tour, celles-ci réagissent sur elle,
soit par le doute qui appelle un nouvel examen, soit
en lui abandonnant les heureux résultats d'une découverte nouvelle. C'est ainsi que l'on voit l'agriculture,
riche de ses propres faits, s'enrichir encore par une
heureuse adoption de tous les faits de la science universelle. Car il n'est pas, dans la marche des découvertes, de fait constaté qui soit *absurde :* l'application peut
se faire attendre, mais elle arrive, et souvent en
dehors de la science qui l'a proclamé.

Dans nos premières années d'existence, ou plutôt
d'études littéraires et scientifiques, nous crûmes pouvoir assigner la dépendance des sciences entre elles, fixer
leurs limites respectives : nous ne tardâmes pas à sentir la nécessité des empiètemens ; la mutualité nous
écrasa (1) ; l'impossibilité de produire une œuvre qui
montrât une science unique, réfléchissant toutes les
méthodes, reproduisant toutes les vérités des autres
sciences, nous atteignit dès l'abord. Une lutte de plusieurs années nous révéla la vérité cachée sous la fable
du malheureux condamné à rouler éternellement un

____

(1) Il nous resta pourtant cette pensée, que ce qui arrête la marche
des sciences, c'est que chacune d'elles a une méthode a elle, une
langue particulière, un système de coordination, d'enchaînement de
principes, des faits; mais que si l'on pouvait transporter d'une science
à l'autre les règles d'étude, les applications, la nomenclature, le système
d'idées dans lequel les faits se meuvent, il résulterait pour chacune
des rapports nouveaux d'application qui se montreraient, des avantages
immenses, résultant de cette considération seulement.

rocher sur le sommet escarpé d'une montagne, et qui retombe avec lui..... Ou bien encore de cet autre qui croyant, après de vaines poursuites, après bien des illusions, saisir dans ses étreintes une déesse, n'embrassait qu'un nuage qui se dissipait. Homme, homme, tu seras toujours faible.

§ — V.

*Artium cæterarum parens ac nutrix
agricultura, quando bene agitur cum
ea, omnes artes vigent.* CIC.

A la fin de notre carrière, nous léguons notre pensée, que nous croyons féconde, à de jeunes courages. Nous nous contenterons d'appliquer à l'agriculture nos vues générales : nous la montrerons sous divers aspects, et elle apparaîtra successivement : 1° dans ses rapports avec les hommes et les choses ; 2° avec les temps et les lieux, 3° avec les religions et les mœurs ; 4° enfin avec les sciences et les arts, en nous efforçant d'apprécier les influences réciproques qui naîtront de ces rapprochements; et pour le dernier examen, par exemple, nous ne parcourrons pas les principaux cercles concentriques des sciences dans leurs relations respectives ; mais la science isolée de l'agriculture sera mise en présence de chacune des autres sciences. Puissent de ces considérations naître quelques aperçus nouveaux ! Réaliser ce travail dans toutes ses parties, d'une manière complète et satisfaisante, ce serait au-dessus des forces d'un seul homme.... Nous n'avons qu'une espérance, c'est d'être encouragé dans nos efforts et de voir approuver notre essai.

§ — VI.

> ...Dieu fit le monde et l'homme
> l'embellit.   DELILLE.

Entre les hommes et l'agriculture il y a contact continuel; elle n'est que pour eux, elle n'est que par eux ; elle n'opère qu'à la voix de l'homme, son maître, suivant ses caprices et toujours dans ses intérêts ; elle ne serait pas sans ses besoins, et c'est pour les satisfaire qu'elle se prête à toutes ses exigences , et dans la ligne de ces mêmes besoins, elle est toujours fidèle à cette origine , et après avoir apaisé les plus urgents, dans les commencements de la société . elle se rend accessible aux désirs de l'aisance, puis enfin , au risque de voir se dissoudre l'association des hommes , elle se prête aux passions destructives du luxe qui corrompt et détruit.

Nous aurons ensuite à établir le rapport de l'agriculture avec les choses : elle est partout, elle tient à tout, elle agit sur tout, et sous ce point de vue, nous nous pro-

posons de borner nos efforts à montrer comment elle
modifie les choses, comment un être nouveau la modifie à son tour, soit qu'il vienne lui offrir son action im-
pulsive, ou se placer sous son influence.

Pour bien comprendre les rapports de l'homme avec
l'agriculture, représentons-nous l'une et l'autre aux premiers jours du monde, face à face.... L'homme d'abord
portant la peine de sa faute, s'aperçoit qu'il est nu ; il
éprouve tantôt les brûlantes ardeurs du soleil, tantôt la
piquante et pénétrante sensation du froid ; le changement subit de la température, la succession des jours
et des nuits, tout lui commande de soustraire la délica-
tesse de ses membres aux variations de l'atmosphère,
à l'action alternative du froid et du chaud, qui peuvent
l'anéantir.... Un abri de feuillage d'abord, puis une
tente seront formés par l'agriculture. Des peaux de
bêtes, diversement préparées, sont ingénieusement
adaptées, et l'homme est défendu contre les souffrances qui l'assiégeaient. L'agriculture s'aidera des arts
industriels ; elle fournira les matériaux, ceux-ci les
coordonneront, et ensuite elle pourra dire à l'homme avec orgueil : « Vous aviez froid, vous aviez chaud,
je vous ai vêtus, je vous ai abrités contre ces fléaux,
je vous ai soustraits à l'influence des saisons. »

Afin de mieux faire ressortir encore la puissance de
l'agriculture et sa bienfaisante énergie, lorsqu'elle est
appelée à répondre aux besoins de l'homme et à ses
exigences, nous allons essayer d'établir un parallèle
entre elle et les premiers arts ses auxiliaires. Pour cela,
choisissons un essaim de la société, quelques individus
exilés tout à coup de la terre natale, en raison de quel-

que commotion politique (1); transportons-les inopi-
nément dans une contrée vierge, que le pied de l'homme
civilisé n'a pas encore foulée; dans une terre qui, toujours libre de choisir les végétaux qu'elle voulait porter,
a semé avec une rare profusion les espèces qu'elle avait
adoptées; une contrée où la prairie et la forêt se sont
emparées, au gré de leurs caprices, de vastes terrains;
une contrée enfin où le ruisseau s'égare, que le fleuve
délaisse et couvre tour à tour. Dans sa marche torren-
tueuse, le fleuve est souvent embarrassé. Successivement tyran ou bienfaiteur de la plaine, là il envase une
portion fertile; là il se fait une issue à travers les
rocs, qu'il se plaît à déchirer. L'agriculture dirigera le
fleuve, opposera à ses caprices de puissantes rives, couvrira la prairie d'animaux, retiendra près d'elle, par
l'appât d'une vie plus douce, ceux qui sont dociles à
sa voix; elle choisira parmi les végétaux ceux qui s'ap-
proprient à ses besoins; elle convertira la forêt en un
champ fertile; les bois seront les appuis de sa demeure,
alimenteront son foyer, et leurs derniers débris seront
un engrais fécond. Elle essayera : le succès enhardira
sa marche, l'espérance trompée éveillera sa prudence;
de nouveaux habitants naîtront, et la contrée offrira,
avant la période d'un demi-siècle, cette foule de prodiges que la présence de l'agriculture sait toujours réaliser.

Pendant ce temps, les arts industriels auront tenté

---

(1) C'est ainsi que Carthage naquit, c'est ainsi qu'une foule de
colonies ont été formées chez les anciens, celles des États de la Pensyl-
vanie n'ont pas d'autre cause de formation.

de faibles ou d'impuissantes expériences ; les résultats
des deux arts rivaux auront été pour le premier une
suite de succès ; l'agriculture aura prouvé qu'elle sait
renouveler la face de la terre ; les arts, qui ne peuvent
avoir quelque éclat qu'au terme d'une civilisation avancée, seront venus un à un, à la voix de l'agriculture, satisfaire des besoins que l'on ne peut différer. Il faut à
tous les hommes subir les bienfaits de l'agriculture, tandis que l'appareil des arts, leur éclat, leurs produits,
leurs savantes combinaisons ne peuvent qu'aider les erreurs et la corruption, inévitable conséquence d'une
haute civilisation.

L'homme est-il tourmenté par le besoin si impérieux
de la soif, l'agriculture présente à ses lèvres desséchées,
avec une douce gradation, l'eau du ruisseau, le lait écu-
meux, la liqueur née du miel et enfin ces vins qu'elle a
trouvé le secret de produire. A défaut d'un ruisseau
pour abreuver une famille, un hameau, une citerne
creusée dans le roc recueille et conserve la pluie, ce
bienfait du ciel : un ruisseau détourné serpente près
de la demeure de l'homme : une ruche s'offre au travail
de l'abeille : une vigne, avec toute la force de sa végétation, prête à l'ornement de la cabane ses flexibles
contours.

§ — VII.

Comme l'enfant, j'ai ramassé des coquil-
lages et des cailloux, et j'ai laissé devant
moi un océan inexploré.
Partout le peuple méprise qui le sert, la
main qui file ses habits, le laboureur
qui le nourrit, et révère qui l'opprime
                                    BERNARDIN.

C'est avec plus d'art, c'est par une constance d'efforts plus énergiques et plus suivis que l'agriculture multiplie les plantes, et qu'elle étale avec une généreuse profusion le luxe des végétaux pour apaiser la faim de l'homme. Elle réunit dans un espace resserré les productions des diverses parties de l'univers : celles qui, comme les céréales, sont cosmopolites, et celles qui affectionnent un climat particulier, se rassemblent et rivalisent d'efforts. Le blé, l'orge, le maïs, le riz, le sarrazin, des diverses contrées où elles sont indigènes, ont été transplantée, et trouvent dans notre patrie des terres qui leur permettent de croître et de varier les alimens de l'homme. Des plantes sauvages perdent leur âcreté par la culture, et légumes, et fruits savoureux remplissent nos jardins. Les arbres reçoivent de la greffe la propriété de changer leur fruit acerbe en pulpe rafraichissante : le roseau pressé donne une liqueur plus douce encore que le miel.

Telle a été dans cette conquête la puissance de l'agriculture, qu'en ne reconnaît plus les premiers types : celui du riz, du sarrazin, de l'orge est perdu. Le sécala des montagnes, qui cultivé est le seigle, nous apprend tout ce que la culture a ajouté de perfection à cette précieuse céréale. Par elle *l'apium graveolens* perd son odeur nauséabonde qui repousse même l'insecte, et paraît sur nos tables sous le nom de céleri. Le brou coriace et amer qui enveloppe l'amande de la pêche sauvage s'est métamorphosé en une chair succulente, molle et délicieusement parfumée. L'ananas, après trois ans de culture dans une atmosphère à la fois humide et brûlante, vient ajouter à la splendeur de nos festins.

Les animaux eux-mêmes sont consacrés à la nourriture de l'homme, qui, pour obtenir une chair plus appropriée à sa destination, plus succulente, métamorphose le taureau, le bélier, le sanglier, en bœuf, en porc, en mouton, pour se créer une alimentation saine et abondante. Les animaux que l'agriculture multiplie avec une si constante bienfaisance, ne vivent donc que pour nous, ne meurent que pour nous. L'agriculture n'a-t-elle pas le droit de dire à l'homme : « *Tu avais soif, je t'ai désaltéré, tu avais faim, je t'ai nourri?* »

Il est pourtant des peuplades pour qui la nature à tout fait, et qu'elle a, par sa bienfaisante prévoyance, exemptées de tout travail : ce sont les heureux habitants qu'elle a placés entre les tropiques. Pour eux, avec quelle bonté elle a semé le palmier qui fournit à la fois aux Polynésiens une nourriture délicieuse, la natte où il repose, la case qui le reçoit, qui lui fait présent du lait dont il s'abreuve. Le palmier est un don du ciel. Jusqu'à nos jours, il s'était montré, dans nos climats, rebelle aux efforts de l'homme. Notre âge a fait sa conquête, a étudié sa culture, et en lui créant une zone factice, l'a forcé de naître dans nos serres. Partout où croît le palmier, il suffit à son possesseur pour tous ses besoins. Voyez-le varier, pour ainsi dire, ses bienfaits ; à l'Arabe donner la datte, son principal aliment ; au Nègre, le vin qui répare ses forces épuisées par un climat de feu ; au Caraïbe, ce chou palmiste si salutaire ; à l'Asiatique, le sagou, cette fécule restaurante qui le ranime. Que manque-t-il à ces peuples pour le bonheur ; excepté la nécessité du travail, qui, pour le reste du monde, supplée à la nature, qui a attaché au travail une sorte de félicité ?

De tout temps, les excrémens des animaux, d'après des découvertes modernes, les autres restes de leurs cadavres, leurs ossemens mêmes reçoivent de l'agriculture une destination utile. Il n'est pas, pour ainsi dire, un de leurs mouvemens, une partie de leur existence que nous n'ayons appropriée à quelques-unes de nos nécessités (1). Leur force vient en aide à la

---

(1) Malgré l'abandon actuel de la stabulation pour les phthisies pulmonaires, nous croyons que cette médication a retardé la fin de beaucoup de femmes : verser des larmes un jour plus tard, est un délai qui satisfait l'amitié.

Dans le temps où notre faible voix a quelquefois été entendue de l'autorité, nous avons signalé la *pommelière ou phthisie pulmonaire des vaches* qui à Paris est enzootique, comme une des causes de la phthisie. On avait commencé des recherches dans cette direction, des recherches occultes, de peur d'alarmer une si immense population. La révolution de 1830 a suspendu et fait oublier cette exploration. Nous avons depuis trouvé, dans notre consciencieux travail, l'occasion d'y rattacher l'opinion de M. Guersent, qui fait poids et concorde avec la nôtre ; nous la consignons ici

nôtre : leur haleine même, mêlée combinée aux principes de l'air, qu'elle modifie, a été indiquée comme un utile retardement à la maladie cruelle qui ne pardonne jamais ; cette maladie qui dévore aujourd'hui, plus qu'en aucun autre temps, tant d'espérances, qui décime la jeunesse et s'attache surtout à ces angéliques créatures faites pour vivre d'une vie meilleure, qui pourraient, comme le bombix, rejeter plusieurs enveloppes avant d'avoir usé la vie active de leur âme.

Nous applaudissons aux progrès de l'art vétérinaire, qui s'aggrandit chaque jour ; nous aimons à le voir épier la muette résignation de l'animal souffrant. Il compare les effets physiques sur des masses de malades ; il cherche, comme les augures, dans leurs entrailles, pour y découvrir les causes des affections qui ont causé la mort ; il interroge la mort avec l'espoir de lui ravir un nouveau moyen de destruction.

Sous quelque point de vue que nous envisagions donc le rapport de l'agriculture et de l'homme, nous avons trouvé que ce dernier, dans tous ses besoins physiques, trouve en elle les ressources qui peuvent lui être utiles pour soutenir ou embellir la vie.

L'opinion suivante, consignée dans le *Dictionnaire des sciences médicales*, article LAIT, fait comprendre l'importance de la lactoline, et le prix qu'elle donne au chocolat des enfans. «La phthisie tuberculeuse des vaches, ou la pommelière, moissonne la plus grande partie de celles qui sont élevées à Paris ou dans les environs.... Et cependant nous en nourrissons tous les jours nos enfans, et nous employons pour nous mêmes le lait de pareilles vaches.... Cet objet mériterait bien de fixer l'attention des hommes chargés de veiller à la salubrité publique.»   *Guersent*, médecin en chef de l'hospice des enfans.

Les hommes, considérés dans les différentes professions de la société, dans les phases diverses qui partagent la vie, rencontrent en elle des avantages qui leur seraient refusés sans son intervention. Ainsi outre celui, le plus important de tous d'une santé plus robuste, que fortifient un air pur, des alimens simples, des exercices plus souvent répétés, l'enfance s'y crée plus facilement des amusements; l'adolescence y dépense avec plus de régularité de mouvemens cette profusion de vie qui l'anime, ce luxe de sensations exaltées qui l'agitent et la tourmentent; l'âge mûr, dans la solitude des forêts, rêve plus doucement. Le murmure du ruisseau s'harmonise avec sa mélancolie, avec la préoccupation des besoins de la famille, avec les embarras domestiques, avec les chagrins dont on aime à avoir les bois et le ruisseau pour confidents. Le vieillard, à la vue du soleil qui se lève ou se couche au milieu d'une végétation forte, sent dans ses membres engourdis couler une sève de jeunesse, une énergie inespérée.

Il y a quelque chose de touchant qui intéresse en faveur de Danton coupable, de Danton lui-même condamné à mort, dans le vœu si puissant qu'il formait dans son cachot: « *Ah! si je pouvais voir un arbre.* »

Les besoins moraux sont encore plus amplement satisfaits par le séjour des champs et les occupations agricoles. Le calme de l'âme, ces distractions multipliées qui doublent la vie, voilà pour le laboureur lui-même quel est le résultat de sa position.

En soutenant sa vie par son travail, celle des autres

hommes par l'excédant de ses produits, instrument de la Providence, le laboureur seconde son noble but ; l'espérance encourage ses efforts, il sourit à la moisson qu'il voit poindre. Ses craintes le rendent religieux, et l'intempérie de la saison le trouve en prière pour en détourner le fléau. Ses mœurs simples resserrent les liens de la famille, et l'haleine empestée du vice ne pénètre pas dans la cabane. Jamais le murmure n'a retenti dans son enceinte.

Ce contentement, ces jouissances si modérées, les commodités de la vie, lorsqu'on les borne au nécessaire, il les perd lorsque, poussé par l'attrait des villes, il va y fixer son séjour.

Toutes les conditions de la vie trouvent dans les habitations rurales une semblable source de félicité. N'est-ce pas cette pensée qui a toujours fait placer auprès du palais des rois ces parcs, merveilles de l'art, ces jardins où, par un faux calcul, on resserre dans un espace étroit tous les végétaux de l'univers, où l'on accumule les jouissances qui veulent être goûtées une à une : que de confidences n'ont pas reçues les arbres du parc de Versailles ! que de douleurs n'ont pas été calmées par leur ombrage !

Georges III, errant dans le parc attenant à son palais, n'a-t-il pas été entendu plusieurs fois s'écriant : « *Ici je me retrouve ; ici je suis homme.* » N'est-on plus homme sur le trône ?

C'est aux champs, c'est dans la solitude des forêts que les muses aiment à se communiquer. C'est là qu'elles sont inspiratrices. Les idilles veulent être composées à l'ombre d'un hêtre touffu ; les roses se

mêlent au vin quand Anacréon module un hymne pour
Bacchus. Le verger, le potager, les jardins, les champs
et leurs cultures, les saisons, ont fourni des sujets de
poème à Hésiode, à Virgile, à Fontanes, à Delille, à
Thompson, à St.-Lambert. L'abeille, le bombyx, dans
l'Italie surtout, ont été tour à tour célébrés : Cicéron
avait donc raison de dire, *les lettres, comme Pallas,
aiment les champs.* (1)

L'homme froissé par la fortune, le prince qu'elle
renverse de son piédestal, demandent aux champs des
consolations qui ne leur sont jamais refusées.

Charles-Quint, Dioclétien, *Abdolonyme, Stanislas-
Auguste*, ont trouvé dans la culture l'oubli des soucis
de la royauté, ou du moins des dédommagements à
leur ambition déçue. Louis XIV cultivant des fleurs
pour les envoyer à ses favoris, Louis XV soignant
celles qu'il destinait à Linné, sont des faits honorables
pour l'horticulture.

Les *villas* de Marius, de Pompée, de César, de Sylla,
de Mécène, de Lucullus, par leur magnificence, prouvaient tout le prix qu'y attachaient leurs fondateurs :
leurs ruines étonnent encore notre luxe moderne.

Les plus grandes familles de Rome, si orgueilleuses
de leur nom, les devaient aux plantes importées par
leur ancêtres plus qu'aux faits héroïques qui les avaient
illustrés eux-mêmes. De nos jours, lorsqu'une plante
vient enrichir la science, quand une fleur nouvelle
cherche à rivaliser avec celles de nos parterres, l'amitié, l'illustration, l'éclat du pouvoir, ambitionnent
l'honneur de lui donner un nom.

----

(1) Rusticantur nobiscum litteræ. *Cicéron.*

Ce n'est plus avec des chaînes et par de mauvais traitements qu'on parvient à rendre à la raison les infortunés qui l'ont perdue. Des travaux manuels et champêtres les fixent ; les fleurs ont pour eux de l'attrait ; les promenades dans les bosquets , un air pur , le chant des oiseaux, les distraient ; bientôt ils sont en harmonie avec ce qui les entoure , ils sympathisent avec ce qu'ils voient, ils ne peuvent résister à tant de charmes, et la raison leur est rendue. Des hommes aigris par la fortune , ceux que heurte l'injustice, que séduisent l'amour-propre et l'ambition, trouveront dans le séjour de la campagne un bonheur réel, qui les fera triompher d'une illusion première.

Mais c'est surtout dans les rapports de l'agriculture avec la femme que nous pourrions apprécier l'ascendant de notre science favorite, en peignant tout ce quelle trouve de dédommagement à ses souffrances dans les plaisirs simples de l'agriculture. Le langage des fleurs est le sien ; mais laissons aux femmes et aux fleurs leur langage et leurs mystères, elles seules pourraient en dévoiler le secret.

Nous avons plutôt ébauché qu'épuisé la matière : ce que nous en avons dit n'est qu'une simple indication et se réduit à prouver que l'agriculture sert également les intérêts matériels et les intérêts moraux de l'homme, qu'elle est pour lui le bonheur, soit qu'il agisse , soit qu'il sente...

§ — VIII.

Vim promovet insitam. HOR.
Les sillons instruisent. MARIVAUX.

Dans la dégénération qu'on est convenu d'appeler civilisation, l'homme, plus rapproché de son semblable, devient moins homme. Il est pourtant impossible que cette agglomération des individus ne crée pas pour l'agriculture des rapports entre elle et les masses. Des besoins naissent de cette coalition, des divisions s'établissent, des classemens divers parquent ceux des membres de l'agglomération qui ont entre eux une sorte de similitude. La société se trouve ainsi partagée en pauvres et en riches, en rois et en sujets, en chefs et en administrés, et l'agriculture, flexible réseau, s'étend, se resserre, répond aux besoins de tous. Le pauvre, sous la condition du travail, en échange de son temps et de ses efforts, trouve la subsistance. L'agriculture est sa *Providence*. Le riche sourit en voyant, en échange de son or, la variété des objets offerts à son intempérance ou à la mobilité de ses caprices. L'industriel, outre les matériaux qu'il met en œuvre, trouve des ressources qui viennent aider ses combinaisons. Le commerce s'interpose entre l'industrie première, qui fournit les matériaux bruts, l'industrie manufacturière et qui y ajoute le riche travail de la main-d'œuvre, et la consommation, qui les absorbe. Partout l'agriculture joue le rôle de la Providence : elle cache souvent la main qui répand, elle a la pudeur du bienfait.

Quant à l'État, cet être moral, cette abstraction qu'on nomme gouvernement, l'agriculture s'empresse à l'aider ; le pouvoir des rois, lui-même, s'étaye sur les ressources et les bienfaits de la science nourricière : *les hommes, comme les animaux, dorment quand la faim est assouvie.* A peine la société est-elle formée, tous les individus qui la composent choisissent un mode d'action, créent une autorité qui les prédomine : née de leur concours, elle les soumet par l'espérance d'une force de concentration, par la promesse d'une protection factice (puisqu'elle sait rarement prévenir, et que ce n'est qu'après le malheur qu'elle se présente pour le venger, dans l'impuissance de le réparer). En échange de ces stériles secours, l'autorité, au nom de la société qu'elle représente, impose des devoirs rigoureux et ne reconnaît de droits que dans la ligne de ses caprices.

Pour la société, quelle que soit la forme d'après laquelle elle est constituée, l'agriculture est un bienfait. D'abord ceux qui cultivent réalisent en grande partie son existence. L'agriculture est ensuite le plus puissant aliment de la population, et les champs laissés libres à l'agriculture se couvrent encore plus d'hommes que d'épis. Une population chétive ne travaille que les terres les plus fertiles : tandis qu'une population nombreuse féconde des champs qui paraissaient voués à une éternelle stérilité. — L'État veut-il être riche ? qu'il protége, qu'il encourage l'agriculture : c'est la source la plus vraie, la plus pure, la plus constante de richesses, elle ne produit que par l'État, elle ne vit que pour réaliser son existence. — Veut-il être fort? l'agriculture est la pépinière des soldats. Le laboureur répond toujours à la voix de la patrie qui l'appelle, il est toujours fidèle au drapeau qu'ont adopté ses pères. Ce n'est peut-être qu'au laboureur qu'il est donné de sentir la nécessité de défendre le sol, seul il comprend le sens magique du mot *patrie*.

Qui fournit au commerce les productions variées qu'il livre à la consommation intérieure, ou qu'il transporte au-delà des mers?... L'agriculture, qui, alors que le malheur des temps pèse sur les hommes, qui, alors que la faim, cette dangereuse conseillère des populations, menace de troubler la paix, conjure l'orage!... L'agriculture : c'est à elle encore que l'industrie doit ses matériaux bruts, auxquels, sous cent formes diverses, l'art ajoute une valeur factice si ardemment désirée, si nulle en réalité par cela seul qu'elle est variable au gré de la mode (1). En un mot, partout où il existe un besoin, l'agriculture

---

(1) Ne pas voir dans l'agriculture le rôle important qu'elle doit jouer comme productrice de richesses, comme imprimant au travail, par ses constantes et uniformes consommations, le mouvement le plus vrai ; la laisser se débattre dans ses embarras, la paralyser par des impôts immodérés, et qui lui enlèvent ses capitaux : tout cela, pour soutenir les chanceuses combinaisons du commerce, pour favoriser la manie de l'industrialisme, d'une production indéfinie : c'est partout un contre sens ; en France, pays essentiellement agricole, c'est un crime : c'est une impardonnable erreur en économie politique.

le satisfait ; partout où l'on rencontre un bienfait social, elle en est l'auteur.

Dans l'intérêt de tous, une grande combinaison doit-elle se réaliser? Faut-il saisir l'eau à sa source, la diriger au milieu des airs, sur des aquéducs suspendus pour les besoins d'une grande cité? Faut-il à travers des marais affermir un sol mobile et établir une chaussée? façonner en rampe le flanc d'une montagne? percer une route dans l'épaisseur d'une forêt? creuser à une onde vagabonde un de ces immenses réservoirs, un lac artificiel, qui, dépôt sacré, doit aux jours de la canicule féconder les terres desséchées, partout les moyens sont demandés à l'agriculture, et sous mille formes nouvelles elle s'associe à la pensée du gouvernement, et seconde puissamment ses efforts. Et c'est ainsi que s'opèrent ces merveilles si puissantes, qu'on dirait les enfans de la terre doués, de cette force colossale que la fable prête à ses géants.

Quand l'homme n'est pas pressé, quand il retombe sur lui-même, il est tourmenté par des désirs, travaillé par des caprices. Comprend-il le but élevé de son existence? Sait-il obéir à la destinée qui lui est imposée par les conditions de la société, ou par les ordres d'un pouvoir providentiel qui l'a placé dans les temps et les lieux? Ce jouet des passions, *ce roseau pensant* sait-il vouloir?... A-t-il l'instinct de ce qui est le meilleur pour lui? Dans l'abondance, il se plaint; il accuse la fécondité de la terre d'avoir changé par sa profusion le rapport de la richesse réelle (ses denrées), avec celle de convention, appelée *or*. J'aurai moins, dit-il en murmurant, de ce métal précieux avec une plus grande quantité de produits. Dans la disette, il change le langage de son murmure et accuse la terre ingrate de n'avoir pas répondu à ses vœux, de n'avoir pas payé assez largement ses sueurs; aussi, pour lui-même, aime-t-il à intervertir l'ordre des saisons; dans l'hiver, une haute chaleur dessèche l'air de son habitation; dans l'été, les glaces des pôles amenées à grand frais viennent lutter contre une atmosphère de feu. Il force le printemps à produire les fruits de l'automne. Dans l'automme, il voudrait que le vent fût moins triste, moins monotone; que les orages bienfaisants ne vinssent point interrompre ses plaisirs, alors qu'agents divins, ils remplissent leurs salutaires fonctions d'assainir les airs. Quel est le rôle de l'agriculture dans cette variété, j'allais dire cette mer de désirs? Elle veut ce que veut l'homme : elle se prête à ses exigeances, elle produit ce qu'il lui commande; ainsi elle bouleverse l'ordre des phénomènes, elle place une saison dans une autre; mais la cité pour laquelle elle opère ces miracles est maudite. Le luxe qui la dévore est la vengeance du pauvre, que la prodigalité crée à chaque pas. Elle jouira quelques jours, elle pourra quelques jours sourire à sa voluptueuse existence, et puis viendra le prophète, qui fera trois fois le tour de la cité en criant : Malheur à Jérusalem ! Elle demeurera sourde aux saints avertissements, et Jérusalem n'existera plus que dans le souvenir des hommes.

§ — IX.

> J'aime toujours l'imagination dans un sujet
> littéraire, et quelque fois dans des sujets
> sérieux, lorsqu'elle peut gagner des partisans
> à une vérité utile.   CÉRUTTI.

> Quand l'homme s'éveilla coupable, la terre
> poussa un soupir : elle avait perdu sa fécon-
> dité première.   MILTON.

En présence des choses elles-mêmes, la puissance de
notre science favorite s'accroît. Il nous serait facile de la
présenter dans les phases multipliées de son action. Mais
comme les divisions dans lesquelles nous avons compris
notre travail, ramèneront plusieurs des points de vue
sous lesquels nous l'envisageons; dans cette première esquisse, nous ne ferons que choisir ceux d'entre eux qui, par
leur isolement, ne trouveraient pas place ailleurs, ou ceux
qui, par leur intérêt, méritent de passer plusieurs fois sous
les yeux du lecteur.

Un torrent se précipite avec le grondement de la fureur, on dirait que c'est la tempête qui parle : il menace
d'envahir la plaine, de détruire en un jour la moisson,
l'espoir de l'année. L'agriculture s'oppose à ses ravages,
elle sait échelonner des issues dans les flancs de la mon-

tagne. L'eau obéit, devient docile et bienfaisante, et le torrent se répand en irrigations fertiles et calculées, se distribue partout ou le besoin se fait sentir. Nous pouvons citer l'Espagne et l'Italie la terre classique de l'agriculture, où l'on voit combien l'industrie est puissante et ingénieuse pour emprunter aux rivières et aux torrens leurs eaux surabondantes. Là des digues les resserrent, des réservoirs les conservent. Là, par des milliers de ramifications, elles sont distribuées avec une admirable sagesse. Une prévoyante économie les conduit au jour du besoin, tantôt pour couvrir la plaine desséchée, tantôt pour les arrosements journaliers. (1)

L'Espagne a conservé les pratiques des Maures, et on trouve dans ce pays des modèles d'irrigations dignes d'être cités à l'incurie des agronomes français, d'ailleurs si éclairés sur leurs intérêts.

La Hollande (2) a, par une constance d'efforts inouis,

----

(1) L'exemple le plus remarquable est celui de M. Blancardi Bæro de la Turbie. Il a creusé un seul réservoir de 45 arpens, à la profondeur de 16 pieds. Il y soutient un volume immense d'eaux qui lui servent à arroser une grande nappe de prairies. Ainsi une terre argileuse compacte stérilisée par la présence du fer, amendée convenablement, arrosée abondamment, offre le spectacle d'une végétation énergique.

Nous consignons ici un fait statistique. En Italie il pleut ou il neige 110 jours; la hauteur moyenne des eaux est de 88 centimètres, près de 32 pouces ; ce n'est donc pas le défaut d'eaux pluviales qui cause les sécheresses, mais l'irrégularité des saisons qui amènent les pluies : l'art perpétue leur bienfait.

(2) Les *Polders* ces terres d'alluvion si stériles, les shorres, ces terres alternativement desséchées et couvertes par la mer, à mesure qu'elle monte ou baisse, sont de véritables conquêtes, en prouvant toute la puissance du génie de l'homme pour dompter la nature.

3

su dompter la mer : elle oppose partout des digues à ses fureurs : elle cultive dans beaucoup de ses provinces des champs situés au-dessous du niveau des eaux de la mer. Des terrains qui paraissaient condamnés à une éternelle stérilité, sont couverts d'une prodigieuse quantité d'animaux, sont peuplés par les hommes les plus industrieux et les plus sages dans l'emploi de leurs efforts. Ici le trop plein des eaux est ou absorbé par des végétaux appropriés, ou vaporisé dans les airs, ou enfin, quand on le peut, renvoyé dans la mer. C'est ainsi que le marais pestilentiel qui, par ses eaux immobiles et meurtrières, dérobait à la culture une terre vierge remplie d'humus et d'éléments agricoles, devient une plaine fertile et *riche* de produits variés. Que de travaux préparatoires avant ces résultats ! Des digues protectrices, des remblais, des fossés d'épuisement, voilà son premier ouvrage : de faibles roseaux, des arbres flexibles qui retiennent et consolident les sables, voilà une amélioration, et le but est atteint.

Mais le comble de l'art est d'avoir su créer, pour ajouter aux terrains primitifs, des empiètemens sur la mer, en la forçant d'aider à la conquête, et de former elle-même ces champs par l'envasement : le limon arrive et demeure fixe pour ne plus retourner avec les eaux qui l'ont déposé.

Quand l'homme manque d'eau, l'homme se souvient, suivant l'expression du prophète, *que sous le terre il y a une mer souterraine*, il perce l'espace qui l'en sépare : la sonde, habilement dirigée à travers le roc, pénètre à une immense profondeur : l'eau docile, aux derniers efforts de la sonde, en suit le tracé et vient à la surface, ou s'élever en jet, ou bouillonner comme une source, et toujours fertiliser le terrain qui la couvrait.

Les riches produits obtenus sur cette cime élevée ne sauraient être extraits : ils vont peut-être rester inutiles : à la voix de l'agriculture la montagne courbe ses flancs, et à une prodigieuse hauteur présente une pente, menage un plan tantôt sinueux, tantôt doucement incliné. C'est ainsi que les denrées descendent dans la plaine avec moins d'efforts que dans un terrain uni.

La caverne creusée par la nature reçoit du travail une ouverture plus facile, une conformation plus appropriée. Ce qu'a fait la nature est immense; ce que l'industrie vient ajouter à ce premier résultat l'est plus encore; elle prépare de vastes magasins, des resserres où les productions amoncelées attendent sans crainte le jour du be-soin.

Deux montagnes séparées (1) semblent opposer aux dé-sirs de leurs habitans, l'impossibilité de se rapprocher, d'échanger leurs produits, de combiner leurs efforts dans un intérêt commun. Quelques lianes immenses jetées d'un sommet à l'autre vont bientôt unir les deux pics : sur ces deux lianes tressées, quelques planches sont pla-cées à distance; elles permettent de poser les pieds : l'in-tervalle est franchi. Un gouffre de plusieurs centaines de toises est au-dessous; l'agriculture ne recule pas de-vant un si faible obstacle : elle commande, et l'intervalle est franchi. Qu'auprès de cette téméraire conception, qu'en regard de la *hardiesse* plus grande d'exécution, nos constructeurs modernes mettent en parallèle leurs ti-mides et lents efforts.

(1) Ce fut en 1774 qu'au Tibet, les habitants de deux montagnes jetèrent des lianes enlacées formant un pont suspendu, long de 237 pieds anglais : ils évitaient par là un tour de plus de 5 lieues.

Qu'ils comparent les travaux de la science et leurs succès avec les résultats de l'industrie simple et sauvage des Tibetains, ne serons-nous pas tentés de nous écrier avec Sannazar : *Le premier ouvrage est d'un Dieu, l'autre est celui de l'homme.*

§ — X.

Je consentirais à détruire la chèvre si je n'y voyais la vache du pauvre.

Caton disait : Le meilleur emploi de l'agriculture, c'est la bonne exploitation des bestiaux : ensuite la mauvaise exploitation des bestiaux, en troisième lieu le labourage.

CATON.

Les animaux eux-mêmes, ces autres habitants de la terre soumis par l'agriculture, viennent les uns aider ses travaux, les autres, par leurs dépouilles, augmenter ses ressources ; quelquefois, par les engrais qu'ils fournissent, décupler ses produits ; toujours servir ses intérêts et ajouter à la masse de ses richesses. Ils ont vécu pour l'homme, ils mourront pour lui.

De quelle utilité est pour le taureau cette force musculaire prodigieuse qui lui a fait donner le nom de tyran de la plaine ? Sous le nom de bœuf, n'est-il pas le *com-*

pagnon de l'homme, le ministre de Cérès (1). Assujetti au joug, n'obéit-il pas à la voix d'un enfant, et chaque sillon que dans sa marche il trace lentement, n'est-il pas un aveu de sa faiblesse et de la supériorité de l'agriculture, qui de tous temps a ajouté la force du taureau à la sienne ? Il poursuit le buffle farouche au fond des marais, assouplit sa férocité, et le sauvage animal est le compagnon du taureau.

L'orgueil de la savanne, ce cheval si impétueux (2), si indompté, subira aussi la honte de l'esclavage, et sous vingt formes différentes se pliera aux capricieuses exigeances de l'agriculteur (dont il est la conquête). Il en fait son ami, le compagnon de ses travaux ; il l'associera à sa gloire dans les combats ; ses hennissements d'impatience répondront au son aigre de la trompette, ses gémissements aux plaintes des mourants, et sa joie aux cris de la victoire (3).

La chèvre capricieuse a de tout temps livré à l'homme

---

(1) *Taurus hic hominum socius, in rustico opere et Cereris minister.* Varron.

(2) La plus belle conquête que l'homme ait faite est celle du cheval. Les anciens départissaient aux chevaux une portion de l'intelligence humaine. Hector fait à ses chevaux une allocution. Patrocle est pleuré par son cheval de bataille ; de grosses larmes humectent les joues du cheval de Pallas en l'accompagnant au tombeau, et nous voyons le cheval d'Automédon repousser les reproches de son maître. Ce n'étaient pas les anciens qui ravalaient l'homme en le plaçant au dessous de la bête et faisaient des animaux des êtres machines organisées.

(3) ..... de son pied il creuse la terre, il bondit dans l'espoir du combat, il va de son gré au devant de l'homme armé, quand les flèches de l'ennemi sifflent autour de lui, il ne ressent aucune frayeur, il ne se détourne pas devant l'épée prête à le frapper.

son lait, et depuis quelques jours, ce léger duvet qui joue un si grand rôle dans le monde industriel. La brebis, l'innocente brebis, n'a reçu que comme un prêt cette toison qui doit la garantir de l'âpreté d'un climat glacé, cette vie de quelques instans qu'elle perd sans un seul gémissement de regret.

Le dromadaire, le chameau, ces vaisseaux du désert, transportent à travers les sables brûlants de la Syrie et des Indes les richesses de la caravanne; le renne, la Providence des régions polaires, multiplie ses services, ainsi que les besoins de l'homme : le chien, né pour errer, est l'ami de l'homme; l'ami fidèle au-delà de la tombe; le chat, l'ennemi redouté des animaux malfaisants, est fixé au coin du foyer domestique.

Les habitants des eaux, eux-mêmes, descendent des lacs placés sur le sommet des montagnes : ceux qui vivent libres dans les fleuves sont saisis par l'homme et réunis dans un vivier creusé près de sa demeure, ils deviennent des animaux domestiques.

Les oiseaux sont surpris dans les airs : l'homme rassemble en troupeau et le vorace canard, et le coq si fier, l'humble pintade, et une multitude d'autres oiseaux qui étalent dans sa basse-cour le luxe de leur parure. Un colombier réunit une multitude de pigeons, qui, à la faveur d'une fausse liberté, et par l'appât d'une nourriture facile, viennent chaque soir se replacer sous la puissance de l'homme.

Mais une conquête récente doit-être signalée ici :

Un milan de Santa-Fé, ennemi des serpents, qui ne se nourrit que de leur chair, se servait d'une plante dont la propriété était de le garantir de la morsure des reptiles. Grâce à la puissante propriété de la plante, celle du serpent à sonnettes n'est plus redoutable et a perdu ses dangers. Le poison actif que recèlent les dents à crochets du boquira, le plus venimeux de tous, est neutralisé. Les Nègres ont surpris le secret du milan. Le Nègre Piole, gagné par les caresses du courageux Varrégas et de M. Mutis, leur révèle ce secret, et devant eux constate par plusieurs expériences la puissance active de la plante. L'intrépide Varrégas ne craint pas de tenter sur lui-même l'essai du poison et du remède. Si sa vertu est imaginaire, il meurt en trois minutes; si la plante est efficace, la contrée est sauvée. L'heureux succès est venu confirmer ses espérances. Par onomatapée l'oiseau a reçu le nom de guaco qui imite son cri, et la plante fut appelée du même nom que l'oiseau. On commença à la cultiver à Santa-Fé : outre la vertu de guérir, elle en conserve une prophlactique de plusieurs jours, Si comme on l'espère, la propriété pouvait s'étendre à l'hydrophobie, l'année 1808, où la plante a été trouvée, serait célèbre dans les fastes de la médecine.

Les filaments du phormium tenax, ceux de plusieurs aloës, l'écorce des tiliacées, se tordent en cordage, se tendent en toile à voiles. Le lin, puis encore le chanvre, rivalisent entre eux. Le bombix file pour lui.

Toute la nature semble se transformer en remèdes plus variés encore que les douleurs que l'homme peut éprouver. L'agriculture a créé ces prodiges, et elle justifie chaque jour l'orgueil de l'homme lorsqu'il s'écrie : Oui, *la terre est mon domaine*.

Outre le secours des animaux, l'homme a su se créer comme auxiliaires une foule d'instruments, dont la puis-

sance motrice, par les formes diverses qu'elle emprunte
se prête à tous ses besoins. Que d'araires, que d'espèces
de charrues, que de leviers en un mot sont employés
en agriculture! Cependant si nous comparons les résultats avec le but, il est loin d'être atteint. La quatrième
section de notre ouvrage sera consacrée à montrer ce
que l'agriculture peut espérer des sciences et des arts.

§ — XI.

Pour se plaire dans les forêts, il faut
entendre le langage des bois : car toutes
les créatures ont un langage. NICOLLE.
Numero legum laboramus.   *Manutius.*
Un règlement appelle un règlement.
                              MORELLET

Avant de quitter l'examen important des relations
établies par les faits entre l'agriculture et les hommes et les choses, ne pouvons-nous pas, avec quelque
droit, jeter un coup-d'œil sur l'agriculture, comme
donnant le mouvement au corps social, ou comme
espérant et recevant de lui les éléments de sa prospérité. Ici le premier terme du rapport sera la masse
des hommes appelée société, le deuxième terme étant
l'agriculture ; mais comme l'importance de la matière

exigerait un grand développement, et qu'il nous tarde de finir cette première partie de notre travail, nous n'aborderons ce grand problème que sous le rapport de la législation rurale.

Malheur aux peuples dont les mœurs civilisées appellent à leur secours une phalange de lois! Malheur à l'industrie quand l'équité et la bonne foi ne savent plus régler sa marche, diriger son mouvement; quand il faut apporter l'action directe d'une foule de règlements! L'action absorbante d'actes administratifs qui, quand ils agissent, présentent une application inverse du besoin et nuisent, et qui quand ils ne nuisent pas, c'est par impuissance, parce que les dispositions réglémentaires n'avaient pas prévu le cas exceptionnel. En agriculture, la protection pour la propriété, les limites fixées (1), les usages avec des mœurs simples suffisent : au-delà tout est impuissant, parce que la corruption des mœurs est plus forte que les lois.

A quelle époque appartenons-nous? Je ne sais; mais j'ai assez vécu pour que, depuis quarante-quatre ans que j'ai passés en voyant fonctionner la fabrique des lois, j'aye vu se réaliser l'axiome favori de Laplace, si positif même, hors de la sphère mathématique. *Quand,* disait-il, *une loi est en discussion dans un corps délibérant, proposez-vous la solution la plus*

---

(1) Ce placement des bornes, seules statues du dieu Terme, avait lieu en présence des pontifes romains, qui prononçaient cette formule de malédiction, *Que quiconque touchera à cette borne en soit écrasé!* Dans les temps que ces mots puissants avaient un sens, le soir les anciens, aux portes des villes, réglaient les différens, et leurs arrêtés étaient respectés.

incomplète, la plus incohérente, la plus mauvaise en un mot, et la loi rendue y sera conforme. Avant lui Condorcet avait dit : *Le résultat des votes au scrutin s'éloigne d'autant plus de la vérité qu'il y aura plus de votants.*

Ces deux amères réflexions, ces deux points de vue sont complétement justifiés par les dispositions de l'absurde loi du 6 octobre 1791, de celle du 18 pluviôse an XII, fabriquées en bon lieu et en bonne époque, mais beaucoup trop hâtées, de toutes celles enfin que rappellent les recueils ou codes ruraux sur cette matière. Les effets de la loi sur la pêche fluviale, les bâtardes conceptions du code forestier font regretter la belle ordonnance de 1669, bien autrement coordonnée, qu'il fallait mettre en harmonie avec les nouveaux besoins. Ici celles du code sont inexécutables par l'impossibilité d'en invoquer l'application. Là elles blessent évidemment l'équité ou la puissance, bien autrement impérative que celle de la loi, la puissance des coutumes, et tellement qu'on sourit à leur énoncé. Rapprochées par le hazard, confondues par l'imprévoyance, prises dans vingt législations diverses, emportées par les intérêts des coteries, rendues sans être conférées les unes avec les autres, les dispositions se contredisent, les mesures se heurtent; de là, mépris pour la loi, quand il ne devrait atteindre et flétrir que le législateur qui a méconnu ses devoirs, oublié les intérêts du pays, et surtout avili la majesté de la loi, qui devrait être plus sainte pour ceux qui en sont les oracles, que pour la multitude à qui elle est imposée.

Ce reproche, nous l'avons adressé à des législateurs, d'ailleurs éclairés, qui nous ont objecté l'impossibilité de faire de bonnes lois rurales : nous leur avons répondu : la législation romaine sur les cours d'eau a été modifiée dans le Roussillon : ses dispositions générales ont été prises. On a, en les appliquant au pays, si bien ménagé et les coutumes locales et l'esprit des peuples, qu'aujourd'hui, après avoir traversé plus de huit siècles, elles sont encore suivies, tandis que la loi nouvelle est obligée de se taire. Les tribunaux eux-mêmes jugent dans un sens contraire.

Que demande pourtant l'agriculture? Le maintien de la propriété, sûreté dans la possession. Les campagnes voudraient être débarrassées de la fréquence de ces procès qui tourmentent l'existence du cultivateur, délivrées du vampirisme famélique des avoués; un code hypothécaire qui, en garantissant la propriété, ne l'absorbe pas souvent.

Que veut-elle de l'administration en général, et en particulier de celle créée, dit-on, pour la protéger ? Qu'elle vienne l'aider dans ses développements, ses moyens de prospérité, et non pas l'écraser, l'étouffer sous le poids de frais immenses d'argutieuses chicanes.

Elle veut la préférence pour le pays quand le gouvernement, le plus important consommateur, a des besoins. Que fait-on? sous le prétexte d'économies illusoires, mais sous l'empire de calculs bien positifs, on extrait de l'étranger la plus grande partie des approvisionnements (1). Est-ce ainsi qu'on devrait payer les sueurs

____

(1) Nous devons faire exception en citant la marine, qui, pour ses

du cultivateur. Je le demandrai au ministre de la guerre, *le sang que verse le laboureur comme soldat, serait-ce de l'eau?* Au ministre du trésor, le sacrifice qu'il fait en contribuant fortement dans la proportion de plus du tiers du revenu au banquet de l'impôt : n'est-il pas fait souvent aux dépens des souffrances et des privations de la famille. Devrait-on, avec une impudeur sans nom, dans un vain luxe de paroles répétées chaque année qu'on la veut soulager, se vanter de la protection accordée à l'agriculture, tandis que l'on se joue de toutes ses espérances.

Les haras, nous répondra-t-on, sont entretenus à grands frais dans les intérêts de l'agriculture et du gouvernement : soyez vrais et dites dans les intérêts des protégés que vous voulez à toutes forces récompenser de quelques servilités (1). Dans cette administration, comme dans toute autre administration française, les frais sont hors de toute proportion avec les résultats. Ces résultats sont-ils pour le pays de le rendre indépendant de l'étranger? Consultez les comptes de douanes, et pour ne parler que d'un point, les chevaux de trait, connus sous le nom de Flamands, sont tous, pour les deux tiers, fournis par la Belgique : ceuxde notre cavalerie, sont tirés de Mecklembourg, et de quelques autres

---

approvisionnements n'a recours à l'étranger que dans des cas ou le pays ne peut fournir les objets dont elle a besoin. Hors de là il n'est pas jusqu'au ministre de l'instruction publique qui va, contrairement à toutes les convenances s'approvisionner de médiocrités étrangères pour les imposer à la jeunesse française.

(1) Un inspecteur, nous le nommerions au besoin, reçut comme jument un cheval hongre, qu'il revendit avec perte *pour lui même;* car il faut le dire, c'était un homme probe, éclairé, mais léger.

contrées de l'Allemagne. Ces résultats sont-ils pour le pays la fourniture des remontes ? Les comptes de l'adminissration de la guerre répondent : ce sera pour le pays le moyen de remonter les races. Que d'entraves, que de pauvres combinaisons résultent des cinq à six rames d'écriture échangées chaque mois entre les dépôt de haras et l'administration centrale (1).

Des combinaisons mesquines enchaînent les produits : on défend l'importation des grains d'un côté; d'un autre on fait, pour l'approvisionnement des garnisons, entrer des masses considérables de blés; on rend, par des échelonages de limites de prix, impossible la sortie des grains, et on ruine l'espoir des cultivateurs placés sur les frontières. L'impôt basé sur des évaluations arbitraires, les entraves apportées à la culture du tabac, l'impôt du sel, les variations cadastrales, dès qu'un pays hazarde une riche culture : donnerez-vous à ces faits administratifs ou législatifs le nom d'encouragements et de protection ? Peut-on voir sans regret la culture de la vigne rencontrer dans l'absurde législation sur les vins des obstacles à la vente et au mouvement commercial. La consommation à l'intérieur est toujours en présence de droits proscriptifs. On rencontre tant de mauvais vouloir de la part d'une administration aussi aveuglément qu'injustement vexatoire, qu'on doit être étonné de ce que le commerce des vins, que la culture des vignes ne soient pas anéantis par une telle législation. Caractérisez cet ordre de

---

(1) Ce fut une erreur de notre bon Henri IV que l'établissement des haras royaux ; elle éteignit l'émulation des haras particuliers, perdit les races. En vain Colbert voulut-il établir une concurrence, elle fut impossible.

choses en le proclamant protecteur de l'agriculture (1).
Ecoutons M. le baron Rougier de La Bergèrie, et féli-
citons-nous de partager ses sentimens. « Une sainte in-
« dignation m'anime contre ces publicains ignorants ou
« vendus qui croient servir l'Etat ou le Roi en remplissant
« les coffres de l'Etat avec les deniers arrachés à la pau-
« vreté. Une sainte indignation me saisit, quand je vois
« faire du pays le plus agricole qu'il y ait sur la terre,
« un pays d'agiotage et de monopole en proie à des lé-
« gions de sbires ; quand on voit prendre en tout et pour
« tout le contre pied des principes les plus sages et les
« plus féconds ; quand on voit le ministère se laisser gui-
« der par des théoriciens étrangers à l'agriculture ; quand
« on voit les propriétaires fonciers, desquels dépend la
« vie du corps social, donner au fisc, et à travers des
« dégoûts sans nombre, le tiers ou la moitié de leurs
« revenus ; quand après cinq années de vimaires sur les
« vignes, on exige chaque année la totalité de l'impôt,
« lequel est certainement le plus extrême et le plus ab-

(1) Pour mieux comprendre l'importance de la protection accordée
à l'agriculture, comparons les encouragements accordés dans le Wurtemberg en 1831, avec ceux portés au budget de France. Le Wurtemberg a 637 lieues carrées, couverte d'un million et demi d'habitants. La
France a 20,528 lieues carrées et contient trente-deux millions d'habitants : le gouvernement de Wurtemberg accorde annuellement à l'agriculture 800,000 fr. ou 1,250 par lieue carrée. Si l'on compte par tête
d'habitants, cela fait 54 centimes par habitant. En France on ne donne
que 85,000 fr. ou 3,190 par lieue carrée, ou deux centimes par habitant,
c'eût été une comparaison bien plus humiliante pour l'agriculture si
nous avions pris le chiffre de 1818, où il ne fut accordé que 18,000 f. à
l'agriculture. Mais en revanche, tandis que les secours pour 1828 mon-
taient à 85,000 fr. la subvention des théâtres de la capitale seule s'éle-
vaient à 1,300,000 f. plus de seize fois la somme accordée à l'agriculture.

« surde, si on considère la conséquence de cette culture
« relativement aux droits imposés sur les vins. Loin donc
« de me rétracter dans mon expression, je la consacre
« jusqu'à ce qu'il s'élève un roi qui pense comme Cyrus,
« et un ministre qui agisse comme Sully ».

En commerce, en industrie, *le laisser faire*, *le laisser
passer* a son danger, parfois il offre un non sens; en
agriculture, je ne connais pas de cas exceptionnels où
on doive s'occuper du mouvement de l'agriculture et en
arrêter l'essor. On me citera, peut-être, les craintes que
dans les moments difficiles éprouvent les subsistances;
mais alors encore le commerce et l'agriculture libres,
sauront plus sûrement pourvoir aux nécessités que les
demi-mesures administratives (1).

§—XII.

*Et quæ ipsa in meis fundis colendo
et quæ legi, et quæ audivi, dico.*
VARRON.

J'en demande pardon à mes lecteurs par les raisons
déduites dans mon avant-propos; il ne trouveront pas dans

---

(1) Il y a quelque chose de praticable et d'utile dans ce genre, c'est
la précaution indiquée par Necker je ne sais où d'avoir quelques
approvisionnements centraux à la disposition de l'administration, assez
considérables pour dominer par leur poids dans la balance les prétentions exagérées de quelques marchands, hors de là le cercle est tracé,
*la rareté amène la cherté, la cherté l'abondance, l'abondance la di-
minution du prix.*   Cahier de Gerville.

le vague de cette première partie l'ordre didactique qui plaît et qui instruit : elle n'offre que des points de vue généraux, que des morceaux dont la liaison échappe; ce sont des sentiments plutôt que des dissertations que j'ai voulu donner. Dans les livraisons suivantes, une raison froide présidera à ma rédaction. Pour quelques heures encore, laissez-moi écrire avec la fougue de mes premières ébauches.

Je vais dans les morceaux suivants, long-temps médités, trop rapidement écrits, exprimer sur notre situation forestière et mes regrets et mes vœux, et mon indignation : elle éclatera de toutes parts. J'ai vingt fois quitté la plume; souvent je ne me suis pas relu. J'ai cédé à un entraînement; j'étais Français, et c'était une des calamités de la France qui s'offrait à mon pinceau.

§—XIII.

> Les arbres sont-ils des ennemis qui puissent combattre contre toi pour que tu t'arroges le droit de les couper.
>
> DEUT.
>
> L'arbre qu'on plante rit plus à notre vue
> Que le parc de Versailles et sa vaste étendue.
>
> ROUCHER.
>
> Au milieu des bois la France presque inculte
> N'osait porter le fer sur l'objet de son culte.
>
> ROSSET.

La France, ce beau sol fertile et tempéré ne peut périr que par la disette absolue des bois. Avec les bois, disparaissent les eaux; avec les eaux, les prairies; avec les prairies, les bestiaux.

avec les bestiaux les engrais : sans engrais pas de culture.
C'est ainsi que périssent les nations les plus florissantes :
celles qui peuplaient l'Afrique ont disparu avec les forêts.

GRONIER.

Partout où la civilisation agglomère des hommes, elle
arrache des forêts : l'homme est-il l'ennemi de son bonheur?
MM. Crettié et Pottinger avec qui l'histoire d'Alexandre à la
main, ont parcouru les traces du héros Macédonien jusqu'à
l'Indostan, affirment qu'ils ont parcouru 1,200 lieues, mille,
entre la Perse et l'Inde, sans trouver ni ruisseau, ni rivière,
ni bois, c'est un exemple unique dans l'histoire.

Quand l'agriculture pourra-t-elle avec le bon homme
s'écrier ?

Mes arrières neveux me devront cet ombrage.

En France il y avait dans les forêts des souvenirs attachés à chaque arbre, surtout dans celles de l'état. Les
conserver, les respecter était une sorte de devoir. Au
culte presque religieux dont elles étaient naguère l'objet,
a succédé une despection, un mépris, dont le mot de
l'énigme est la cupidité du siècle, et l'égoïsme de la
génération présente.

Dans cette France, ce sol si riche; dans cette France
dont, « la prospérité était attachée à ces épaisses che-
velures que la nature avait si admirablement disposées ».
On n'entend plus partout que la cognée du bucheron. Un
vandalisme impie ne respire que la destruction des bois.
On ne voit dans une forêt que sa valeur vénale, dans un
arbre que sa valeur marchande. Le chêne des Druides,
les treize poiriers de Laerte, les deux, plus vénérables
encore, qu'Henri IV assignât pour point de ralliement à
la bataille d'Yvri; le chêne de Saint-Louis, l'arbre de
Boscobel où s'était réfugié Charles II; le figuier de

Shakespeare (1), aux yeux d'un membre de la société
fiscale, n'eussent pas reçu une appréciation autre que
celle d'un chêne, d'un poirier, d'un figuier vulgaires.

A la vue de tant de déprédations, l'administration des
forêts, rêve pourtant dans ses momens de loisir, le repeuplement des forêts, les plantations des routes; elle se
perd dans les théories des aménagemens; hésite dans les
propositions de coupes à bois blanc, d'exploitation par
éclaircis, de conservation parcellaire; projets hâtés, mal
conçus, proposés sans conviction, proposés mollement
et abandonnés avant d'avoir pu être mis à exécution.

Tandis qu'ailleurs on arrête l'essor du travail, là on
paralyse l'écoulement des produits. Plus loin les bois
pourrissent sur le lieu même de l'exploitation, faute de
moyens d'extraction. Le flottage, ce transport si économique est rendu impossible par l'envasement des ruisseaux, des confluens, des rivières même. Pourquoi ac-
corde-t-on tant de permissions de défrichements?
Pourquoi, si on craint d'abolir le droit d'usage, n'en
pas atténuer les effets pernicieux par le cantonnement?
Pourquoi les landes ne sont-elles pas plantées, les bruyè-

____

(1) Nous aurions pu augmenter la nomenclature des arbres célèbres :
mais c'est à dessein que nous n'avons pas rappelé le figuier de Timon,
et à regret que nous n'avons pas mentionné l'érable planté sur les
bords de l'ilisse, dont Socrate chérissait tant l'ombrage ; et puis encore
ce chêne vosgien qui, pendant quatre siècles passés, retint le nom de
chêne des partisans, parce que les Vosgiens, qui, à Neufchâteau, voulaient défendre leur pays s'y donnèrent rendez-vous en 1437. Ce chêne
existait encore en 1820 : il avait 17 pieds de diamètre et ce boabab si
touffu était si demésurement gros que cinquante grenadiers pouvaient
à peine en embrasser le tronc

res converties en taillis? Pourquoi surtout, malgré les
nombreux avertissements de tous les amis du pays, les
montagnes dénudées ne sont-elles pas repeuplées ?

Cependant les bois à cette hauteur fixent les sources,
abritent la plaine des vents, régularisent les saisons, sou-
tirent le tonnère, repoussent la fougue des orages. Mais
comment osé-je hasarder des plaintes ? quand si près de
la capitale, de hauts exemples nous apprennent qu'il y
a de minces intérêts, de cupides calculs qui peuvent commander d'abattre des arbres séculaires, d'anéantir jusqu'au moindre vestige de ce luxe vraiment royal : ils
tombent sous la hache ces géants des forêts. Craint-on les
témoins du bonheur de nos pères ? Veut-on ôter à nos
neveux l'espérance de rétablir la chétive chaumière où
dix générations ont trouvé, non la richesse, mais le calme
de l'âme, la résignation pour le mal présent sans cesse
adoucie, tempérée par l'espérance d'un meilleur avenir?
Quelques années encore et la misère n'aura plus d'asile;
et la fatigue n'aura plus d'ombrage. Quelques siècles encore et l'Europe entière aura le sort de la Lybie qui fut
jadis si peuplée, le sort de la Grèce qui s'énorgueillissait
souvent de ses forêts, et qui peut à peine aujourd'hui
supporter quelques ifs épars, quelques buis rabougris, et
un siècle plus tard, cette Europe si vive aujourd'hui, ne
sera plus qu'un désert, et puis un jour le voyageur viendra interroger des ruines, conjecturer où fut l'emplacement de nos cités les plus célèbres. L'emplacement de la
capitale de la France sera un problème comme celui de
Babylone et de Carthage.

Par tout le chêne a disparu, et bientôt les forêts du
Nord n'en pourront plus fournir aux besoins de la ma-

rine et du commerce. Déjà le sapin, au grand dommage de l'agriculture, est préféré, pour les constructions, aux chênes.... Hommes du présent, législateurs sans avenir, vous perdez en intrigues personnelles, en camaraderies corruptrices le temps dû au pays qui, en vous appelant, avait cru mieux placer sa confiance. O agriculteurs, l'autorité devait être paternelle pour vous, la législation favorable; on vous avait promis protections, faveurs, allégement d'impôts en retour de vos sacrifices !.. Quand ces rêves se réaliseront-ils pour vous?...

La destruction des forêts a sa marche; la stérilité, sa fidèle compagne, la suit; le DÉSERTISME, si je puis me permettre cette expression, envahira l'univers. Gouvernemens, hâtez-vous de porter vos regards sur les forêts; un terrain dégradé et laissé sans culture pendant cent ans, se rétablit en moins de trois années. Un bois, une fois dévasté, plusieurs siècles ne sauraient le rétablir. Croyez-vous pouvoir, à votre gré, ramener l'atmosphère humide au milieu de laquelle les arbres se plaisent. Quand vous voudrez les faire revivre, vous verrez une végétation languissante dégénérée qui attestera votre ingratitude. Vous gémirez de la répugnance de la terre à se prêter à une végétation capricieuse. Les cimes actuelles voient avec effroi l'envahissement des glaciers, ils descendent, et avant un quart de siècle, avant une vie d'homme, la génération qui suivra la notre verra stériliser les flancs, et puis par leur froide haleine, les plaines qu'ils entourent. Oui la stérilisation a sa marche; elle a commencé sur l'Ararim, berceau du genre humain. Les déserts brûlants de l'Arabie, la mer de sable de Sahara, la contrée si fertile de la Palestine ont été couverts de nombreuses peuplades, et sont inhabitables aujourd'hui. L'Euphrate, le Tigre, le Jourdain ne sont plus que des ruisseaux. Où sont les palmiers innombrables de la superbe Tadmor? Avec les sources qui arrosaient leurs masses, ont disparu les ombrages sous lesquels les patriarches venaient contempler la nature, adorer et prier.

Auprès de ces arbres où se reposaient les patriarches, des puits étaient creusés, et ce bienfait du désert perpétué d'âge en âge, est encore l'espoir du pélerin, la ressource du voyageur. Les arbres ont été détruits et avec eux les aqueducs, les plantations nouvelles, tous les efforts des hommes n'y peuvent rien. L'ombrage ne revivra plus. Couvrir une contrée de peuples, c'est préparer un désert à quelques siècles de là. Le cercle est tracé; la nature vierge est couverte d'eau et d'arbres; la nature adolescente d'hommes, la nature décrépite de ruines. Le voyageur qui visite ces contrées n'aperçoit qu'une vaste solitude. Repeuplez les forêts, rappelez les sources, ou la France sera ce qu'est Tadmor, ce qu'est Balbec, un amas de ruines avec la grandeur des monumens de moins.

§—XIV.

Nul ne comprit mieux que César qu'il y a une autre gloire que celle des armes.

SAINT-EVREMONT.

Le roi est l'homme des peuples, il doit l'être surtout des laboureurs, car le peuple est là.

OXENSTERN.

La comparaison si souvent reproduite du caméléon

qui réflète les couleurs du tapis sur lequel il est placé, a surtout ici son application, quand pour une époque donnée, ont veut faire concorder le système d'agriculture avec les faits. La liaison est telle que l'histoire d'un siècle étant donnée, on pourrait retracer celle de son agriculture. C'est à l'aide de cette pensée que nous suivrons la série des faits agricoles; c'est un dessin au trait qui pourtant aura sa ressemblance, car l'amour de la vérité nous anime et guide notre plume.

Il est impossible que le chef-d'œuvre de la création matérielle, l'homme, ce petit univers, ne soit point le jet d'une seule pensée divine : ainsi tombe l'absurde système d'une gradation successive d'êtres avant d'arriver à l'homme; il a été créé avec toutes ses facultés; il n'a pu être créé enfant, à cet âge il n'aurait pu suffire à ses besoins. Il a reçu cette force instinctive qui le guide entre le besoin et le moyen de le satisfaire. Dès lors les plantes dont il pouvait se servir lui furent pour ainsi dire révélées (1). Ce ne fut que lorsque l'homme fut ajouté à l'homme, et qu'il fût pourvu d'une compagne qui lui donna des enfants, que la famille dut chercher à perpétuer les plantes qui pouvaient servir aux besoins de tous. Les caprices de la terre furent domptés. Celle-ci ne put reproduire qu'imparfaitement ce luxe de plantes inutiles à la nourriture de l'homme. Dès que l'histoire commence, on voit la société formée, et c'est de ce point de départ qu'elle peut, sous le rapport agricole, se prêter

---

(1) Les Arabes croient que Dieu parla arabe à Adam, qu'il lui révéla les propriétés des plantes, leurs noms, et que ces noms sont indicatifs de leurs vertus.

à l'examen. Aucune science, mieux que l'agriculture, ne suit les pas de la civilisation; elle naît avec elle, ou plutôt elle la crée, elle la suit dans ses progrès, elle atteint le but. La société s'arrête, tombe, s'abâtardit; les vices de la civilisation font irruption; la société et la civilisation dégénèrent et périssent en même temps.

L'invention de la charrue a-t-elle précédé celle de la lance? Dans quel ordre les arts qui ont simultanément paru, se sont-ils présentés à la voix de l'homme? Ces questions, l'érudition peut à peine les aborder; elles sont oiseuses pour nous, et c'est avec une grande probabilité que nous prononçons que l'agriculture, le premier des arts, dans la condition de nos besoins, a été aussi le premier perfectionné par l'homme. Les autres n'ont paru que successivement, et l'ont laissé long-temps sans rivaux. Il faudrait des recherches nombreuses au-dessus de notre portée pour trouver dans les premiers écrivains orientaux, dans les auteurs grecs et latins, quelques phrases conjecturales éparses, qui réunies, puissent faire naître une hypothèse admissible. Ainsi nous préférons, en classant le rapport de l'agriculture avec les temps, nous livrer à ce que nous avons recueilli de faits sur l'agriculture ancienne, sur celle du moyen âge, enfin sur l'agriculture moderne. Qu'il nous soit cependant permis de faire précéder cet exposé historique d'une réflexion qui nous a long-temps frappé.

§ — XV.

> *Historia temporum lux , vitæ magistra.*
> CICÉRON.
> Le temps est un grand marcheur : il
> tient à la laisse un aveugle, le hazard:
> il se heurte , il en naît une décou-
> verte. GUARDIAN.

Malgré l'uniforme succession des instants , succession
plus régulière que la chute des grains de poussière qui
tombent dans la partie inférieure du sablier, le temps a
imprimé à chaque âge, à chaque période, à chaque époque de la succession des siècles, un caractère distinctif,
une physionomie particulière. Pour ne parler que des
deux dernières générations dont nous avons été témoin,
l'esprit qui a précédé, enfanté, peut-être ensanglanté les
événemens de la fin du xviii° siècle, n'est pas celui qui
a fonctionné sous nos yeux depuis trente ans. Il est conséquence, il est effet du premier, et pourtant il en diffère
essentiellement. Celui-ci à son tour sera cause, occasion, origine de l'esprit qui animera nos neveux; mais
il ne lui ressemblera pas plus que les traits inertes de la
physionomie des habitants du Nord, ne reproduisent
cette figure si mobile, si parlante des habitants du Midi.
Nul doute, il y a réciprocité dans les faits historiques,
et la philosophie de l'histoire devrait s'occuper de rattacher les événements entr'eux , sous le seul rapport mu-
tuel de causes et d'effets. Les noms de guerre de traités
disparaîtraient , mais l'instruction serait profonde.

Prenons pour un temps donné le *facies* de ces esprits, et avec cette sorte d'instrument de comparaison, étudions les événemens. Appliquons lui les progrès des sciences et des arts, nous nous convaincrons aisément qu'il s'étend sur tout ce qui est présent, que la tendance de tout est la sienne : arts, ils les modifie; sciences, il en change le système; société, il la métamorphose; en un mot, il envahit tout.

L'agriculture, il serait facile de le prouver, est soumise à cette influence, respire, si je puis hasarder cette image, l'air de l'époque, et se meut dans l'atmosphère du siècle.

§— XVI.

> L'agriculteur est peu spéculatif, les fruits, toujours les fruits, offrant le même résultat, voilà ce qu'il lui faut.   ROSIER.
>
> *Opinionum commenta delet dies, naturæ judicia confirmat.*
>
> Dans l'agriculture d'une contrée il y a système, il y a ensemble, introduisez-vous une méthode, vous détruisez cet ensemble et ne mettez rien à sa place.   TULL.
>
> *Fati vogliono esse concludenti fasiristi et tocati sempre con mano.*
>
>   PALMERI.

En agriculture, un grand nombre de causes accessoires font que cette influence de l'esprit du siècle est plus lente, moins incisive, moins délétère. La différence de la nature de cette science avec les autres, est la cause de ce retardement. Une guerre, une seule bataille peut tuer, anéantir une nation de marchands. Le sort de Carthage, celui de Tyr, peuvent être invoqués comme un irrécusable témoignage. Une découverte, l'effet d'une seule route ouverte peut influencer les destinées d'une nation commerçante. Vénise, dès que le nouveau monde fut révélé à l'ancien, vit en peut de temps décliner sa prospérité commerçiale, et à dater de ce jour, elle ne fut plus la maîtresse du monde, la dominatrice des mers.

Pour le cultivateur, l'esprit du siècle et ses discussions n'existent pas : il résiste à toute innovation ; c'est quand le siècle n'est plus que les changemens commencent pour lui. Un examen attentif peut nous faire apercevoir les motifs de cette résistance à la direction commune. La solidité des principes généraux en agriculture, les traditions reçues et le respect pour les maximes de leurs pères, l'expérience qui ramène chaque année les résultats de l'année précédente, voilà pour les cultivateurs l'ensemble qui les confirme dans leur voie. D'infructueuses tentatives, des promesses démenties par les résultats, une sorte de lenteur crue faussement apathie, ont de tout temps mis en garde et garanti l'agriculteur des caprices de la mode (1).

Il croit, avec John Sinclair, que les pratiques reçues ont un fondement réel, que les usages ne s'établissent

----

(1) Le paysan, dit Montaigne, croit que ce qui est hors des gonds de la coutume est hors des gonds de la raison.

*que quand ils sont bons, et pour eux les siècles cheminent
en avant, sans amener de changemens en agriculture.*
D'ailleurs, l'isolement des agens de l'agriculture, la rareté des communications, les rendent innaccessibles aux
impressions qui ne doivent être qu'éphémères, voilà
pourquoi, mieux encore, que Louis XVIII, le laboureur (1) à côté de la pensée de l'amélioration, place la
crainte, le danger d'innover.

Que l'on traite si l'on veut ce mode d'action et de
pensée, de routine, d'obstination, d'entêtement, il nous
semble mieux caractérisé par les termes de prudence
qui veut être convaincue avant d'adopter, de bon sens,
qui ne cède que quand, par l'exemple, il a été persuadé.
Cet esprit continu et transmissible à l'infini, peut impunément traverser des siècles. Il reste debout quand tout
tombe autour de lui, et pour n'en donner qu'un exem-

---

(1) Quand nous écrivions cet alinéa nous ne connaissions pas l'opinion de Malesherbes : cet homme si antique aux jours modernes , nous
la consignons ici : on verra avec quelle modeste simplicité il défend
les laboureurs du reproche d'être trop attachés à leur routine. «Les
« agriculteurs sédentaires qui ont toujours sous les yeux les objets de
« leurs travaux, et qui savent ce qui est compatible avec l'économie
« rurale, sont les seuls qui puissent donner des espérances dans les-
« quelles les gens de la campagne aient assez de confiance pour
« changer leurs pratiques. Mais ces agriculteurs sédentaires occupés
« de faire valoir leurs champs ont rarement l'idée d'autre chose que de ce
« qu'ils ont toujours vu : et s'il y en a un qui cherche à perfectionner
« sa culture, ce n'est qu'en imitant ce qu'il a vu réussir dans son
« voisinage. Les livres imprimés ne lui servent à rien : il ne les entend
« pas, ils ne lui servent à rien.

« On ne peut pas même le blâmer de ce manque de confiance, car
« dans le nombre immense de mémoires qui ont paru sur l'agriculture,
« les trois quarts ne feraient que l'induire en erreur et en dépenses
« inutiles.»

ple frappant, citons l'Italie, la terre des volcans, cette région éminemment historique, qui depuis trente siècles est la dominatrice de la terre.

Son sol a été de tout temps et en tout sens bouleversé; il n'a échappé à aucune révolution du monde physique et du monde moral. L'Italie, cette terre où chaque grain de poussière a vécu, qui fut le témoin des plus grands événements, qui depuis qu'elle a un nom a été labourée par cent catastrophes, a plus qu'aucun autre pays conservé pour l'agriculture les mœurs de ses premiers cultivateurs; leurs instruments sont les mêmes, les systèmes d'irrigations de silviculture de viticulture, ont à peine été altérés. C'est-là que l'agriculture montre de tout point qu'elle a conservé son origine romaine, Étrusque, peut-être Saturnienne. L'éthymologie, les coutumes, l'histoire, le mode de culture, l'archéologie, la numismastique surtout sont-là pour en justifier. Nous aurons occasion de fortifier cette pensée, par des faits probatifs.

C'est toujours dans les coutumes qui ont traversé les siècles, c'est dans les mœurs en contradiction avec l'actualité de la vie que l'on peut trouver des conjectures, et tirer ces conclusions hardies que des découvertes viennent ensuite confirmer. Voulez-vous retrouver ces traditions si respectables, atteignez la cime des montagnes, pénétrez dans la profondeur des vallées, égarez-vous dans la solitude des bois, et les pratiques des pères de nos pères, en opposition avec les usages reçus, vous instruiront mieux que l'étude stérile des livres. Un petit nombre d'usages ont été conservés dans nos mœurs: ces dragées qui rappellent aux époux qu'ils doivent abandonner les jeux de l'enfance, *sparge nuces conjux* , étaient tolérées par la religion elle - même , quoique d'origine païenne. Il n'y a pas cent ans , dans la plus part des diocèses français, les mariages étaient accompagnés des cérémonies de la confarréation, prescription de Numa , et qui lui a survécu de deux mille six cents ans.

§ — X V I I.

Cogitavi dies antiquos, annos æternos in mente habui.

Les hommes civilisés peuvent plus par leur union que les peuplades sauvages.

Ceux qui ont détruit les hommes vivent dans la mémoire des hommes : des moyens de gloire manquent à l'agriculture et à peine quelques noms échappés à l'oubli, se révèlent parmi ceux qui ont animé la terre et perpétué l'œuvre de la création.

Pourtant le mouvement entraîne tout, il atteint tout: il ne peut affecter les autres sciences, les autres arts , sans imprimer sa force initiale à l'agriculture elle-même, comme à tout ce qui est; il lui dit : va , marche ; elle se meut et elle marche, comme le paralitique, emportant son grabat. Il lui faut plusieurs siècles avant que le mouvement de transmutation soit entièrement opéré. Ses phases sont lentes et inaperçues. Il nous faut tracer l'histoire de l'agriculture, et les faits manquent ; pour faire apercevoir les rapports entre l'agriculture et l'histoire, il nous suffira de la présenter en regard des événemens à trois grandes époques, et pour nos points-de-vue historiques, nous n'aurons qu'à la peindre dans ses trois grandes ères. L'agriculture ancienne, comme génératrice, est l'agriculture modèle. L'agriculture du moyen-âge comme conservatrice, et l'agriculture moderne, art indécis, science qui se cherche, qui se montre dans l'hésitation où dût être le vieillard que Médée rajeunit après qu'il eût reçu de la magicienne, les forces nouvelles d'une vie presque adolescente, il errait entre les souvenirs de son passé et la fausse existence qui le ramenait à la jeunesse.

Il y a quelque chose dans les institutions humaines, dans les choses naturelles qui, pour tout ce qui est, a résisté au temps, et a pour ainsi dire surnagé sur la mer des événemens, soit qu'ils proviennent des bouleversemens physiques, soit qu'ils aient pour cause, les hommes eux-mêmes. Nous pouvons à cette organisation essentielle des choses, apporter quelques modifications, comme un faible enfant peut, à l'aide de ses mains, détacher quelques cailloux d'un mur antique ; mais la chose naît toute faite, et son accroissement est toujours moindre que sa production primitive, puisqu'il n'en est que le développement. L'homme est dans l'enfant, le chêne est dans le gland ; mais pour la science il n'y a pas d'embrion possible. Son accroissement n'est pas en elle, mais dans la perception de celui qui la recherche elle s'y montre supérieure à toutes les données successives. Il y a dû avoir une révélation première et préalable, un plus qu'instinct qui a donné à l'homme la connaissance de ce qui lui était bon, utile, et de ce qui pouvait être nuisible ou dangéreux. Quand Dieu fit passer devant Adam leur roi, les animaux, le premier homme donna à chacun d'eux un nom qui désignait leurs propriétés, et peignait leur caractère. D'où lui venait, si non de la perfection de sa nature, ces notions premières, cette prescience des qualités, propres à chaque espèce ? Rejetez l'instuition, l'instinct divin, la révélation, et tout devient obscurité, ombre, nuage. Avec ces puissans auxiliaires, il est vrai de le dire, on ne peut rien expliquer, mais on conçoit le phénomène devenu sensible, de la même manière que nous avons la perception des astres placés au-dessus de nos têtes, nous les voyons sans connaître leur nature.

Nulle doute pour nous que le premier habitant de la terre n'ait eu pour les plantes, par un semblable esprit d'examen, la possibilité de connaître instinctivement leurs vertus, et de choisir dans cette grande variété, celles destinées à entretenir la vie, à réparer les forces; et celles qui lui pouvaient être nuisibles. Ce don de prévoyance, de perception, à quelques exceptions près, est accordé à tout ce qui vit. L'homme aurait-il été étranger à ce bienfait, à cette condition de son existence première? ferait-il exception à cette loi universelle, qui pour la conservation des êtres en leur donnant le sentiment de ce qui peut leur être utile, perpétue à chaque moment le grand miracle de la création (1).

____

(1) N'avons nous pas indépendamment de nos sens une vie inté

Ainsi l'agriculture n'a dû commencer que quand, dans un même espace, les plantes bonnes (mêlées aux mauvaises) ne suffirent plus aux besoins de la famille; on eut senti la nécessité de multiplier les premières, et de détruire les autres? Quelle a été la série des faits, des moyens, qui à mesure que les hommes se sont accrus, ont ingénieusement pourvu à ses besoins? Elles nous est inconnue pour ces premiers temps. On aperçoit quelques vestiges, quelques débris de terres amoncelées : puis tout à coup les traces se perdent, *et l'homme reste suspendu dans le présent entre le passé et l'avenir, comme un rocher entre deux gouffres* (1).

Il est de mode d'admettre un état sauvage, une vie nomade de pasteur, avant celle fixe d'agriculteur; on croit assez généralement à cette périodicité justifiée par quelques découvertes modernes, et qu'ainsi avant d'être unis en société, les hommes ont dû passer par les périodes de peuples sauvages, de peuples chasseurs, de peuples pasteurs, de peuples cultivateurs. Nous forts de l'autorité de la Bible, nous affirmons au contraire que le premier homme avait une haute science des choses, nous voyons dès les premiers jours du monde, les premiers nés des hommes, simultanément Abel, pasteur, Caïn, cultivateur (2).

---

rieure, dont le secret n'est connu que de ceux qui rentrent en euxmêmes, et se séparent des hommes. N'avons nous pas des sympathies et des antipathies, des avertissements sur-humains. Ces avertissements sont étouffés par le contact des sensations étrangères à la nature première : cette vie intérieure, n'est pas la vie du monde : nos sens n'ont pas leur force primitive, et sont oblitérés par notre abâtardissement; mais aux premiers jours du monde ces qualités étaient vivaces.

(1) Châteaubriand.

(2) Genèse, chapitre 4, verset 2.

Nous, nous appuyons de l'éloignement de l'apparition de Nembrod, pour ne pas adapter l'hypothèse vulgaire (1). La fable a prêté à divers personnages les inventions utiles à l'agriculture : à Cérès, les procédés de la culture ; à Triptolème, le soc de la charrue : Bacchus, Terme, Farrea, ont chacun eu leur place dans le partage des attributions agricoles, ingénieuse fiction, nous sourions à ta magie ; mais ces allégories sont loin de pouvoir être invoquées par l'histoire. Ces témoignages sans force ne font que supposer la marche des inventions, et ne peuvent satisfaire l'exigeance de l'histoire : quand elle établit des faits. Nous nous taisons donc avec elle dans cette circonstance.

Cependant nous ferons remarquer à nos lecteurs que le partage (2) des terres fait par Dieu lui-même, suppose que ces portions cultivées par les nations l'étaient pour leurs besoins ; ensuite on voit clairement sortir de la nécessité de ce premier partage, la création pour la société de la loi universelle, de la propriété et des droits primitifs. Plus loin, Noé est désigné par la Bible comme l'inventeur de la vigne, comme ayant ajouté aux cultures qu'il exploitait déjà, celle de la plante sarmenteuse dont la vrille embrasse l'ormeau : l'art de faire le vin fut le fruit de l'expérience de ce patriarche, car les saintes écritures ont soin de dire qu'il était déjà laboureur.

---

(1) Nous admettons pour l'agriculture, comme pour tout autre être, une série d'âges : elle a eu son enfance, son adolescence, sa virilité, sa caducité : mais c'est plus tôt en la considérant pour chaque localité, qu'en elle-même, que ce point de vue est admissible : et non pour la race d'Adam.

(2) Deus divisit terras inter gentes. Genèse, chap. 5

Abraham était très riche en bétail, en argent et en or; son neveu comme lui possédait également de grandes richesses. La même contrée ne put pas long-temps nourrir les troupeaux des deux patriarches, et ils se séparèrent. Les troupeaux d'Abraham continuèrent à errer sur la terre de Canaan qui devait être le patrimoine de sa postérité. *Loth alla conduire les siens dans la plaine du Jourdain, arrosée alors comme un jardin, arrosée comme l'Égypte.*

Le fils du père des croyants, Isaac, ajouta aux soins du pasteur, les travaux du cultivateur. Il sema une grande étendue de terres qui lui rendirent au centuple les grains qu'il lui avait confiés. Des puits qui ont gardé les noms qu'il leur donna furent creusés dans tous le pays et sa richesse surpassa celle des rois.

Job, dont l'existence est antérieure à celle de Moïse de plus d'un siècle, après avoir subi les épreuves que Dieu lui envoya, fut mis en possession de plus de richesses qu'il n'en avait perdues. Aurait-il pu, sans un bon système d'agriculture, nourrir les quatorze mille brebis, les trois mille chameaux, les mille paires de bœufs, les mille ânesses que l'écriture nous apprend avoir été le nouveau domaine de ce saint patriarche. Quelle masse de produit ne fallait-il pas pour entretenir trois mille chameaux errants d'une contrée à l'autre, seule destination qu'ils avaient pu recevoir? Quelle vaste étendue de terrains ne fallait-il pas mettre en culture pour occuper au travail de la charrue mille paires de bœufs, pour consommer les engrais fournis par quatorze mille brebis, et par les bestiaux dont la gigantesque énumération a bien le droit d'entrer en parallèle avec les plus grandes fortunes territoriales modernes?

Les livres de Moïse sont plein de faits et de préceptes qui prouvent que l'agriculture était la principale occupation du peuple de Dieu. Il y a tout un grand système politique dans la législation de Moïse, bien supérieur à tous ceux que l'histoire a produits depuis. La religion qui veille aux intérêts moraux, mêle ses pratiques à celles de l'agriculture, base des intérêts sociaux.

La terre est à Jéhovah; il en est le maître : il la donne aux Hébreux; il les y reçoit comme un hôte reçoit des étrangers dans sa maison (1); il veut par une première distribution qu'elle soit également partagée entre tous les enfants d'Israel; que tous aient une part proportionelle au nombre des membres de la famille (2). Le sort décida du premier établissement des tribus et de celui des familles : le temps ne pourra rien changer à ce premier partage parce qu'il est l'œuvre de Dieu : il fut fait avec tant d'équité que jamais il ne donna lieu à aucune réclamation.

Dans nos temps modernes, rien de semblable. Le corps social est travaillé par des maux auxquels la prudence même ne remédie qu'imparfaitement. Le paupérisme des uns, l'insolente fortune des autres, l'ambition et ses délires, la corruption et son cortége de vices, la misère et les cris du désespoir établissent partout une lutte qui se perpétue et qui menace de renverser la société.

L'écueil est évité par la loi de Moïse, en consacrant l'inaliénabilité des terres et des fermes; ces biens doi-

---

(1) Lévitique, XXV, verset 23.
(2) Nombres XXXVII, verset 54

vent passer des pères aux enfants. Ils restent dans la famille, ils y entretiennent l'amour du travail, la frugalité et cette aisance universelle qui pour une nation est le seul but où doivent tendre les combinaisons politiques et administratives. Si le malheur atteint le possesseur actuel, il lui est permis de céder l'usufruit de ce bien, d'aliéner le produit des récoltes. Tous les cinquante ans, l'année jubilaire rendait de droit les fonds de terre à leur destination primitive. La distribution de Moïse revivait toute entière, et les enfants, par cette loi de retrait, jouissaient des biens attachés à la famille.

Rome aussi, aux premiers jours de son existence, avait partagé les domaines publics, mais pour ne pas avoir entouré ce partage des prévoyantes dispositions de la législation de Moïse, on vit la loi agraire et ses tumultueuses agitations, l'usure et ses fléaux envahir la république.

N'a-t-il pas connu la source des véritables richesses, celui qui a appelé de ce nom les blés, les grains, le vin, les bestiaux. Par quelle sage combinaison ce prévoyant législateur, en même temps qu'il isolait sa nation, ne sut-il pas rapprocher entr'elles les diverses tribus ; en même temps qu'il rendait le commerce extérieur difficile, ne sut-il pas donner au commerce intérieur un développement tel que jamais la récompense et le fruit ne manquèrent au travail, *ni le travail aux bras qui le demandèrent.*

Tout le système d'économie sociale de Moïse est là ; tout ce qu'ajoute la fausse direction des temps modernes, complique la question sans profit pour le pays.

Moïse n'interdit pas les arts ; mais il veut que l'agriculture, le premier de tous, soit un devoir. Persuadé que la population est la force des états, qu'elle est toute dans le concours des citoyens qui combattent pour le sol, il exclut les armées mercenaires, laissant celles-ci aux nations commerçantes, dont tôt ou tard elles entraînent la ruine.

Les Romains et les Israélites eurent cela de commun, qu'ils tirèrent de leur aire-à-battre le grain, et de la charrue, ces généraux invincibles qui ont maintenu l'indépendance du pays, et en firent la gloire. Pour Rome, jusqu'à la ruine de Carthage ; pour la terre des Hébreux, jusqu'à la dispersion des tribus d'Israel (1).

L'agriculture se perfectionne dans la Palestine, et cette terre d'où la bénédiction de Dieu s'est retirée, voyait alors ses montagnes cultivées, et ses plaines riches des présents de Dieu (2). Si elle n'était pas comme l'Egypte qu'ils venaient de quitter, où, dès que la semence était jetée en terre, elle recevait de l'irrigation et du limon du Nil, les principes de végétation : La terre qu'il leur donne est remplie de vallons et de collines qui attendent leur fécondité de l'eau du Ciel ; mais ce Dieu d'Israel promet d'avoir l'œil sur cette terre depuis le commencement de l'année jusqu'à la fin, et de la rendre productive.

Tel n'est pas aujourd'hui son état, et la terre a perdu

---

(1) Gédéon battait son froment lorsque l'ange l'appela et lui légua, au nom de l'Éternel, la mission de délivrer son peuple du joug des Médianites. Saül, David gardaient les troupeaux, lorsque Dieu les choisit pour être placés sur le trône.

(2) Deutéronome, chap. XI, versets 2 et suivants.

sa fécondité, et le Liban ses cèdres. Le Jourdain, faible ruisseau, ne coule plus que des eaux jaunâtres et bourbeuses : la malédiction de Dieu a frappé cette contrée. Il ne reste plus de ses monumens que les puits du désert (1) mentionnés dans la Bible ; ils ont conservé les antiques noms qu'ils reçurent d'Abraham, d'Isaac et de Betsabée, ou ceux des événements qui accompagnèrent leur établissement. *Le puits du jurement, celui de l'abondance, celui de la séparation ou du murmure.* Il est donc pour la justification de la providence des bienfaits éternels ?....

C'est encore dans nos livres sacrés que nous trouvons l'origine des méthodes agricoles. La sécheresse du pays avait forcé le peuple d'Israel de chercher à conserver les eaux, à les conduire en établissant des rigoles, à les retenir dans des bassins préparés, à les approprier par des mélanges propres à certaines cultures. La multiplication des bestiaux avait pour principal but, l'augmentation des engrais. On en faisait de factices en foulant la paille aux pieds, pour faciliter sa fermentation et former du fumier (2). Les instruments aratoires sont presque tous mentionnés dans la Bible ; le van qui crible le grain, le pic qui brise la roche, la charrue qui ouvre la terre, l'aiguillon qui presse le bœuf, le hoyau, le coutre, la cognée, et la fourche à trois dents qu'ils allaient faire aiguiser chez les Philistins, car ils n'avaient pas de forgerons (3). L'invention des moulins à bras était connue des Hébreux, Homère en fait men-

---

(1) Genèse, chap. 18, 19, 20, 21, 22, 32 et 33.

(2) Isaïi, chap. 25, verset 10.

(3) Isamuel, chap. 13, versets 20 et 21.

tion dans l'Odyssée, liv. 2, pag. 354; elle paraît avoir pris naissance en Égypte. Les laboureurs hébreux se servaient du joug pour accoupler les bœufs, et l'humanité de la loi de Moïse lui fait recommander aux Israélites de ne pas atteler ensemble un bœuf et un âne, de délier la bouche du bœuf qui foule le grain.

C'était pour un peuple éternel, pour un peuple choisi que Moïse faisait ce code immortel dont la sagesse s'étendait sur toutes les parties de la société. Toutes les pratiques des réglements de Moïse ont un but qu'il est facile d'apprécier, et la preuve de leur puissance, c'est qu'après avoir réglé les intérêts des Juifs, en corps de nation, ils sont observés par les enfants d'Israel, dispersés. Ils ont traversé les peuples et les temps, et sont demeurés debout. Est-il une législation moderne qui put essayer une semblable épreuve.

La plantation des arbres occupe le législateur sacré : ils sont rares dans un climat brûlant. Il ordonne de les respecter même *sur les terres ennemies* (1). L'expérience avait prouvé que les premiers fruits épuisent l'arbre, et sa durée sera d'autant plus grande, que sa fructification aura été plus tardive. Aussi les fruits des trois premières années sont déclarés impurs. Les fruits de la quatrième année *sont consacrés, comme chose sainte, à l'Éternel.* (2) Et c'est seulement la cinquième année que le propriétaire peut, pour lui-même, recueillir des fruits. Pour tempérer le sacrifice de la privation, les priviléges les plus attrayants sont attachés

______

(1) Deutéronome XX, 19.
(2) Lévitique XIX, verset 23. Deuteronome XXII, verset 26.

à la plantation. *Celui qui plante une vigne, un verger, est exempt du service militaire, exempt de participer aux travaux publics, jusqu'à la première récolte.* Aussi cette terre infertile, ces rocs apres et arides, étaient couverts d'oliviers qui justifiaient la poétique image du prophète quand il s'écrie : *l'huile coule de la pierre la plus dure :* Aussi le vignoble de la Palestine était tellement renommé, que ses vins étaient achetés aux prix les plus élevés par les monarques d'Orient. Les froments étaient choisis pour faire la farine des sacrifices, chez la plupart des peuples de la terre. Aussi cette contrée, qui aujourd'hui n'a plus que quelques rares et chétifs palmiers, produisait ces dattes que Théophraste a signalées, et qui ont fait donner *le nom de pays des dattes à la Palestine.* Que sont devenus ces riants coteaux? Une roche nue. Ces plaines si fertiles ne sont plus qu'un sable brûlant qui n'offre aucune trace de culture. Comment Sion a-t-elle perdu sa splendeur ? Pourquoi la terre promise n'est-elle plus qu'un désert? C'est qu'autrefois cette terre était sous la main du grand Dieu, et que depuis il a retiré ses bienfaits.

On trouve dans les prophètes une foule de passage; nous avons indiqué les plus décisifs qui prouvent que les Israélites étaient tous agriculteurs; les Paralipomenes nous représentent Osias comme un roi qui pendant les premières années de son règne, fut un roi selon le cœur de Dieu ; l'Écriture le loue d'avoir aimé l'agriculture, d'y avoir porté son peuple; il bâtit des tours dans le désert, il y creusa des puits pour en fertiliser les environs : *il avait de grands troupeaux de bestiaux*

répandus dans les plaines, des laboureurs et des vigne-
rons cultivaient pour lui les montagnes, et surtout le
Mont-Carmel, car il aima l'agriculture.

L'Inde et la plupart des états de l'Asie, ont beau traverser les siècles et changer de maîtres, leurs mœurs reçoivent peu d'altération. Nous voyons par les récits authentiques des voyageurs, que la Chine et l'Inde sont ce qu'elles étaient il y a quatre mille ans, et nous pouvons ainsi reporter à la statistique des lieux, nos principales observations. Nous signalerons là, l'état actuel de l'agriculture de ces contrées immobiles, comme les rocs sur lesquels repose leur sol, en les peignant dans leur état actuel, les faibles mutations qu'elles ont pu recevoir de l'action du temps, sont inassignables, et nous aurons tracé leur histoire par les traits qui nous serviront à rendre leur état présent. Ainsi, après avoir rassemblé plusieurs traits épars qui doivent nous donner une idée de l'agriculture chez les anciens, et de l'importance attachée à la pratique, nous tâcherons de présenter avec plus de détails ce qui regarde l'histoire de cet art chez nos premiers maîtres, chez les Grecs qui en reçurent les préceptes des Égyptiens, chez les Gaulois, nos ancêtres. Enfin, chez les Romains, le seul peuple pour lequel une suite d'historiens nous servira de guide.

§ — XVIII.

Communis utilitas, societatis est maximè vinculum.

    TITE-LIVE, décade 4.

To be, or not to be : that is the question

    ADDISSON.

Prendre l'Angleterre pour modèle, quand elle n'est encore qu'en expérience, c'est prendre un écueil pour le port.

    MANUSCRIT.

Partout où il y a eu de grandes nations, l'agriculture a du exister : elle réunit les hommes en société, et les nations n'existent que par elle, parce que les cités lui doivent leurs approvisionnemens. Voyez-la, dès les premiers temps historiques, lutter, dans toutes les parties de l'Univers, contre les obstacles. En Chine, le brigand Tsao, deux mille ans avant l'ère chrétienne, occupe les hommes farouches qui composent sa nombreuse armée, à fertiliser les marais, à transformer en champs productifs, les forêts, les déserts, dont il s'est rendu maître. Avant de prendre possession de la terre, l'homme est obligé, pour ainsi dire, de dérober le sol aux eaux qui s'en sont rendu maîtresses. Lorsque la parole puissante du maître ordonna aux eaux de se retirer, pour se jeter dans les gouffres qu'il leur avait

préparés, elles obéirent lentement et à regret, et il
fallut que l'homme leur disputât l'empire de la terre.
Aussi l'histoire, dans cent lieux différents, nous montre
l'homme aux prises avec les eaux ; les attérissements,
les desséchements furent les premières entreprises agricoles que l'histoire nous fait connaître. Cet art aujour-
d'hui si compliqué, est né avec la société ; il en fut le
premier ressort. Toute la terre d'Égypte fut une conquête sur le Nil : nous aurons soin de consacrer quelques
traits à leur histoire, lorsque l'hydraulique, dans ses
rapports avec l'agriculture, sera l'objet de notre travail. Sésostris, pour rendre les terres arables, employa
tout un peuple à former des chaussées : il y plaça des
villes suspendues au-dessus des eaux ; c'est lui qui, par
de sages lois, règle les fonctions des laboureurs, et leur
réserve toutes les places vacantes du Sacerdoce. L'É-
thiopien Sabeon employe les criminels de son empire
au desséchement d'immenses marais. Bélus vivifie le
sol de l'Assyrie, en le dégageant des eaux qui s'en étaient
emparées. Nicotris et Sémiramis construisirent ces immenses levées, qui aujourd'hui encore sont nommées
les Levées des Géants, monuments bien autrement
utiles que ces arcs de triomphe qu'elles ont fait élever
pour éterniser leurs conquêtes. On se demande comment les anciens ont pu créer ces monuments gygantesques qui ont survécu des milliers d'années à leurs
auteurs ; tandis que les nôtres, alors même qu'ils sont
expiatoires, sont démolis avant d'être à demi-construits :
chez nous on éparpille les fonds, et on demande vingt années de sacrifices pour un monument que le ministère
suivant laissera dépérir faute de fonds, et ces fonds sont

arrachés à la misère des peuples, et chaque assise qui
restera dix années sans qu'une nouvelle assise vienne
la couvrir, aura stérilisé mille hectares, faute d'avances
que l'impôt a dévorées. Chez les anciens, les monuments
étaient nationaux, une armée toute entière, les travailleurs de vingt provinces y concouraient. Et surtout
une stabilité de plans ne rendait pas inutiles les précédents travaux; c'est qu'alors on voulait le lendemain
ce qu'on avait voulu la veille, c'est qu'alors la religion et l'utilité et non un caprice ministériel, volonté
d'un jour, commandaient l'érection du monument.

Les jardins de Babylone, dont nous avons plusieurs
descriptions, prouvent que ces peuples avaient une
culture régulière et perfectionnée, car partout l'horticulture n'apparaît qu'après que l'agriculture a répondu à tous les besoins. Ce qui a surtout perfectionné
l'agriculture dans ces temps reculés, c'est l'estime attachée à la profession d'agriculteur. Le sceptre alors em-
pruntait tantôt la forme de la houlette, tantôt celle du
soc. L'agriculture était pratiquée par tous les rois, dont
le premier titre est celui de pasteur du peuple. (1)
C'est de ses royales mains que Darius cultive les terres
de son jardin. Chez les Perses, celui qui avait la charge
de répandre l'eau sur les terres, était rangé au nombre
des Satrapes. En un mot, dans toutes leurs habitudes,
dans leurs mœurs, dans leurs prescriptions, les anciens
retracent toujours une coutume des champs. C'est sou-

---

(1) En Égypte une dynastie tout entière a régné sur ce pays pendant
260 ans, a pris le nom de hysos ou pasteurs: c'est à cette époque
reculée que l'on place la soumission du buffle, sa réunion en nombreux
troupeaux qui couvraient toute la basse Égypte

vent là le seul trait historique que l'on puisse saisir.
Heureuses les nations qui n'ont pas d'autres monuments.
Heureux l'art dont l'existence est un bienfait, et qui
toujours présent aux hommes, n'a jamais offert ces secousses qui commandent l'intérêt et veulent une histoire. L'agriculture n'en a pas moins été bienfaitrice,
et reçu, comme telle, des hommages, souvent des
autels.

Comment en effet ne pas reconnaître l'influence que
l'agriculture a eue sur les Grecs et sur les Égyptiens,
leurs maîtres, quand on voit toutes les institutions em-
preintées de ses images. Le ciel même est peuplé de
constellations qui reçoivent toutes des dénominations
afférentes, aux termes et aux époques de l'agriculture.
Les sacrifices, les usages intérieurs reproduisent ses
relations, et peut-être, si pour ces peuples si loin de
nous, nous étions initiés aux mystères de leurs langues,
nous trouverions, qu'ainsi que chez les Latins, les noms
de leurs plus grands citoyens appartiennent aux termes
de l'agriculture. Les plus grandes familles romaines (1),
dit Pline, durent leurs noms aux instruments et aux
légumes dont leurs ancêtres introduisirent l'usage.

_____

(1) *Fabius a faba*, fève; *lentulus a lente*, lentille; *ciceron a cicere*,
pois chiche; *pilumnus a pilo*, plon; *pisones a piso*, pois. *Junius
Bubulcus*, fut ainsi appelé parce qu'un de ses ancêtres avait été bou-
vier : son prénom lui venait à raison de sa prétendue descendance de
Junon.

§ --- XIX.

*Ut primum positis nugari Græcia bellis
    cœpit.*   HOR.
Le champ où Plutus naquit avait été
    labouré pour la troisième fois.
                    Noël (NATALIS).

« En remontant aux causes des grands
» événemens, quelques philosophes
» ont pensé que chaque siècle porte
» en quelque manière dans son sein
» le siècle qui va le suivre. Cette mé-
» taphore hardie couvre une vérité
» importante et confirmée par l'his-
» toire d'Athènes. Le siècle des lois et
» de la vertu prépare celui de la va-
» leur et de la gloire, ce dernier pro-
» duisit celui des conquêtes et du
» luxe qui finit par la destruction de
» la république.   BARTHELEMY.

Lorsqu'Homère parut, déjà depuis plus de six cents
ans avant, Cécrops, le législateur de la Grèce, avait
fixé par des lois simples, les mœurs des Grecs et des
habitants de l'Attique, qu'il avait appelés aux bienfaits
de la civilisation. Ces lois portaient toutes le caractère
de l'Egypte, sa patrie, et retraçaient les diverses institutions qu'il avait vu pratiquer ; il les modifia, et elles

suffirent pendant près de mille ans ; elles furent alors réformées par Dracon, et trente ans après, par Solon.

Il n'est pas de nation, sans en excepter les Romains, qui aient produit un plus grand nombre d'ouvrages qui sont arrivés jusqu'à nous, et il n'en est pas qui aient laissé aussi peu de traces de son agriculture. Il faut, pour trouver quelques traits qui aient rapport à cet art, saisir quelques applications indirectes que fournissent, non pas ses historiens, non pas ses philosophes, mais les poëtes de cette nation.

Homère, surtout, a semé dans son ouvrage tant de documents, a précisé avec une telle exactitude les pratiques de cet art, qu'il est impossible de trouver à la fois une source plus pure et une science plus étendue. Envisagé sous ce point de vue nouveau (1), Homère est encore le premier des agronomes de la Grèce, comme il est le plus grand de ses poëtes.

Préparé par des études profondes, initié aux mystères des Égyptiens, après avoir, grâce à la généreuse amitié de Phéréclus, parcouru la Lybie, les comptoirs de l'Afrique, étudié le théâtre de ses poëmes, surtout la Phrygie, avoir porté ses investigations jusque chez les Éthiopiens, Homère revient, et dans deux poëmes immortels, dépose les trésors de son génie, orne des charmes de la poésie les faits qu'il chante.

Les mœurs qu'il a décrites sont encore les mœurs des Grecs actuels ; les usages qu'il peint vivent ; les coutumes, les pratiques, rien n'est changé. Les im-

---

(1) C'est à M. de La Bergerie, nous le répétons, qu'on en doit l'idée, et nous ne nous sommes permis d'emprunter la suite de nos citations à son histoire de l'agriculture de la Grèce qu'avec son autorisation

pressions des peuples d'Orient, comme le remarque Montesquieu, celles des Grecs surtout, une fois reçues ne changent plus. « C'est ce qui fait que les lois, « les mœurs, les manières, même celles qui paraissent « indifférentes, comme la façon de se vêtir, toutes sont en « Orient comme elles étaient, il y a mille ans ». Avant Homère, déjà la reconnaissance avait élevé des autels à Cérès, à Bacchus, à ces dieux que les Grecs croyaient présider aux destinées de l'agriculture, on en a fait souvent la remarque ; toute l'antique mythologie avait consacré tout ce qui constitue l'agriculture, et divinisé ceux qu'elle en supposait les bienfaiteurs.

On avait depuis long-temps aprécié l'exactitude de la géographie d'Homère. Les découvertes modernes ont confirmé ces faits ; mais c'est surtout comme géographe agricole que nous avons à le considérer. Avec quelle précision il nous apprend que la Phtie patrie d'Achille, que Larisse, Tarné, la Lycie, l'Épire, la Péonie, sont des contrées riches et fertiles en froment; que Jupiter fit présent de la Phrygie à Cérès, à cause de la fécondité des plaines. Argos encore, la Phie, la Triccie, la Méonie, la plaine de Troyes, Phères, Énètes, sont cités comme produisant des chevaux renommés, de belles cavalles, des mules sauvages, vigoureuses. Les vignobles de Chios, d'Ismare, de Thrézène, des bords d'Epidaure, du Xanthe, sont encore des terroirs qui fournissent les vins grecs si renommés aujourd'hui. Les plaines de Tinacrie, d'Orchomène, de la Mysie, sont encore couvertes de nombreux troupeaux; mais les chênes de Dodone ne rendent plus d'oracles; ils ont été abattus. Thèbes a perdu ses forêts. Le Pélion n'est plus qu'un roc nu. Quel serait aujourd'hui le poëte qui pourrait, avec cette exacte connaissance des localités, assigner à chaque contrée ses produits, lui donner une physionomie que le voyageur retrouverait après trois mille ans, semblable au premier portrait?

Les rois portaient à la culture des domaines qui formaient leurs richesses, les plus grands soins; celui qu'exige l'éducation des chevaux, était pour eux une sorte de devoir : avec quel orgueil ils déployaient le luxe de leurs chevaux à Olympie, à Nemée, à Corinthe. Comme cela se pratique encore chez les Arabes, chaque coursier avait sa généalogie; il était tenu de reproduire les précieuses qualités qui avaient fait distinguer sa race. C'est avec complaisance que Pindare chante les traits de valeur de plusieurs chevaux renommés, dont les noms étaient connus de toute la Grèce : il confond, dans son noble enthousiasme, et le coursier et le héros qui le monte.

Un fait transmis par Homère, nous apprend qu'alors, la profession d'agriculteur était un titre d'honneur, qui donnait le droit de siéger dans le conseil des rois. Le fils de Porthée assistait à un conseil où on délibérait sur le sort de l'armée; il se lève pour parler; on refuse de l'entendre. Diomède prend sa défense, et fait valoir en sa faveur que, malgré sa jeunesse, il cultive par lui-même de vastes parties de champs; qu'il surveille ses nombreux troupeaux; dirige lui-même les travaux de ses jardins, de vergers, de vignes considérables. Ces travaux lui donnent le droit d'émettre un avis sur une mesure de salut public.

Avec quel charme n'avons-nous pas lu le Récit si

attachant des soins qu'Ulysse prenait de ses plantations avant la guerre de Troyes! Quel tableau que celui où ce fils si pieux reconnaît son vieux père Laerte, taillant sa vigne, accompagné du fidèle Eumée; le tronc d'un vieux poirier cachait le fils aux yeux du père, et l'arbre fut le témoin de leur touchante entrevue.

Toutes les bonnes pratiques d'agriculture sont rappelées dans Homère; la fréquence des labours, le changement des charrues, celle plus forte employée pour le défrichement, et celle plus légère pour le second et le troisième labour; l'emploi des divers engrais suivant la nature de la terre et les produits qu'on en espère, tout est indiqué.

Les méthodes pour battre les grains, soit par le fléau, à 4, à 8 ou à 12 batteurs dans l'aire; soit par le dépiquage, sont décrits avec cette sorte de charme qu'il sait faire partager à son lecteur, lorsqu'il l'éprouve lui-même.

Ulysse offrant à l'un des poursuivants de Pénélope de lutter avec lui d'adresse et de force, en labourant un champ avec deux bœufs roux, jeunes et bien appareillés, depuis le lever du soleil jusqu'à son coucher. « Venez avec moi, s'écrie le héros, prenons un champ « non défriché, et nous verrons lequel de nous deux « aura mieux renversé le gazon et formé les sillons les « plus droits et les plus profonds ». La description des travaux des moissonneurs, de leurs plaisirs, de leurs repas, la manière de former des gerbes, la coutume de les lier avec des jets de bois vert; l'emploi du van (1)

____

(1) Le van des anciens Grecs avait la même forme que celle d'aujourd'hui, celle d'une rame ou pelle creusée au milieu.

pour nettoyer les légumes secs; le conseil d'alterner les cultures, de faucher avec des faucilles, de moudre avec des moulins à bras (1), prouvent que dès lors l'agriculture était arrivée à un point de perfection, qui du temps d'Homère laissait peu à désirer.

Quant à la garde des troupeaux, les fils des rois en étaient chargés, et les pères surveillaient les jeunes bergers : *la transhumance* y était soumise à des règles qui supposent la préexistence d'une législation antérieure à l'âge d'Homère. On y voit que des troupeaux immenses couvraient les prairies où l'herbe trop menue n'aurait pu suffire à la nourriture des bêtes à cornes; des chèvres erraient sur les côteaux montueux, et une innombrable quantité de porcs paissaient dans les bois. Les Grecs faisaient grand cas de la chair du porc.

Le cheval était en honneur chez les Grecs; la cavale, surtout, leur paraissait douée d'une intelligence supérieure à celle du cheval lui-même. Ils appréciaient les qualités du mulet comme monture et comme bête de somme; aux jeux funéraires de Patrocle, Achille promit aux vainqueurs, une cavale portant dans ses flancs un mulet; c'était le premier prix; le second était une mule de six ans qu'on n'avait pas encore domptée.

L'horticulture, la viticulture, la pomologie, étaient connues du temps d'Homère; il place les arbres forestiers sous le patronage des dieux. Il décrit la caprifi-

---

(1) C'était aux femmes que l'on laissait la fonction de moudre le blé: chez les Romains, c'était le travail le plus rude qu'on imposait aux esclaves.

cation. La greffe alors, comme aujourd'hui, renouvelait, améliorait les arbres à fruits. L'olive, cultivée dans un jardin, était plus douce et plus grosse que celle des champs. Nous avons plus tôt ébauché qu'achevé le portrait de l'agriculture grecque, dont Homère nous a fourni les principaux traits. Il nous suffit d'énoncer qu'il a plus contribué à nous faire connaître l'agriculture grecque, que tous les historiens et tous les poëtes réunis ensemble. Nous devons néanmoins, avec M. de La Bergerie, conclure qu'Homère avait compris toute l'influence de l'agriculture, et surtout du régime diététique sur les mœurs des peuples; il nous apprend que les Mysiens qui ne vivaient que de laitage, étaient très doux; que les Ippemolges, dont la nourriture consistait en laitage et en fruits, vivaient très long-temps, en raison du genre de leur nourriture.

C'est un tableau de mœurs que celui d'un roi qui, le sceptre d'une main, une coupe dans l'autre, attend le laboureur au bout du sillon, se plaît à emplir la coupe en rehaussant son adresse, en ranimant son courage. Dans cent endroits de ses poëmes, Homère vante l'hospitalité; ses éloges sont la première récompense du roi qui en suit les lois. Des imprécations, des menaces effrayent le barbare qui méconnait les droits sacrés des étrangers (1). Quel exemple que celui de Diomède ! Ce héros, le vaillant fils de Tydée, prêt à combattre Glaucus, à se mesurer avec lui, se ressouvient qu'il y a entre eux un pacte d'hospitalité; il quitte son char, embrasse Glaucus et renonce au combat.

---

(1) Accueillez l'étranger, dit l'Ecriture Sainte, car vous avez été vous-mêmes étrangers.　　*Deut.*

C'est un crime d'offenser un étranger, Jupiter le venge.　　*Hésiode.*

Nous ne pouvons goûter Homère qu'imparfaitement; la vie de ses poëmes manque. C'est chez les Grecs eux-mêmes, c'est à Troyes, c'est à Ténédos, c'est sur le cap Sigée, qu'il faut lire Homère. Les mœurs qu'il a décrites, vous les voyez, elles vous entourent de toutes parts : Les Grecs qu'il peint agissent sous vos yeux. L'agriculture chez eux n'a fait aucun progrès; les usages anciens se sont perpétués de père en fils : c'est ainsi qu'ils leur sont arrivés jusqu'à nos jours. La vendange se fait de la même manière que du temps d'Homère, que du temps d'Oppien; et le syphon pour tirer le vin, qu'il a si bien décrit, a les mêmes formes et les mêmes usages. Après avoir cherché à rendre à Homère la justice que ses connaissances, en agriculture, étaient telles qu'aucun écrivain, plus que lui, n'a donné de renseignemens sur ce qu'elle était de son temps, et comme elle est restée stationnaire, sur ce qu'elle est aujourd'hui, nous nous bornerons à donner quelques-unes des notions que d'autres écrivains nous ont laissées sur cet art.

Hésiode a fait un ouvrage sur l'agriculture, qu'estimait Cicéron, et qui, à l'exception de l'invocation et d'un éloge du travail, a peu contribué à nous apprendre ce qu'était l'agriculture de son temps. Quelques auteurs anciens ont prétendu que de simple berger, une muse l'inspira, et qu'il devint et poëte et prêtre du temple que les muses avaient sur l'Hélicon. On a fait avec raison la remarque qu'Homère, dans ses deux poëmes épiques, avait embrassé toutes les parties de l'agriculture; tandis qu'Hésiode, dans son poëme, avait parlé de tout, excepté d'agriculture. C'est avec les grâces d'un style enchanteur, d'une harmonie suave que nous voyons le poëte des amours, le voluptueux Anacréon, répandre les charmes de la poésie sur les sciences champêtres. Son ode sur le vin, celle sur la rose, sur le printemps, sont des chefs-d'œuvres de la poésie la plus délicate.

Il est glorieux pour l'agriculture de compter au nombre des poètes qui l'ont célébrée, et Pindare si sublime, et Callimaque si touchant, et Théocrite si naïf, et Oppien qui, quoique plus rapproché de nous, reçoit du barbare Caligula, une récompense méritée, et par l'exactitude et par l'excellence de ses vers.

Même avec la roideur de nos mœurs corrompues, le genre pastoral nous charme et nous entraîne; il a la grâce et la simplicité de l'enfance. Des eaux, des forêts, de la verdure, voilà le théâtre où il place ses héros. Quand on veut rêver le bonheur, une bergère et un costume pastoral semble l'offrir à notre souvenir. L'empire de l'homme sur des animaux dociles, les trésors d'une fécondité inépuisable, voilà ce que Théocrite, le premier des poètes bucoliques, voilà ce que Virgile ont rendu avec cette naïveté qui fait le succès des poètes anciens, ce que les Allemands, ce que toutes les nations modernes cherchent à peindre alors même qu'ils décrivent plus tôt qu'ils ne sentent.

Parmi les historiens, Xénophon a bien connu l'agriculture; il l'a surtout envisagée sous le rapport des ressources qu'elle peut offrir à une armée en campagne. Il a donné des détails précieux sur la grande importance du vin, comme ressource hygiènique. Mais nous aurons occasion, en mettant en regard et l'agriculture et l'art militaire, de revenir sur ce point. Avec quelle élégante simplicité il peint son héros Cyrus, montrant à Socrate transporté d'admiration, à Lysandre étonné, les jardins qu'il plantait, dont il suivait l'ordonnance et les détails des principales opérations de culture. Cyrus termine en fesant l'éloge de l'agriculture qui fournit à la guerre des hommes robustes et propres à en supporter les fatigues. Le cavalier qu'elle donne est plus agile; le chasseur plus adroit contre les bêtes féroces qui désolent les champs. L'agriculteur est toujours plus courageux, plus ami de la patrie qu'un homme adonné à une autre profession; il est toujours disposé à lui prêter son courage pour la délivrer.

C'est à regret que nous ne consacrons que quelques phrases à Hypocrate, qui, comme Homère, a si bien été initié aux pratiques de l'agriculture grecque; son génie observateur étonne; il porte, pour ainsi dire avec lui, l'expérience des siècles. Ce qu'il écrit sur l'art vétérinaire, sur la nécessité d'étudier la pathologie zoologique, est si précis, qu'il ne peut qu'être, aujourd'hui encore, de la plus grande utilité. Un grand nombre de préceptes répandus dans ses traités de *Aere et de aquis*, respirent la plus saine physique; plusieurs passages de ses ouvrages nous transmettent des renseignements sur l'agriculture chez les Grecs; ce qu'il dit sur la panification, sur les propriétés des substances alimentaires, est reconnu vrai. Il a le premier signalé le principe de la vie végétative, quand il a proclamé que les arbres se nourrissent à la fois, et par leurs feuilles et par leurs racines, qu'ils vivent (c'est son expression), d'air et de terre : au reste, nous retrouverons Hypocrate, et nous aurons lieu d'analyser ce qu'il a écrit sur l'art qui nous occupe.

Chaque contrée de la Grèce a sa physionomie particulière; chaque peuple qui l'habite son caractère distinctif; tous, cependant, conservent le beau profil grec. Les mœurs douces des bergers de l'Arcadie différaient de l'âpreté sauvage des habitans voisins de la mer; l'air épais de la Béotie donnait de la pesanteur aux mouvemens des Thèbains, tandis que les Athèniens étaient fins et subtils comme l'atmosphère déliée qui les entourait. Ces nuances se retrouvent encore aujourd'hui.

Toujours le mont Hymète produit ce miel si vanté qui fesait partie de la nourriture sacrée, On apprête encore à Athènes ces olives que fournit son terroir, destiné autrefois, comme aujourd'hui, à exciter l'appétit. Elles ont conservé leur vieux nom de *colymbades*. Comme au temps d'Homère, les femmes, la veille d'une grande fête, apprètent des gâteaux de farine qui font partie du festin.

Mais c'est surtout dans l'art de la pêche qu'on retrouve chez les anciens, toutes les ruses, tous les détails des pièges tendus aux paisibles habitans des eaux; ils nous enseignent les moyens de varier les méthodes suivant les lieux et la nature du poisson qu'on veut prendre.

Dans un poëme remarquable au deuxième siècle, Oppien a décrit cette partie de l'agriculture. Les madragues, mieux caractérisés sous le nom de labyrinthes, existaient; le trépied d'or tiré de la mer par les pêcheurs de Cos, prouve la force de leurs filets; la ligne, le harpon, étaient employés. La colonie qui fonde Marseille fut se placer dans les lieux où cette ville est encore aujourd'hui, pour y vaquer plus aisément à la pêche. Il est remarquable qu'une des premières règles que les

Phocéens établirent, fut le jugement par les anciens pêcheurs, établissement qui depuis deux mille ans a conservé sa juridiction, et que nous nommons aujourd'hui Tribunal de Prud-Hommes.

Ainsi que nous l'avons déjà annoncé pour l'Inde, pour l'Égypte, pour les contrées si pauvres en documents de l'Afrique, pour l'immuable Scythie, nous réunirons ce que nous emprunterons de l'histoire à l'état actuel de son agriculture; mais nous croyons devoir un article spécial à l'agriculture chez les Gaulois qui ont, dans cet art, excellé avant toutes les autre nations connues.

§ — XX.

> Le travail de l'homme en cultivant contraint
> la nature a développer devant lui le
> magnifique assemblage des richesses que
> le Créateur avait jetées éparses sur le
> globe.   Mobilitate viget.

Long-temps avant les Romains, les Gaulois paraissent avoir connu les véritables principes de l'agriculture : c'est avec orgueil que nous en trouvons les traces dans les anciens; les preuves naissent à chaque page dans leurs écrits. Pline nous apprend que ce furent eux qui inventèrent l'araire et la charrue avec des roues, cette charrue que Virgile a décrite avec une admirable précision, et que l'Auvergne et plusieurs provinces intérieures ont conservée (1). Justin dit qu'ils variaient la forme de leur charrue suivant la qualité du terrain ; le crible, le savon ont été découverts par eux ; la flexibilité de l'osier se prêtait également à façonner le bouclier qui défendait la poitrine du héros, et le van qui nétoyait les blés ; les premiers ils se servirent de la faucille pour moissonner ; ils creusaient, dans des cavernes, des greniers où ils resserraient leurs grains ; ils cultivèrent l'orge, le seigle, la vesce, le houblon. On sait, d'après Strabon, que les premiers ils fabriquèrent la cervoise, sorte de bière chez les Gaulois ; l'art de faire le vin était plus rationel qu'en Italie. Ils avaient renfermé le vin dans des tonneaux avant l'ère chrétienne, et cet usage ne fut introduit à Rome que sous Trajan. Essentiellement guerriers, ils alliaient au courage qui combat, la prévoyance qui approvisionne les armées ; au combat d'Alise, César nous apprend qu'ils avaient eu le soin de conserver des fourages d'hiver. Ce furent eux qui entretinrent si long temps les armées d'Annibal dans les plaines de la Lombardie, et même jusqu'aux portes de Rome.

Mais c'est surtout dans l'emploi des engrais qu'ils ont devancé les autres nations agricoles : ils recueillaient précieusement les excréments des animaux ; les engrais fossiles, ou plutôt, suivant la théorie moderne, tout ce qui sert à l'amendement des terres, fut employé par

____

(1) Scimus Gallos adinvenisse formam aratri cum rotis

eux : le plâtre, la chaux, la marne, les cendres étaient
en usage (1) parmi eux ; ce sont eux qui écobuèrent les
premiers les terres pour les fertiliser (2).

Comment n'auraient-ils pas cultivé les champs qu'ils
regardaient comme les temples de la divinité. Ecoutez
leurs Druides, ils vous diront : c'est une offense envers
les dieux que de renfermer leurs statues entre des murailles : vous vous plaignez que vos dieux sont loin de
vous, entrez dans les forêts, c'est là que vous les trouverez, c'est là qu'ils sont compris ; ils ont créé l'univers, mais ils habitent les forêts.

Quelle demeure plus majestueuse pourraient-ils choisir?
Un dôme immense, des colonnes éparses, une terre revêtue de mousses nuancées par des couleurs diverses;
l'harmonie des plantes, l'éternelle vie des troncs, la
flexible variété des rameaux, la majesté des cimes qui
s'élèvent, n'est-ce pas pour le conseil des dieux que la
nature a fait toutes ces choses. Quelle profusion, quelle

---

(1) Agros stercorant condida fossica cræta.   *Varron.*

Invenere terram quam margam vocant calce uberrimos agros.   Id.

(2) D'après les commentaires de César on trouve deux faits notables,
le premier que beaucoup de prés étaient cultivés en commun et les
fruits partagés.

In agris nibil privati nihil separati apudeos.

Le deuxième que dans plusieurs contrées des Gaules la culture était
abandonnée aux femmes surtout chez les Avernes. Ne fut-ce que par
orgueil national nous adopterons volontiers l'opinion de M. Reynier
qui pense que le sarrasin ne nous est pas venu des Arabes et que sa
patrie est la Gaule. Il est inconnu dans l'Arabie, tandis qu'il est cultivé
en Grèce. On objecte le nom de sarrasin donné à ce grain : mais M.
Reynier en faisant venir le mot des mots *had rasin* en celte, *blé rouge*,
lève la difficulté et, suivant lui, *sarrasin* n'est qu'une corruption de
deux mots celtes.

abondance, quel luxe de grandeur; quel temple est plus digne des dieux, répétaient les Druides….. Il était donné à la religion chrétienne, plus sublime encore que celle de nos ancêtres, de répondre : il en est un plus digne, c'est l'homme, car il est écrit, vous êtes le temple du dieu vivant.

Nous trouvons chez les Druides encore le culte des pierres; et chaque jour, en entrouvrant la terre, la charrue rencontre d'immenses blocs, objets de la vénération de nos ancêtres (1). Descendus des montagnes, ils sont semés dans la plaine, ils devaient éterniser les faits; l'aile du temps en a effacé la trace. Le monument seul a survécu; ils devaient conserver les restes des héros gaulois; soulevez la pierre, on trouve une urne; l'urne brisée, à peine rencontre-t-on quelque peu de cendre (2).

Les forêts, dont les Gaules étaient couvertes, rendaient le climat très-âpre. Cicéron l'a signalé comme tel. Quoi de plus inhabitable que ces terres; quoi de plus rigoureux que le climat de la Gaule (3)!

La bravoure des Gaulois était entretenue par l'exercice de la chasse; celle de l'urus surtout, cet indomptable et immense taureau, comparé par César à l'éléphant, pour la grandeur. Le jeune homme, par le meurtre de

---

(1) La Marche, la Bretagne, la Bourgogne, la Normandie, le Bourbonnais offrent très souvent de ces pierres druidiques.

(2) Après l'établissement de la religion chrétienne, les Gaulois allaient encore faire des libations d'huile sur ces pierres, et en 789 un capitulaire de Charlemagne défend d'aller parmi les ruines offrir des prières aux pierres votives.

(3) Quid asperius his terris, quid incultius oppidis.   *Cicéron.*

l'un de ces animaux, prenait rang parmi les braves (1).
Dans ces temps reculés, on cite comme preuve de l'âpreté
du climat, le séjour des castors, la fréquence des ours,
et le passage régulier du cygne.

Avec le temps, le climat des Gaules s'adoucit, et déjà
à l'époque où Columelle écrivait, il vantait la culture
des vignes gauloises. Les coteaux de la Méditerrannée
étaient garnis de vignes. Auguste aimait le vin de Bordeaux. Martial vante ceux de Vienne. Julien célèbre le
vin de Paris, et Grégoire de Tours, ceux de Nantes, de
Bourgogne et d'Auvergne.

§ — XXI.

Gratum est quod patriæ populoque de-
disti, si facis ut sit Idoneus patriæ,
utilis agris, utilis et Bellorum et pacis
rebus agendis.
Virum bonum agricolam majores nostri
laudabant.

CATO.

C'est surtout en arrivant aux romains que nous pour-
rons, d'après quelques géoponiques, donner des aperçus
de l'influence de l'agriculture qui, sur ce sol éminemment historique, a cru, avec la puissance de Rome, et

______

(1) On en trouve encore dans les contrées de la Sibérie, mais ils
deviennent bien rares.

qui déclina à mesure que cette affiliation, cette sorte de
coexistence, perdit de son énergie. C'est dans son élévation, c'est dans sa chute que Rome, pour l'agriculture; comme pour la politique, est vraiment la maîtresse
des nations. Cependant l'esprit militaire prédomina, et
quoique depuis son origine jusqu'à la seconde guerre
punique, Rome sous les premiers rois, Rome sous ses
consuls, ait avec une merveilleuse constance suivi cette
direction; qu'elle ait dû la large bâse de sa puissance
colossale à la force de Cohésion, qui fesait tour-à-tour
du soldat romain un laboureur, du laboureur un soldat :
Cependant l'esprit de conquête l'emporta, et, dès
lors, Rome perdit en s'étendant cette politique première
qui avait créé une grandeur attachée à la puissance du
sol, et des armes.

Deux frères, fils de Jupiter, veulent fonder une ville ;
une charrue en trace la faible enceinte (1). La ville éternelle étendra ses limites, et un jour Rome ne regardera
plus cette première enceinte que comme une femme
contemple avec étonnement les premiers vêtements qui
ont défendu ses membres du froid. Le premier soin de
son fondateur fut de créer et d'établir des prêtres des
champs : Ces douze ambervales, qui, la tête couronnée
d'épis, ne devaient plus les quitter, puisque l'application
d'aucune loi pénale, ne permettait de les en priver.

Deux arpents de terre distribués à chaque père de famille, devaient suffire à ses modestes besoins (2).

---

(1) De temps à autre on soulevait la charrue, pour ouvrir le tracé
d'un chemin, et on la portait plus loin. La partie non labourée indiquait une voie (*via*) et prenant le nom de *porte*.

(2) *Bina jugera populo Romano satis erant* Pline.

Pline, et Denis d'Halicarnasse surtout, attribuent à la
sage coutume de distribuer les terres au peuple après
la conquête, cette suite inouie dans les fastes du monde,
de succès qui fit de Rome la capitale de l'univers. Long-
temps on suivit le mode de partage pratiqué dans les
premiers temps. Les terres étaient divisées en trois portions. La première, celle du domaine : C'étaient des espèces de communaux, où, moyennant une faible rétribution, tous les citoyens pouvaient conduire leurs bestiaux (1).
La seconde était donnée aux prêtres pour l'établissement
des temples, les frais du culte et la nourriture des
prêtres eux-mêmes. La troisième était distribuée aux citoyens. Le mode de distribution a changé, et il serait
trop long de suivre les variations de ce mode de partage,
équitable dans les premiers temps, il fut par la suite l'objet de troubles civils qui faillirent perdre Rome plusieurs
fois, quand les patriciens s'adjugèrent toutes les terres
confisquées sur les peuples vaincus (2). La portion consacrée au parcours était beaucoup trop étendue, et
Columelle attribue les grandes famines qui affligèrent
Rome, à ce que les terres consacrées à la culture étaient
insuffisantes pour les besoins de la population romaine.
Dans l'espace d'un siècle, de 245 à 344 de la fondation

____

(1) Les Romains avaient sur l'agriculture la pensée de Sully qui
croit que le labourage et le pâturage font toute l'agriculture. Partout
on voit que de grandes portions de terrains incultes étaient consacrées
aux pâturages. Les Romains pratiquaient comme les Espagnols la
transhumance des moutons qui pendant l'été paissaient sur les montagnes, et dans l'hiver descendaient dans la plaine.

(2) Spurius Cassius Viscellensis, les deux Gracques, Spurius Melius,
Publius Servilius Rullus, payèrent de leurs têtes leurs efforts pour
obtenir un nouveau partage des terres envahies par les patriciens.

de Rome, Denis d'Halycarnasse cite huit grandes famines qui ont compromis la tranquillité publique.

Le long règne de Numa Pompilius permit à ce prince d'établir les fondements de la prospérité de Rome, en lui donnant l'agriculture pour bâse. Rome naissante, à peine sortie de son berceau, dut à la sagesse de Numa ces lois admirables qu'il prépara. Il lut dans l'avenir toute l'influence qu'elles devaient avoir sur le sort du peuple qui l'avait proclamé roi. Les institutions civiles, les prescriptions religieuses furent son ouvrage; mais connaissant les hommes, il comprit qu'il devait imprimer un caractère divin à ces divers réglements. Il parla à l'esprit du peuple, et lui persuada que tout ce qu'il ordonnait, était l'ouvrage d'une divinité, et lui était révélé par la nymphe Egérie.

Les rites, les cérémonies pratiques du nouveau culte, avaient été empruntées aux institutions égyptiennes, au mysticisme étranger. Mais auparavant Numa les avait adaptées aux circonstances où il se trouvait, au caractère du peuple qu'il commandait. Ces usages retraçaient tous dans leurs formes extérieures les usages agricoles. Politique profonde, elle liait le ciel et la terre, elle montrait les bienfaits de la dernière comme un bienfait des dieux; elle posait pour bâse du bonheur des peuples et des individus, la pratique du travail; fidèle à ses promesses quand c'est au sol qu'on demande de les remplir.

Numa bâtit un temple à Vesta, y plaça les vestales, vierges choisies pour entretenir le feu sacré, parce que le feu vivifie tout; c'est encore le feu qui est employé à torrefier les grains qu'on mangeait après les avoir améliorés par cette préparation. Le froment fut broyé pour en séparer la farine, qui mêlée à l'eau et réduite en pâte, fut soumise à l'action du feu. Telle fut l'origine du pain, qui paraît avoir été contemporaine dans la Grèce. La confarreation fut établie, et surtout mêlée dans les cérémonies du mariage; ce culte et ces symboles étaient tous agricoles. Le culte de Janus, le partage de l'année solaire en douze mois, les sacrifices institués, l'ordre des pontifes (1) créé, voilà la série des bienfaits que Rome dut à Numa. J'allais omettre un service rendu à l'agriculture romaine, l'usage de tailler la vigne fut la conséquence des réglements qui ne permettaient d'offrir aux dieux que du vin provenant d'une vigne taillée, comme étant plus pur et plus délicat que celui produit par une vigne sauvage. On pourra trouver tout ce que l'on sait de l'agriculture des Romains, dans un ouvrage de M. le baron Rougier de la Bergerie, qui a écrit, *ex-professo*, pour les premiers temps de l'histoire romaine. Celle de l'agriculture n'est que le commentaire de l'admirable expression de Pline, qui dit que dans les temps héroïques, la terre était féconde, quand elle était sillonnée par un soc couronné de lauriers. Que de faits honorables justifient ce mot : ces Romains qui, par la grandeur de leurs exploits, ont rendu leur histoire presque incroyable, quand la patrie était menacée, quittaient la charrue pour prendre les faisceaux, et retournaient au labour dès que le danger était passé. Séranus semait son champ lorsqu'on lui apporta les insignes du consulat. Curius Dentatus,

---

(1) Ce fut au-delà de l'enceinte de la ville, sur la rive opposée du Tibre que les Prêtres reçurent ordre de sacrifier. Ils établirent un pont pour traverser le fleuve, de là le nom de *Pontifes* qui les désigna par la suite.

ce consul que l'or des Samnites trouva incorructible, cet homme de génie qui le premier conçut la pensée de pratiquer une large excavation, pour y faire passer les eaux du Velino, et les précipiter dans la Nera, quitta trois fois la charrue pour commander les armées romaines; et le vainqueur de Pyrrhus, des Samnites et des Lucaniens, reprit ses travaux rustiques après ces divers triomphes. Le messager du sénat chargé d'apprendre à Cincinnatus qu'il était nommé dictateur, le trouva nu et labourant les quatre arpents de terre qui fesaient son patrimoine. « Habille-toi, lui dit-il, pour recevoir les ordres du sénat. Quinze jours de victoires lui suffirent pour délivrer Rome de ses ennemis, et le seizième il retourna à sa charrue. Attilius Régulus demande un congé au sénat pour venir labourer son champ qui fesait vivre sa famille, et le sénat, pour laisser Régulus à son commandement, fesait cultiver le champ aux frais de l'État. Les deux Scipion cultivaient leurs terres des mêmes mains qui renversèrent les murs de Carthage. O modération des vertus antiques, c'est sur les exemples de l'histoire que j'aime à reposer mes regards pour échapper à l'humiliant spectacle de corruption qui s'offre de toutes parts.

Caton, dans des temps plus rapprochés, écrivait sur l'agriculture, cultivait lui-même ses champs, et puis menait les légions romaines à la victoire, et puis censeur inflexible, tournait contre ses concitoyens toute la sévérité des lois anciennes. Quand on lit ses sages traités, on est à la fois frappé et de sa sagacité remarquable, et de la justesse de ses vues, et pour ne citer qu'un exemple, c'est lui qui le premier a reconnu que de tous les genres d'exploitation, que comportait une ferme, ce n'était pas la cul

ture du blé qui offrait le plus de profit. *Le bétail d'abord,
le labourage ensuite.*

Une des causes qui fit si long-temps prospérer l'agri ·
culture romaine, c'est la législation qui la protégeait.
Les Romains ne s'amusaient pas au mécanisme enfantin,
qui chez nous s'appelle administration. Ils imprimaient
un cachet d'immortalité à toutes leurs institutions ; mais
c'est surtout par les lois sur la propriété qu'ils établirent
*cette liaison, cette force d'adhésion entre le possesseur et la
terre plus grande que celle du ciment et des matériaux qu'il
unit.* La puissance de l'axiôme, *possession vaut titre.* La
réponse que suggère le sage Ulpien. Quand on vous de-
mandera en vertu de quelle loi possèdez-vous ? répon-
dez : je possède parce que je possède (1).

Que de formes protectrices entourent la propriété,
parce que nous n'améliorons que ce qui *est notre*, et nous
ne croyons tel que ce qui nous est garanti de toute éviction. Ils voulurent, les législateurs romains, qu'on pût
posséder au-delà de la tombe. Ils donnèrent aux créan-
ciers, puissance sur le cadavre même du débiteur, et
rarement *une action* sur la propriété. Ce sentiment était
tellement inné que la tyrannie des empereurs y porta difficilement atteinte ; ayez de semblables liens sociaux, et
passez-vous d'administration (2).

____

(1) *Qui interrogatus cur possidet, responsurus sit, possideo quia
possideo.* Dig. Leg. V, tit. 3, liv. 13.

(2) Chez les Romains on n'avait pas livré la propriété, à la double
action famélique du fisc, en créant d'énormes droits de mutations ; aux
conditions hypothécaires si chanceuses qu'on ne possède qu'à demi,
à celle de la chicane qui peut sans cesse incidenter, et rend trop vraie
la maxime, *qui terre a, guerre a.* Il y a loin de la faible garantie de la
protection pour la propriété en France à celle qu'on avait à Rome.

§ — XXII.

Ipse docebo
Unde parentur opes; quod alat.
HOR.

L'agriculture découragée se livre à l'apa-
thie.
Réveillez-la, elle n'est qu'endormie.
BAUDEAU.

Il n'y a de neuf que ce qui a vieilli.
CHAUCER.

J'ai une pensée difficile à exprimer, car les termes me manquent; mais des exemples me feront comprendre lorsqu'en poésie, lorsque dans les beaux arts, le goût et le génie abandonnent une nation, il semble que les écrivains didactiques commencent leurs rôles. Ils analysent les ouvrages que le génie leur a livrés, et formulent en préceptes ces inimitables modèles, ces modèles féconds; les préceptes restent stériles, et les leçons sont inutiles. Le siècle d'Auguste finissait quand Horace écrivit son art poétique : Quintilien citait Cicéron, Marc-Antoine, Hortensius, lorsque les romantiques latins, les écrivains à la mode de l'époque boursouflaient à l'envi le noble idiôme. Celse déplora l'ignorance des médecins de son âge; il en fut de même pour l'agriculture.

Elle avait fleuri depuis la prise de Veyes jusqu'à celle de Carthage; à partir de ce moment, le luxe chassa la culture utile, et l'Italie, suivant la fidèle image de

Varron, devint un riche jardin. La Sicile, l'Egypte, la Barbarie, la Sardaigne, fournirent les grains et les légumes nécessaires à la consommation de Rome; le vil prix auquel le blé était maintenu fit préférer la culture de la vigne et de l'olivier, et de tous les fruits qui chargeaient les tables romaines. Ainsi, l'olivier qui ne fut cultivé dans l'Italie que vers l'an 250 de Rome, occupait, sous Auguste, une grande portion des terres.

Les vertus agricoles disparurent; les hommes furent tous incorporés dans les grandes armées devenues nécessaires, ou pour conquérir ou pour conserver les conquêtes : les esclaves devinrent les seuls cultivateurs de l'Italie, aussi Tacite, dans son austère langage, dit-il, que depuis Tibère, les Romains opprimaient et ruinaient l'agriculture. *Piller, égorger, masquer sous des noms divers la tyrannie; faire d'un pays peuplé une vaste solitude, voilà ce qu'aujourd'hui on appelle faire la paix* (1).

Et pour rentrer entièrement dans notre spécialité, ce fut quand la terre cessa d'être remuée par des généraux d'armée, qui apportaient à la distribution des travaux et des cultures le même soin qu'ils auraient pris pour ordonner les dispositions d'un combat, la même attention que pour l'arrangement et le placement des phalanges (2); ce fut, dis-je, quand la culture fut confiée

---

(1) Auferre, trucidare, rapere falsis nominibus imperium, atque si solitudinem faciunt, pacem appellant.   Tac.

(2) Marius, au dire de Sylla lui-même, était le premier tacticien de l'univers. Personne ne sut mieux employer les troupes, ne fit avec plus d'ordre les dispositions d'un combat : néanmoins dans l'agriculture, dit Columelle, ce général fut plus grand que dans un champ de bataille, et l'ordre qui régnait dans les champs qu'il cultivait fut tel qu'il excitait l'admiration universelle.

à des esclaves, que les Varron, les Tremellius, les
Hyginus, les Cornelius Celsus, et les Columelle, écri-
virent sur cet art dégénéré, des traités qui sont encore
aujourd'hui la bâse de toute étude agricole. Quand Rome
commença à perdre ses mœurs, l'agriculture dédaignée
ne donna plus que de chétifs produits. Les campagnes
d'Italie perdirent leur physionomie agreste, et prirent
celle plus soignée d'un verger.

Rome alors, dit Tacite, vit chaque jour son existence incertaine errer au caprice de la mer, et se débattre avec les tempêtes (1). Ce fut la Sicile qui,
malgré les vexations des proconsuls, fut fertile pour
Rome; ce fut l'Egypte où, suivant le mot hardi de
Pline, le Nil fesait les fonctions de laboureur (2), qui
devinrent les greniers de Rome. Elle tirait des grains
surtout de cette Numidie, que nous valurent le sort des
armes et la volonté d'un roi de France, la veille de son
exil. Regrettable conquête, si à la gloire de l'avoir soumise devait succéder la honte de la voir passer sous la
domination de la nouvelle Carthage. Car saurons-nous,
avec la préoccupation des intérêts d'une politique mesquine, avec la corruption administrative qui perd le
pays, avec la vacillante desharmonie actuelle, conserver cette conquête qu'il serait si facile de rendre
utile?

Pendant l'intervalle de plus d'un siècle, l'histoire
agricole des Gaules et celle de Rome, se trouvent en

____

(1) Vita populi Romani per incerta maris et tempestatum quotidie
volvitur.   TACITE.
(2) Ibi Nilus coloni vice fungitur.   PLINE.

parties mêlées. La conquête des Gaules par César fut pour ce pays une source de prospérités. Il admira le courage de ceux qu'il combattait; il voulut être le régénérateur du pays que ses légions avaient soumis. Qu'elle est la province qu'il n'ait pas embellie par quelques monuments, vivifiée par des voyes romaines, par ces magnifiques conduites d'eau, dont les débris surprennent encore notre admiration après deux mille ans. Il laisse aux vaincus leurs dieux, leurs prêtres, leurs mœurs, leurs coutumes. Les Gaulois avaient peu à apprendre des Romains pour l'agriculture; ils cultivaient le blé, et les greniers de Rome recevaient des quantités assez considérables de ces blés renommés pour leur excellence. Strabon, Pline, Columelle mentionnent une foule de choses utiles dans l'économie rurale, dues au génie des Gaules. La charrue à roues, la méthode de dépiquer les grains, les soins à donner aux troupeaux pour augmenter le produit par la fabrication des diverses sortes de fromages; voilà les points principaux qui les distinguèrent en agriculture. Strabon, en outre, fait l'éloge des vins que produisent les montagnes de l'Auvergne, et sur tous les côteaux si bien exposés du Rhône; il ne craint pas d'établir une rivalité entre eux et ceux des meilleurs crus de l'Italie (1).

Une coutume assez universelle a fixé les regards des

---

(1) La culture de la vigne commença par les côteaux de la Méditerrannée, et suivit la ligne des montagnes : du temps d'Auguste les vignobles de Bordeaux étaient déjà célèbres. Ceux de Vienne ont eu Martial pour chantre. Julien loue la bonté des vins de Paris. Grégoire de Tours vante les vins de la Saintonge, de la Bourgogne et de la haute Auvergne.

historiens : c'est la coutume que pendant l'absence
des guerres ils laissent à leurs femmes le soin de cultiver les terres, et qu'elles seules même en étaient
chargées dans plusieurs cantons dès Gaules. Après la
mort de César, Auguste crut devoir continuer aux Gaulois demeurés fidèles, la protection romaine. On vit ce
prince, pendant son séjour à Lyon, concevoir et exécuter rapidement les quatre grandes voies de communication qui partaient de Lyon comme point central.
La première traversait les Cévennes, et se dirigeait
vers l'Aquitaine : la seconde conduisait au Rhin : la
troisième passant par Beauvais et Amiens, se rendait
vers l'Océan : la quatrième après avoir longé Narbonne,
finissait à Marseille. Auguste reconnut toute l'importance de Lyon, il en fut le bienfaiteur. Les lyonnais
reconnaissants, lui votèrent un autel, lui bâtirent un
temple. C'est ainsi qu'à Lyon, et l'amour et la haine
ont toujours eu leurs générations.

Personne plus que César ne contribua à la perte et à
la décadence de l'agriculture chez les Romains, par
les largesses intempestives, au moyen desquelles il
voulut se concilier le peuple de Rome. Il n'y eut plus
de travail à attendre du prolétaire le jour où chaque
habitant, outre les distributions trimestrielles d'argent,
recevait tous les mois dix mesures de grain et autant de
mesures d'huile. Auguste voulut restreindre cette distribution, et fut obligé de la continuer. L'avarice farouche de
Tibère fut impuissante pour détruire cet abus. Comme
s'ils n'avaient pas pu trop se hâter de corrompre les
mœurs romaines, Caligula, Néron et Commode offrirent
le hideux spectacle d'une dissipation plus désordonnée

encore. Ainsi, dit Plutarque, par ces largesses les suf-
frages devinrent inutiles. L'or et l'épée appelaient les
magistrats au pouvoir. Il fallait avoir le plus contribué
à corrompre le peuple pour mériter de le gouverner (1).

D'autres causes avaient déjà altéré l'état prospère de
l'agriculture. Pour ne pas détourner les citoyens du
noble métier des armes, on achetait des bergers, des
cultivateurs, et vils esclaves (2) ils étaient transportés
dans le Latium pour en cultiver les terrains. Aussi,
dès l'an 70 après l'ère chrétienne, Pline l'ancien s'é-
criait douloureusement : *comment aujourd'hui pourrions-nous espérer quelque prospérité agricole. Des
esclaves enchaînés, des criminels flétris ouvrent nos
sillons* (3). Une sueur aussi vile pouvait-elle être féconde. Lorsque les mœurs agricoles de Rome étaient
pures, simples, l'Italie produisait au-delà des besoins,
et les denrées étaient au prix le plus modéré, le plus
accessible pour les pauvres (4). Depuis, le blé excepté,
la valeur élevée des autres objets de consommation
était si exagérée, qu'elle justifiait cette éternelle maxime
d'économie. Là, où le luxe des grands est insultant, la
misère des pauvres est honteusement difforme.

Orléans, ainsi que Lyon, reçut long-temps avant
qu'Aurélien l'eut rétablie, les bienfaits du gouverne-

---

(1) Plutarque, in vita cæsaris.
(2) Coemptis cultoribus et pastoribus, ne ab armis avocarentur ingenui.
(3) Nunc vinclipedes, dam natæ manus, inscripti vultus, exercent.
(4) On y vendait pour un sou, ou une mesure de vin (6 litres) ou
vingt livres de figues, ou neuf livres d'huile, ou huit livres de viande
salée. Sous les empereurs, le prix était décuple

ment romain. Le pont ancien qu'on croit avoir été bâti par César, et la grande et magnifique jetée qui contient le lit de la Loire, assainit la Sologne et l'empêche d'être un marais infecte, furent son ouvrage. Ce dernier travail entrepris sous Auguste, par Agrippa, arrêta les débordements de la Loire, et préserva toute la contrée qui est au sud de la ville, et permit ce grand développement qui fit long-temps d'Orléans l'entrepôt de la capitale pour les grains, les sels, les vins et les denrées des colonies. Sous le rapport agricole, cette jetée mémorable rendit le service immense d'empêcher que les empiétements de la Loire, en continuant d'envahir les terrains de la rive gauche, ne portassent ses eaux jusqu'au bassin du Cher. Ce terrain, que couvre aujourd'hui une population d'environ 400,000 habitants, est une conquête romaine, et aucun travail depuis n'a surpassé ni même égalé celui-ci en utilité et en magnificence (1).

La conquête des Gaules par César, la protection d'Auguste, les fréquentes occasions qu'eurent les Romains d'imposer leurs mœurs aux vaincus, introduisirent dans les Gaules la chèvre, plus connue en agriculture par ses dévastations que par ses bienfaits, et les légumes qui depuis devinrent avec le seigle (2) et les viandes, les aliments des Gaulois; enfin, les diverses méthodes employées dans l'Italie où la culture était plus avancée.

---

(1) M. de La Bergerie en signalant ce bienfait à la reconnaissance du pays, s'étonne qu'aucun monument ne l'ait rappelé au souvenir.

(2) M. de La Bergerie croit que le seigle et l'avoine sont originaires, des Gaulois, et mentionne le fait cité par Lorau d'une Pierre Druidique, qui offrait des épis de seigle sculptés sur ses quatre faces.

L'agriculture ne dégénéra que lentement en Italie, sous les empereurs. La fureur des jardins de luxe diminua sans faire revivre entièrement l'agriculture productive; des friches, des landes, des déserts, des marais s'établirent là où auparavant fleurissaient des villes. Cependant, durant cette période, on voit de temps à autre s'exécuter de ces grands monuments dont la hardiesse nous étonne. Claude emploie ses légions (1) à opérer des desséchemens dans plusieurs parties des Gaules. Il établit les foires qui, pour un commerce naissant, amènent à sa portée les denrées de l'agriculture. Ces deux bienfaits devaient lui mériter une autre épithète que celle *d'imbécille.*

Ce sont toujours les légions romaines qui exécutent le desséchement si admirable d'un marais insalubre aux environs de Beziers : une montagne fut percée, et les eaux infécondes, trouvant une issue, furent jetées dans la mer. Vers le même temps, le canal de Narbonne fut creusé et vivifia le pays, jusqu'à ce qu'il fut paralysé par celui plus utile que conçut Andréossy, et qu'exécuta Riquetti pour joindre les deux mers.

Quelques faits isolés sous les empereurs intéressent l'agriculture; nous voyons Néron recevoir avec une grande solemnité, une touffe d'épis de blé provenant d'un seul grain; Pertinax donner le premier un exemple souvent renouvelé de distribuer, à la charge de les cultiver des terrains vagues. Sous Trajan on imagine comme dans les Gaules de substituer les tonneaux aux outres de bouc, pour contenir les vins.

---

(1) On régla sagement que les entrepreneurs, suivant l'importance et la difficulté auraient ou tout, ou partie des terrains desséchés

La subsistance de Rome occupait presque exclusivement une administration incomplète ; et sous Septime Severe, les greniers de Rome sont pleins de grains : le recensement en paraît immense : la subsistance de Rome , disent les historiens , était assurée , et les greniers contenaient des vivres pour sept ans. Or, Rome avait alors une population de 666,000 habitans ; ce qui répond à environ 1,200 sacs de 375 livres de farine par jour (1).

L'on conservait aussi des huiles pour cinq ans. Quelques années après, sous le règne de l'infàme Héliogabale, la soie commença à être connue à Rome. Il porta le premier un vêtement de cette étoffe, et sous Adrien même , la soie était encore si rare , que cet empereur ne voulut pas que sa femme lui donnât un vêtement en soie, parce que c'était trop couteux.

Les derniers faits qui , sous les empereurs romains intéressent l'agriculture , sont les deux édits de Probus, le bienfaiteur des Gaules. Par le premier il affranchit la Glébe , en permettant d'aliéner, sous la condition du cens , les terres du domaine. Le second qui annulait l'édit de Dominicien qui , dans un temps de disette , avait ordonné d'arracher les vignes dans l'Italie et dans les Gaules. Aujourd'hui encore la Champagne et la Bourgogne ont con·ervé pour ce prince un souvenir de reconnaissance. La ville de Rheims se distingua surtout en lui élevant

---

(1) Il faut pour la population de Paris , 900,000 habitants, 1,700 sacs de farine pesant 168 kilogrammes chacun. On croit avoir beaucoup fait dans la capitale de France, lorsqu'on a assuré la subsistance de Paris pour trois mois. Nous avons en aide les réserves, des moyens de conservation bien vantés. L'approvisionnement de Rome pour 7 ans est prodigieusement au-dessus des moyens actuels de conservation.

un arc de triomphe. On attribue encore à Probus l'honneur d'avoir fait présent à la ville de Condrieux d'un plant de raisin auquel elle doit la réputation de ses vins. Pertinax l'avait fait venir de Dalmatie.

Constantin fut aussi l'ami des laboureurs : il fit en leur faveur plusieurs édits : par l'un d'eux, il défend de saisir les bœufs ; par l'autre, de prendre ni les chevaux des laboureurs pour le service des courriers de l'empire, ni leurs bœufs de labour pour le service des voitures publiques.

Il existe des rapports constants entre les travaux de l'homme et les productions de la terre; entre celle-ci et la population. Les bienfaits de la terre ne sont que le prix du travail qui les sollicite, et l'homme ne les demande que quand la consommation en est assurée.

(1) La classe des laboureurs ne se décourage pas aisément : témoin cette Flandre, qui comme les entrailles de Prométhée, renait sans cesse à mesure que le vautour de la guerre la dévore. Un premier revers n'abat pas le laboureur. Une terre envahie par l'ennemi, dès que celui-ci a disparu, se couvre rapidement de produc-

---

(1) Nous donnons à la portion du peuple qui cultive les champs le nom de classe, à l'imitation de l'auteur du code qui partage la masse des citoyens en trois classes : les laboureurs, les prêtres et les soldats. *Gnarus es omnem Politiam hæc tria complecti; sacerdotium, militiam, Agriculturem.* Un malin commentateur ne sachant à laquelle de ces trois classes rapporter la tourbe des avocats de Rome, veut qu'ils soient rangés parmi les soldats, parce que, dit-il, *ils combattent.* Le bon sens électoral qui en France surpasse en intelligence, même les bayonnettes, en fait *des législateurs.* Dans toutes les législatures le nombre a été de plus de moitié, et il faut excepter le corps législatif ou les choix en général étaient pris dans toutes les notabilités.

tions nouvelles. Mais lorsque le désastre recommence, lorsqu'une troisième invasion suit de près la deuxième, lorsque le séjour permanent des hordes victorieuses, lorsque la licence des armées étrangères contrarient ses travaux, le laboureur quitte en la regrettant la terre qui fut son berceau. Il s'éloigne en s'écriant : un barbare s'est emparé de nos champs : un soldat impie se nourrira de nos moissons, un étranger cueillera le fruit de nos arbres.

Si la sueur est féconde, les larmes stérilisent la terre. Il faut du calme pour suivre les travaux champêtres; il faut qu'aucune crainte ne vienne troubler les espérances de la récolte à venir. L'inquiétude suspend tout, et on n'ouvre un sillon pour y confier des semences que quand la certitude de plus d'une année de récolte, permet au laboureur l'espoir de recueillir.

§ — XXIII.

Toutes les richesses de la terre s'évanouiraient si l'homme suspendait ses peines.   CASTEL.

Il y a une Pomone, une Cérès pour chaque siècle.

BERNARDIN DE ST.-PIERRE.

Mais avant de quitter le tableau beaucoup trop succinct de l'agriculture ancienne, qu'il nous soit permis de jeter sur elle un regard, et de hazarder quelques réflexions.

A trop peu d'exceptions près, tout ce que la science moderne se propose d'offrir sur l'agriculture, n'est que la répétition des préceptes des anciens écrivains. Tout ce qui est utile, ils l'ont vu, ils l'ont décrit, l'ont conseillé, prescrit avant nos agronomes modernes. Varron, Hyginus reconnaissent l'influence des saisons sur la végétation : alterner les cultures, était une méthode universellement pratiquée, et le zea, le lupin, les céréales occupaient successivement le même champ sans interruption. Aussi, voyons-nous introduite dans les baux, la clause de ne pas semer en blés, le même champ, deux années de suite. Quand Columelle dit : une terre bien fumée ne s'est jamais refusée aux espérances de celui qui la cultive bien; elle ne se repose jamais : n'est-il pas permis de conclure *que la rotation des cultures et la suppression des jachères est un conseil de Columelle.* Les détails minutieux des anciens sur les soins à donner aux cultures sont tels que nos plus habiles, nos plus soigneux laboureurs, sont en deçà de ce qui leur est recommandé.

Si nous consultons l'histoire du peuple Hébreux, nous voyons qu'ils connaissaient l'alternat des cultures, l'art de préparer les fumiers. La méthode des prairies artificielles est formellement indiquée. Outre la culture des olives, ils s'adonnaient à celle du ricin, du colza, pour en tirer l'huile. Le vêtement des prêtres était de fin lin. Le chanvre est mentionné dans plusieurs passages de l'écriture sainte. Le carthame, l'isatis, le kenneth, l'indigo, servaient à teindre leurs habits. Les irrigations, les moyens de conserver les eaux pluviales étaient des règles pratiques qu'ils suivaient. L'usage de la greffe

quoique restreinte par les lois, la conservation de leurs
forêts, la culture de la vigne, prouvent que chez les
Israélites la culture était très avancée. Ne nous ont-ils
pas montré ce que pouvaient, pour l'agriculture, les canaux d'irrigation.

L'Égypte, sillonnée par six mille canaux qui se croi-
saient dans les sens de tous les besoins, en distribuant
régulièrement les produits inégaux des inondations, n'est-
elle pas un exemple qu'il serait impossible de reproduire;
ces aqueducs romains, ces canaux tantôt suspendus dans
les airs, tantôt soutenus par une suite quelque fois de plusieurs lieues d'arceaux : des routes pour les eaux, percées
à travers des montagnes, sont des prodiges d'hydraulique
qu'exécutaient les Romains, et que nous avons peine à
concevoir (1).

La théorie des amendements par le marnage que
pratiquaient les Gaulois, n'a pas avancé d'un pas : le
mélange des argiles avec les terres sablonneuses, le chau-
lage, la fumure par les cendres et les plâtres pour les
prairies, sont indiqués dans les mêmes circonstances
qu'aujourd'hui. Les géoponiques anciens veulent qu'on
sarcle à plusieurs reprises les terres ensemencées de blé
ou de fèves, ils prescrivent d'enterrer certaines plantes
avant la floraison, pour suppléer à l'engrais (2). Ils apprennent aux cultivateurs à former des engrais artificiels par le mélange de matières que l'état de la physique
leur a fait désigner sous les termes vagues de matières

____

(1) Virgile aussi conseille les irrégations. Pline cite celles pratiquées
aux environs de Terni, et qui de son temps ont quadruplé la valeur
les terres.

(2) *Lupinum, pro stercor macerare solent.*   VARRON.

chaudes et froides ; afin d'obtenir la transformation en
detritus. En un mot, il n'est pas une méthode utile,
pas une amélioration en agriculture dont on ne trouve
le précepte et le conseil dans les auteurs latins qui ont
écrit sur l'agriculture (1). Ils connaissaient les trois méthodes de battre les grains au rouleau, ou par le d'épiquage,
ou avec les bœufs et les chevaux; enfin, par l'action du
fléau. Pour la nourriture de leurs bestiaux, ils employaient
la paille hachée pour fourrage ; ils la brisaient avec des
bâtons. Le passage de Pline est trop explicite pour ne
pas le reproduire. « Les pailles sont très utiles pour la
« nourriture des bestiaux : quand elles manquent, les
« habitants de la campagne brisent le chaume dès qu'il
« est sec. Ils l'impregnent d'eau salée, le font sécher
« et le mettent en bottes pour le donner comme fourrage
« aux bœufs, en guise de foin ». Columelle conseille
de mêler l'orge à la paille hachée, afin d'entretenir la
vigueur des chevaux qui travaillent.

Écoutons et reproduisons les préceptes que la sagesse
elle-même a dictés aux géoponiques latins. S'agit-il de
l'acquisition d'un champ, Caton veut qu'on le choisisse
dans les meilleures terres. *Mettez*, dit-il, un prix plus

---

(1) Nous nous écrierons avec le docteur Verges : La science intui-
» tive qu'en avons nous fait? qu'est devenue la science des traditions
» primitives de nos pères : ils étaient plus près de la nature, ils l'ont
» mieux observée. Les docteurs modernes veulent que nous ne vivions
» qu'à dater de leur ère. Insensés, on voudrait nous faire répudier le
» gloire de nos pères, renoncer à ce légitime et précieux héritage.» Ce
que vous savez, vos pères le savaient, l'avaient vu consigné. A force de
sophismes vous nous faites regretter leur modeste savoir. Thèse du
docteur Verges (183

élevé au terrain que son ancien *possesseur a déjà amélioré.*
Pline, d'après Attilius Regulus, défend d'acquérir un
fonds de terre, même riche, dans un terrain mal sain,
ni un fonds de terre stérile, dans un terrain sain. *Évitez,*
ajoute-t-il, *ces marais où, sous l'influence d'un air em-*
pesté, les maladies endémiques détruisent plus d'hommes
que le fer ennemi n'en décimerait. C'est encore Caton qui
recommande le voisinage d'une grande ville, la facilité
des communications, le choix des meilleurs intruments.
Avez-vous de l'eau, *dit-il,* faites des prairies humides.
N'en avez-vous pas, faites des prés secs. On le voit donc,
on ne fait que reproduire des choses oubliées, des préceptes méconnus. Les modernes ne peuvent être qu'écho
et redire ce que les anciens avaient prescrit.

Quand Rome est près de sa chute, le christianisme
naît; quand elle expire, le christianisme s'élève et s'établit sur les débris des lois et des institutions romaines.
Son action vivifiante et conservatrice se répand; elle se
met à la tête de la civilisation, et replace la société sur
ses bases véritables Dieu et la loi. Qui ne reconnaît à cette
admirable coincidence, une action céleste, une volonté
divine qui ne veut pas encore que l'univers soit anéanti.

Nous ne présenterons pas ici les scènes de désolation
produites par l'irruption des barbares en Europe, pendant le cinquième et le sixième siècle. En 450 les Huns,
sous la conduite d'Attila, dévastent l'Orient, traversent
la Panonie, la Germanie, envahissent les Gaules : après
moins de cinq années de brigandage, ils sont réduits à
moins du vingtième de ce qu'ils étaient au moment du
départ. Ils retournent dans leur patrie, et *le fléau de Dieu*
après avoir servi ses desseins, vient mourir au village de

la Chine, d'où il est parti, dans la tente qui l'a vu naître. Les Gépides, les Hongrois, les Alains, les Goths, les Visigoths inondent successivement les terres de l'Europe, et surtout la fertile et riche Italie.

Théodoric, le plus grand et le plus sage des rois de cette époque, malgré la férocité des barbares qu'il traîne après lui, est le législateur des pays qu'il soumet, et donne un code de lois, dont les dispositions sur la propriété et le droit rural, sont empreintes de la plus haute sagesse. Après sa mort, en 526, sa mémoire fut révérée, et un fleuve détourné vint couvrir le tombeau où ses restes avaient été déposés. Ce n'est pas de lui qu'on peut dire, les fleurs semées sur la terre qui le couvre, empruntent de ses restes, leur charme, leur vie, leur éclat (1); ce prince législateur eut cela de commun avec Moïse, qu'enterré par les siens, nul mortel n'a su depuis où il avait été déposé.

Que pouvait l'agriculture pendant cette période de dévastation? Les paisibles possesseurs des champs chassés de leur demeure, se réfugiaient dans des déserts inaccessibles, sur des montagnes dont les cîmes n'avaient peut-être pas été foulées par le pied des hommes. D'autres se retirent dans des villes fortifiées : un grand nombre s'abrite dans les cloîtres; et admirons ici la puissance et la bonté de Dieu qui permit que ces saints asiles ouverts à la piété et à la pénitence, paraissent inviolables aux barbares mêmes. Avec la croix qui a vaincu le monde, saint Aignan, à Orléans, saint Loup, à Sens, sortent processionnellement de leurs villes épiscopales, se portent en avant, pénètrent dans la tente d'Attila, et obtiennent

____

(1) E tumulo flores vim et colorem trahunt.

de la pieuse vénération de ce barbare, qu'il éloignera de leurs résidences, le fléau de la guerre (1). Les enclos des Cœnobites sont respectés; et des monastères où ils sont enfermés, les cultivateurs peuvent encore veiller aux intérêts des campagnes (2).

Cependant quelques barbares ne suivent pas le torrent quand il rentre dans son lit. Ils se vouent à la culture des terres qu'ils ravageaient naguères, et apportent quelques modifications dans le mode de culture. Sans égard à la propriété antérieure, les terres sont partagées entre les Romains et les nouveaux venus; les parts prennent le nom de composition. Le Romain libre eut le double du Romain serf; le Franc eut la composition du Romain. Quant au chef, on suivit le mode de division que Tacite indique pour les Germains; on leur accorda une grande étendue de terres, proportionelle aux grades qu'ils avaient dans l'armée.

Nous sommes forcés d'imiter le silence de l'histoire qui, pendant le sixième et le septième siècles, ne nous offre aucun trait qui puisse intéresser l'agriculture. Au huitième siècle apparaît, sous la conduite d'Abdérame, gouverneur d'Espagne, pour le calife, cette formidable armée de Sarrasins qui, après avoir soumis l'Espagne, franchi les Pyrénées, pris Bordeaux, ravagé l'Aquitaine, menaçait le Poitou : lorsque Charles Martel attaignit Abdérame, le défit, détruisit entièrement cette

---

(1) Une histoire d'Attila serait bien propre à détruire le préjugé qui empêche de reconnaître ses brillantes qualités.

(2) Nous voudrions voir les curés étudier les meilleures méthodes agricoles et les répandre dans les campagnes : leurs voix entendues y ramèneraient et les mœurs et l'aisance.

belle armée, et en refoula les restes des plaines de Poitiers où se donna la bataille, jusqu'au-delà des monts.

L'Europe soumise bientôt après par les armes de Charlemagne, respira pendant les quarante - quatre années de son règne. Il protégea l'agriculture dont il comprenait toute l'importance. Il est facile de juger de l'estime qu'il lui portait, par le soin qu'il mit à régler tout ce qui regardait le domaine public et son domaine privé, ses bois (1), son potager, son verger; car malgré la supériorité de son génie, il s'occupait avec une attention minutieuse des détails qui pouvaient intéresser la culture. Son capitulaire *de villis*, rapporté par Baluse, atteste la haute sagesse de ce prince, on peut dire de cet empereur ce qu'un ancien a dit des Romains : « il rendit plus de services par la pro-« tection accordée à l'agriculture, dont il ne dédaigna « pas de s'occuper lui-même, que par les armes.

Ici il ordonne d'arracher les arbres innutiles, de défricher les bois voisins des routes, de rendre à la culture des blés toutes les lisières des bois, pour aider la facilité du transport des grains. Là il veille au maintien de la forêt, veut qu'on la garde avec soin, défend d'empiéter sur le terrain qui lui est consacré. Il a grand soin de recommander l'entretien des troupeaux, accorde sa protection aux fabriques de lainages, de toiles, et cédant au système de culture ordonné par

---

(1) Caveant ut sylvæ forestesve nostræ sint bene custoditæ, et ubi erit locus ad stirpandum, stirpare faciant et campos de Sylva interere non permittaut.

des réglements précédents, veut qu'on maintienne les jachères et le parcours.

Charlemagne, ce prince si supérieur, plus grand que le siècle où il vivait, qui mérite d'être encore cité comme le modèle des rois, fut, dit un de ses historiens, *un météore lumineux qui traversa les nuages de son époque*. L'agriculture, pendant son règne, n'eut pas le temps de prendre assez de force pour lui survivre, et malgré tout ce qu'il fit pour elle, il ne put que tempérer les abus du vasselage : il suspendit les maux causés par les guerres de seigneur à seigneur, qui exposaient continuellement les champs au pillage. Il attira des étrangers dans ses états; il entoura les établissements qu'il forma, de toutes les garanties de son énergique volonté. Ceux qui répondirent à son appel, et mirent en valeur des terrains incultes, obtinrent les priviléges les plus étendus.

Après la mort de Charlemagne, ses faibles successeurs ne purent défendre leur autorité, soutenir les droits du trône contre les empiétements des grands, contre les prétentions du clergé, contre les invasions des Normands. Qu'auraient pu, et Louis le Débonnaire, et Charles le Simple, et Lothaire, et Charles le Chauve, en faveur de l'agriculture? Elle fut obligée d'abandonner les terres aux barbares, qui fondirent de toutes parts sur les villes qu'on ne pouvait défendre : sur les champs qu'il était impossible de protéger, et dont la fertilité hâtait la dévastation et l'envahissement. On a négligé les cultures réglées : l'incertitude de recueillir fit regarder la pâture comme le bien le plus solide, toujours en présence de l'ennemi, qui pouvait ou enlever ou détruire : On pensait avec raison qu'il était plus aise de mettre les bestiaux en sureté, pour les soustraire au danger de les perdre.

L'agriculture, le premier des arts, puisqu'il n'est pas possible sans lui de suffire au besoin des masses dans les temps d'occupation étrangère, au milieu des discordes civiles, a toujours présenté moins de ressources, moins de produits. Ce n'est même qu'avec peine que les générations suivantes échappent aux malheurs causés par la stérilité de quelques années (1). Sans capitaux, pas d'agriculture, et ce n'est qu'avec lenteur que les capitaux reviennent à la terre, lorsqu'elle en a été momentanément dépouillée. Il fallut plus d'un siècle à l'agriculture pour réparer en partie les pertes, et pour ramener cet art à une position tolérable. Les invasions des hommes du Nord avaient eu l'impétuosité du torrent : elles en eurent l'effet subséquent. Celui-ci laisse un limon réparateur qui fertilise la terre pour les années suivantes : L'invasion conduisit dans les Gaules des hommes qui, séduits par la douceur du climat, l'excellence du terroir, se mêlèrent aux anciens colons et les aidèrent à le cultiver. Ils n'influèrent que momentanément, au préjudice de l'agriculture, car à mesure qu'ils conquéraient, ils devinrent de robustes colons (2). Ils se mêlèrent aux anciens possesseurs, et

(1) Je crois que c'est Oxensteirn qui a dit : la famine d'une année lègue la faim à l'année qui la suit quand elle ne lui donne pas la peste.

(2) Les Normands substituèrent après la conquête de l'Angleterre en 1060, le mode d'affermer en argent, à celui des fermes partiaires et à moitié : ce mode fut une des causes de la prospérité de l'agriculture. Les fermes partiaires furent nommées *fermes noires* et les autres, *fermes à deniers* ou *fermes blanches*.

la plus forte portion des barbares s'établit au milieu
des peuples qu'ils avaient soumis. L'autre portion des
guerriers réflua vers les régions qui les avait vomis.

§ — XXIV.

> L'esprit de l'homme ressemble à la
> terre qui bien que fertile ne produit
> néanmoins que des épines et des
> ronces lorsqu'elle n'est pas cultivée.
> Melle DE SOMMERY.

> *Peribunt etiam ruinæ.*
> *Multa abscondita sunt majora his.* Eccl.
> A mesure que la foi des peuples s'est
> refroidie, les solennités saintes se
> sont multipliées.
> MASSILLON.

Lorsqu'à la voix forte de Pierre L'Hermite, lorsqu'à
la voix entraînante de saint Bernard et de ses nombreux
disciples qui prêchèrent les croisades, les populations
entières coururent en foule sous l'étendard de la croix,
pour reconquérir les lieux saints : Lorsque suivant l'expression si vive de la princesse Anne de Comnène,
*l'Europe arrachée de ses fondements se précipitait de
tout son poids sur l'Asie;* la terre fut abandonnée à elle-
même, et ne semblait fournir qu'à regret quelques
rares aliments. Les veuves dont les maris vivaient (1).

—————

(1) Expression de St. Bernard.

les vieillards, les infirmes restèrent seuls pour se livrer à la culture. Avec de pareils agents, l'agriculture ne pût que rétrograder et présenter le spectacle de désolation qu'offre toujours la terre dès que ses véritables soûtiens lui manquent (1).

L'abandon presque absolu des terres, le défaut de cultivateurs, forcèrent les seigneurs à concéder à leurs vassaux de grandes portions de terre. Des cens furent réglés à divers titres suivant le caractère des contractants, et plus encore celui des coutumes locales. Une cause assez remarquable vint augmenter le nombre des habitans : les abbayes attirèrent en France une foule d'étrangers, leur accordèrent des métairies moyennant des droits modérés : la douceur du climat, l'attrait de la possession fixèrent les nouveaux habitants : ils remplacèrent les anciens colons occupés loin des regards de la patrie à remplir l'Orient du bruit de leurs exploits, et à justifier à force de gloire leur pieuse et avantureuse entreprise.

Les croisades ne furent pas sans influence pour l'agriculture. L'Asie est le grand bercail du genre humain, le grand jardin de la nature, les hommes et les plantes y croissent avec une fécondité inconcevable. Tout y vient dans un plus haut degré de perfection. En Europe, plantes et animaux sont moins parfaits qu'en Asie; c'est en Asie que la création a commencé, les êtres y ont conservé leurs premiers types. Les croisés apportèrent des graines de l'Orient, firent connaître la greffe qu'on avait depuis

______

(1) Nous rappelons ici un fait que l'historien de St.-Louis (en 1658) nous conserve. Les vaisseaux de l'expédition de St.-Louis furent tous construits en chêne et il ajoute qu'il serait impossible de le faire aujourd'hui. Que serait-ce en 1830.

long-temps négligée, indiquèrent les soins à donner pour obtenir des améliorations, tant pour la beauté que pour la saveur des fruits.

Si l'absence des cultivateurs amena momentanément une sorte de dépopulation, comme les armées se formèrent surtout d'hommes turbulents, les dévastateurs diminuèrent, et le départ de ces hommes laissa le calme dans les champs : ce fut ce calme et les nouveaux avantages de la culture qui y conduisirent de nouveaux colons. Dès qu'ils furent partis, dit un historien contemporain, en parlant des croisés, *la terre se tut.*

La coincidence de l'évènement des croisades et de l'époque récente de l'affranchissement des communes, amena l'abolition de la servitude féodale ; d'après la maxime, *le lieu fait libre*, le paysan maltraité se retirait dans les villes et y était en sûreté.

On voit une foule de jugements terminés par ces mots, en faveur des colons attachés à la glebe : *la loi urbaine casse la loi champêtre.* Ainsi, il est aisé d'expliquer comment l'agriculture reçut des améliorations notables pendant le temps des croisades. En outre, les mutations de bien furent très actives, cette fièvre de ventes et d'achats dura pendant plus de deux cents ans ; ce fut en 1340 que Robert de Normandie engagea son duché, et comme il ne put pas rendre les sommes qu'il avait reçues, il fut obligé d'en aliéner de grands lambeaux.

A partir de la conquête des Gaules par les Francs, nous voyons les membres du clergé, les moines surtout, partager leur vie entre le travail des mains et les exercices pieux. Ces mains qui bénissaient les fruits de la terre entreprirent de joindre leurs efforts à ceux des cultivateurs, et la France leur dut d'avoir conservé avec un égal soin, et les lettres et les méthodes de culture. Ils empêchèrent ainsi ; que les champs abandonnés à eux-mêmes ne fussent voués à une éternelle stérilité.

La plume et la bêche, la charrue et l'encensoir furent dans leurs mains des éléments de prospérité, soit qu'ils travaillassent, soit qu'ils bénissent : un historien moderne a dit : les assemblées du clergé régulier *étaient, ou des arsenaux de théologie, ou des comices agricoles.*

La raison sourit dédaigneusement aujourd'hui aux déclamations du dix-huitième siècle, contre les ordres religieux et leur esprit de fanatisme. Partout leur présence a tout vivifié ; en Belgique et dans toute la France. Ils furent au douzième et treizième siècles les seuls agriculteurs : ils se mêlaient aux paysans, éclairaient et partageaient leurs travaux. Baudermont nous apprend que les terres environnant Gand furent cultivées par les religieux. Ce fut vers ce temps que les abbayes furent fondées : elles civilisèrent le pays, améliorèrent les champs et les mœurs par le travail et par l'exemple plus forts que la prédication. Les Reguliers ont, dès l'an 800 dans la Campine, terre sablonneuse et infertile, métamorphosé le territoire : il leur a fallu mille années de soins continus pour obtenir un succès tel, qu'aujourd'hui ce terrain offre les meilleures méthodes de culture. On cite dans toute la Belgique, comme culture modèle, celle qu'ils ont introduite et transmise.

Quand la Neustrie était encore couverte de forêts impraticables, les premiers travaux entrepris pour s'opposer aux ravages de la Seine furent ceux des moines de Jumiège : ils eurent un plein succès, et des digues continrent les eaux dévastatrices de la Seine. Les Prémontrés labouraient les terres de la Pologne et la forêt de Coucy.

En Angleterre encore, ce furent les moines de *Glatson de Bury*, de *Thorney*, de *Crowland*, qui pendant près de quatre-vingts ans, aux septième et huitième siècles, construisirent des digues, préparèrent des défrichements, et cultivèrent les terrains qu'ils avaient conquis et défendus contre de nouvelles submersions. Ils furent les créateurs de la méthode *d'Embankement*. L'histoire qui pour ces six cents ans de barbarie et de désolation, n'a que des tableaux fâcheux à offrir, nous présente partout les moines comme intervenant pour le bonheur des populations. Sans eux l'Europe eut perdu les traditions des bonnes méthodes de culture, et les terres délaissées n'eussent présenté que le désolant spectacle d'une misère commune.

Les disciples de saint Benoît qui cultivaient Molesme et Colau ; ceux de saint Bernard (1), les Carmes, les Augustins qui pour vaquer avec moins de distractions à l'œuvre de leur salut, s'étaient réfugiés dans le désert ; pleins de l'esprit de leur institut, partagèrent leur

---

(1) Voir les règles qu'il a données à Clairvaux. Saint Bernard reçut de Thibaud de grandes terres sous la condition d'aumônes et de prières. Les chartes dispersées des concessions de Cluny, ont été en 1833 vendues à un épicier de Mâcon. Nous avons fait d'inutiles efforts pour les retrouver

temps entre la prière qui fait violence au ciel, et le travail qui soumet la terre, qui la force de produire pour l'homme tout ce qui est nécessaire à ses besoins.

L'administration si bienveillante de Suger, la force de ses *exhortations envers les siens, qui comme lui devinrent les soutiens et les pères du colon*, les lois de l'époque, tout prouve combien les religieux rendirent de services, tantôt en prodiguant à la culture ces richesses qu'ils n'accumulaient que pour les répandre ; tantôt en fesant fructifier les champs que la piété leur avait accordés ; tantôt en opposant aux chevaleresques ambitions le crédit de leur immobile puissance, en se montrant enfin partout protecteur du pauvre, et pour les riches étant une barrière contre laquelle venaient se heurter et se briser leurs tyranniques efforts. Suger continua à favoriser l'affranchissement des communes dont le bienfait était dû à Louis le Gros, ce fut une ère nouvelle pour l'agriculture. Cette mesure délivra les villes d'abord, les villages ; ensuite les bourgeois furent tranquilles dans leurs possessions. Les paysans purent jouir du fruit de leurs travaux : la population s'accrut, un bien être universel atteignit toutes les classes de la société ; mais aucune d'elle n'en profita autant que celles des laboureurs.

Nous devons à saint Louis *les établissements* qui placèrent les prolétaires, les artisans, les hommes du peuple sous le patronage des corporations. Louis IX allégea les impôts : en rendant lui-même la justice, en veillant aux intérêts des classes inférieures, à ceux surtout des cultivateurs ; il mérita la reconnaissance de la France. Ce prince si timide dans son intérieur, si grand quand il fallait être juste , qui mettait l'amour de ses peuples au nombre de ses devoirs, fit fleurir l'agriculture.

L'absence des couvents fait aujourd'hui mieux comprendre leur importance , et pour ne parler que de l'agriculture, les soins avec lesquels leurs biens étaient gouvernés, le maintien des familles dans la possession de baux à bas prix, pendant de longues années , tous les fruits de la terre rendus à la terre, ces améliorations de bâtiments, de défrichements nouveaux, sont dans beaucoup de campagnes une source de regrets.

L'horticulture commença à être un art dès que les moines y donnèrent leurs soins. On sait tout ce que la pomologie doit aux chartreux dont l'enclos de Paris offrait à l'Europe le modèle des vergers les mieux cultivés (1). Nous avons vu dans notre jeunesse plusieurs chartreuses et les terres qui les environnaient : elles ont disparu , et aujourd'hui des déserts qu'elles animaient ont repris leur destination première.

La culture de l'orseille , celle du safran, de l'indigo, de la gaude et du pastel, fut d'abord entreprise par les moines. C'est un moine qui, au sixième siècle, dans le bambou qui lui sert de canne apporte la graine des vers à soie. Les moines et les missionaires ont introduit une

_____

(1) Nous ne savons donner en France aucune forme établie, aucune durée à nos établissements depuis 1789. L'enclos des Chartreux a reçu plusieurs destinations : celle de pépinières, puis de jardin conservateur de tous les cépages de vignes de France. On se propose aujourd'hui d'y placer un jardin botanique d'instruction médicale. Si on avait consacré en améliorations annuelles la moitié des sommes prodiguées à des changements, sa prospérité eut été le fruit d'une mesure que commandaient et l'économie et la sagesse.

foule de végétaux dans l'horticulture, et la nécessité de l'abstinence en fut peut-être la cause. Mais de toutes les plantes, la plus utile qu'ils aient conquis au profit de l'Europe, ce fut la canne à sucre. Elle fut d'abord amenée par eux de Syrie en Sicile, elle s'y maintint jusqu'à ce qu'importée aux colonies d'Amérique, elle ait rempli sa destinée commerciale. Il est donc bien prouvé que du cinquième au treizième siècle, la présence d'un monastère ou d'un asyle sacré, était un bienfait qui rayonnait autour du manoir principal (1).

Les constitutions des divers ordres, surtout de ceux de saint Benoît, saint Augustin, saint Bernard, imposent aux Cœnobites l'obligation du travail des mains, celle de cultiver les terres, surtout celles en friche. Une circulaire de l'abbé de Clairvaux porte le conseil aux divers couvents de son obédience, de faire avec les seigneurs, avec les propriétaires de terrains vagues, de landes et terres en friche, un échange contre des terres cultivées, considérant moins, dit la charte, le profit et le prix, que le bien de la cultivation, et la salubrité de la contrée.

Je ne sais où j'ai puisé ce document que je retrouve dans mes notes de 1809. En Lombardie, les moines de Saint-Hierosme, créèrent les premiers les méthodes d'irrigations qu'on pratique encore aujourd'hui dans toute la Lombardie. Ils auraient fait plus; mais on s'opposa à ce qu'ils détournassent des rivières pour arroser des terrains.

---

(1) Le droit de dixmes dues au clergé n'a pas été sans influence naturellement le décimateur, par intérêt même, veillait et donnait des conseils utiles.

J'écris au sommet du Jura : j'interroge leurs rocs noirs : je vais çà et là m'enquêtant partout du passé. Je voudrais faire parler les monuments. Je demande aux collines de rappeler à mon souvenir les faits antiques. J'interroge ; elles me répondent (1).

Depuis le dixième siècle jusqu'au treisième, nos montagnes n'ont eu, pour habitants, que les bétes féroces que recelaient nos foréts inhabitables. La partie haute du Jura fut défrichée alors par des colons envoyés par des abbayes. Les religieux dirigeaient les efforts, les travaux des cultivateurs. Les chartes, notamment celle de 1126, prouvent que l'esclavage y était inconnu. Les montagnes, en effet, ne furent peuplées qu'après l'établissement de la féodalité (2). Tous les habitants du Jura sont donc les descendants des colons envoyés par les divers monastères pour les habiter et les cultiver. Le prieuré de Saint-Pont, dont l'église porte le milliaire de 1,000, les abbayes de Saint-Romain, Mouthier, dans le diocèse de Lausanne, fondée par l'abbaye d'Agaume (charte de Frédéric Ier, de l'an 1186), l'abbaye de Sainte-Marie (charte de 1199), donnée par le chapitre de Besançon approuvée en 1200 par l'archevéque, et confirmée par le pape en 1202. L'abbaye de Mont-Bessont, fondée par les seigneurs De Joux ; celles d'Oyan

---

(1) Cette note m'a été fournie par M. Bourgon, cet habile professeur de la faculté des lettres, dont la modestie égale le savoir en archéologie et en histoire.

(2) Voyez l'histoire de Salins, par M. Guillaume, page 36 ; l'histoire de Pontarlier, par M. Droz, page 120 ; mémoire de l'avocat Barban, dans le procès du village de Bouvenes contre madame Lauraguais, son seigneur.

et Saint-Claude ont le plus contribué à faire défricher les hautes montagnes du Jura. La fondation de la commune de Mouthe, composée de neuf villages dans le pays qu'on appelait Noirmont, est due à cette dernière abbaye.

Nous n'aurions donc, depuis 1050 jusqu'en 1500 environ, pour placer l'agriculture en regard de l'histoire, qu'à faire ressortir les bienfaits de la conservation des bonnes méthodes de culture, et à prouver qu'elles sont en partie dues au clergé régulier. Nous aurions occasion de parler de la fête des Rogations; cette fête où la prière tremblante s'efforce de détourner de dessus les champs les fléaux qui, à cette époque de l'année, menacent les récoltes. Ce fut dans le XIe siècle qu'elle fut instituée; mais ce sera quand nous examinerons l'influence de la religion sur l'agriculture que nous ferons connaître tout ce que cette institution religieuse a de touchant et de moral.

Ainsi, tandis que la fureur des armes, l'esprit chevaleresque, plus irréfléchi qu'éclairé par la piété, emportait les hommes d'armes dans l'Orient; c'était aux moines seuls, qui prirent soin de cultiver par eux-mêmes, ou, quand ils ne le pouvaient pas, de guider les femmes et les vieillards, que les croisés avaient dédaigné d'emmener, que nous devions de n'avoir pas vu l'Europe réduite à une stérilité complète, qu'amènent toujours quelques années d'abandon, et que des siècles ensuite peuvent à peine détruire entièrement.

La renaissance des lettres et celle des pratiques agricoles semblent avoir marché de front. Ici finit pour l'agriculture le moyen-âge : quelle série de faits de 1450 à 1600 ! L'usage récent depuis un siècle de la boussole que connaissaient les Chinois mille ans avant l'ère chrétienne, la découverte du Nouveau Monde qui en fut la conséquence, l'invention de l'imprimerie, l'extension de l'usage des armes à feu; les troubles religieux causés par le schisme de Henri VIII, et les hérésies de Luther et Calvin; l'or du Pérou et du Mexique inondant l'Europe et changeant les rapports commerciaux; l'introduction des denrées équinoxiales, les besoins du luxe envahissant la société, eurent une influence indirecte sur l'agriculture. Nous tâcherons de l'apprécier dans cette deuxième livraison; mais, pour ne pas laisser en arrière des faits qui peuvent l'intéresser, nous rappellerons seulement, pour constater l'état de la pomologie en France, que dans l'inventaire des objets formant le domaine de Charles V, on y fait mention du nombre d'arbres fruitiers de chaque sorte, qui se trouvaient dans les vergers du roi.

L'ordonnance de Charles VII qui établit la permanence des troupes régulières, fut un bienfait immense pour l'agriculture : il fut possible d'arrêter la licence de la soldatesque, et de soustraire le laboureur à la dévastation des gendarmes et des soldats. Nous signalerons enfin les efforts de Louis XI pour introduire à Tours des manufactures de soie qui y ont long-temps prospéré; et, pour rapprocher du lieu de la fabrique les matières premières, il établit des muriers et encouragea l'éducation des vers à soie. Charles VIII continua à protéger cette industrie, et introduisit d'Italie des vers à soie, des muriers, et des hommes qui connaissaient cette culture.

§ -XXV.

Heureux, si je pouvais faire passer dans cet écrit le
principe qui m'a servi de guide, comme un fil qui,
en traversant plusieurs étoffes, les unit.

The Advertiser.

Les matières qui suivent demanderaient à être traitées
avec plus d'étendue, mais la nature de cet ouvrage
ne le permet pas. Je voudrais couler sur une rivière
tranquille, je me sens entraîné par un torrent.

MONTESQUIEU.

L'histoire enseigne l'avenir, et c'est sa plus précieuse
leçon: elle prédit quand elle raconte.

M. le comte DE PEYRONNET.

Nous avons, dans la première livraison de cet *Essai*, signalé l'action *conservatrice et bienfaisante* du clergé ; nous
l'avons montrée *accueillant les colons* pendant l'invasion des
barbares ; leur ouvrant les temples pour asile , les plaçant
sous l'égide sacrée de la religion , se mettant à la tête de la
civilisation , la devançant toujours , conservant au laboureur la moisson que l'avarice et la violence voulaient lui ravir. Pendant l'anarchie qui suivit le règne de Charlemagne,
nous avons vu le clergé s'opposant aux rapines, aux actes
de férocité auxquels se livraient les grands de l'époque ; pendant les croisades, les moines cultivèrent eux-mêmes les

terres abandonnées, tantôt protégeant, soutenant les faibles contre l'oppression, les aidant dans leurs travaux; tantôt saisissant l'occasion d'améliorer le sort des habitants de la campagne, ils conseillèrent aux rois l'affranchissement des serfs royaux (1). Ce fut encore le clergé qui, en coopérant à

---

(1) Vers la fin du v⁰ siècle, Grégoire-le-Grand, que l'église a mis au nombre des saints, donna un exemple bien digne du père commun des fidèles : il affranchit les serfs de l'église de Saint-Pierre de Rome. Voici les motifs sur lesquels il base cet acte si éminemment chrétien : « Lorsque notre divin rédempteur, Jésus-Christ, le créateur et le maître « de toute la nature, a bien voulu prendre un corps, c'était pour rendre « l'homme à la liberté, pour le délivrer par sa puissance divine des liens « qui le retenaient captif ; c'est donc se conformer à la volonté de Dieu « et imiter son exemple, que de donner aux hommes esclaves la liberté « qu'ils ont reçue de la nature en naissant, et qu'ils n'ont perdue que par « les lois des nations ». *Greg. mag.* Comparons cette déclaration du Saint-Pontife avec l'acte du gouvernement péruvien extrait du *True Sun*, rapporté au *Journal des Débats*, le 7 novembre 1835. Dans le moment où toutes les nations civilisées se réunissent pour abolir la traite des noirs, le gouvernement péruvien, non seulement permet ce trafic, mais encore il le favorise d'une exemption de droit. Il vient de publier à cet effet le curieux décret suivant : « Considérant : 1⁰ qu'il est d'une nécessité urgente de venir au secours de l'agriculture, laquelle se trouve depuis longtemps dans un état de détresse et d'abandon ; 2⁰ que la cause principale de ce fâcheux état de choses est le manque de laboureurs ; 3⁰ que dans l'état actuel de notre population et par suite de la force des préjugés et de l'habitude, on ne peut pas employer utilement des laboureurs libres ; 4⁰ qu'il est injuste de souffrir que les travaux agricoles périssent et avec eux le bien-être du pays, uniquement par respect pour des principes exagérés de philantropie, et qu'il est des moyens de concilier les deux extrèmes ; 5⁰ que l'introduction des esclaves tirés d'Amérique n'augmente pas le trafic des noirs et n'aggrave pas la condition des esclaves, nous décrétons ce qui suit : L'introduction des esclaves provenant des Etats-Unis est libre et exempte de toute espèce de droits.

la création des communes, contribua à raffermir l'autorité royale.

Combien de fois, dans ce moment solennel où l'homme luttant contre la crainte du jugement de Dieu, cherche à recueillir son âme, veut rassembler les derniers restes de ses forces, pour les offrir en réparation d'une vie souvent criminelle, le clergé ne se montra-t-il pas médiateur? Combien de fois plaça-t-il sous les regards de Dieu, entre la vie passée et les terreurs de l'avenir, l'élan d'un tardif repentir et les actes expiatoires que Dieu reçoit toujours, parce qu'il aime à pardonner? Le prêtre disait : « Affranchissez vos esclaves et ils prieront pour votre âme; » et ces hommes étaient affranchis ; et ces hommes priaient pour leur libérateur; et leurs prières, entendues, aidaient à fléchir ce père si bon qui connaît la faiblesse de sa créature, y compatit avec tant de miséricorde (1).

Nous allons maintenant aborder une question délicate, rentrer encore dans le domaine historique du moyen-âge, pour tâcher de faire comprendre quelle a été l'influence de la féodalité sur l'agriculture. Les préventions accueilleront peut-être le peu de pages que nous consacrerons à cet examen ; mais c'est par amour de la vérité que nous nous exposons à leur mauvais vouloir.

Après sept années d'abondance, une série de sept années

---

(1) Une foule d'actes de l'époque portent : *pour le salut de mon âme, je donne la liberté à tels ou tels, mes esclaves* ; d'autres, pour obtenir la miséricorde divine, pour la rémission de mes fautes ; ou, j'affranchis en expiation de mes fautes. J'ai sous les yeux une charte de *manumission* portant : *pro remedio animæ meæ fratribus in Christo nunc servis dominâ libertatem concedo*.

de stérilité vient frapper la terre d'Egypte. La famine assiége le peuple d'Egypte, ce peuple si richement doté de moissons. Une première année de famine force les Egyptiens à échanger contre de l'argent les blés nécessaires à leur entretien : Pharaon fit entrer dans son trésor l'or, l'argent, les bijoux de son peuple ; la deuxième année, l'argent manque ; ce sont leurs brebis, leurs chèvres, leurs troupeaux, leurs chameaux qu'ils offrent à Pharaon. Ainsi le prince recueillit tout le bétail de ses sujets. Lorsque cette ressource est consommée, écoutez-les demander encore du pain : *Il ne nous reste rien*, dirent-ils à Joseph *prenez nos corps et nos terres* (1). *Ne nous laissez pas mourir de faim devant vos yeux : donnez-nous du pain, et nous et nos terres seront à Pharaon ; donnez-nous de la semence, nous semerons pour lui, et la terre ne sera point stérile.* Ainsi la terre fut à Pharaon et les Egyptiens furent ses serfs. Joseph donna la semence et soumit la terre au tribut envers le souverain qui en était l'unique propriétaire, et la cinquième partie de la récolte fut acquise au prince, comme tribut ; les quatre autres parties restèrent au cultivateur. Ce que fit Joseph pendant la famine d'Egypte, une des calamités qui viennent périodiquement affliger les peuples, le renouvelle quand un conquérant a, par la force des armes, soumis une terre, une contrée ; la terre est à lui, les hommes sont ses serviteurs ou ses serfs.

Voyez toutes les possessions de l'Asie, elles ne reconnaissent de propriétaires que le souverain et tous ceux qui cultivent la terre n'en sont que les usufruitiers. Ce droit est celui qui enchaîne la propriété dans la plus grande partie du

---

(1) Genèse, chap. 47, versets 14-26.

globe. L'Europe et sa mesquine émancipation des terres
n'est qu'une exception (1).

Sésostris, Bélus, tous les conquérans anciens soumirent,
en s'emparant des contrées, les terres devenues leurs possessions , à la condition d'un tribut proportionné aux revenus.
Alexandre, qui fit la guerre, et par instinct, et par impuissance
de vivre tranquille, donna à ses Macédoniens les terres conquises et ceux-ci imposèrent des cens , établirent des droits
fiscaux.

Les Romains ont envahi les Gaules , ils y ont apporté
leurs mœurs , ils ont partagé entre leurs vétérans les terres
vagues; mais ces terres, après la mort de l'usufruitier , ren-
traient dans le domaine. Ils enseignèrent aux Gaulois les
pratiques de l'Italie, et l'agriculture fut alors le but principal
vers lequel se portèrent les vues des nouveaux dominateurs (2).

Les Germains, ces peuples guerriers , tant qu'ils restèrent

---

(1) D'ailleurs, l'impôt que vous payez non pas en nature , quelle que
soit la récolte , mais en argent, ne dépasse-t-il pas le tiers et non pas le
cinquième de la récolte? Est-elle à vous cette propriété que les lois sur
l'expropriation , que celles sur la cession forcée pour cause d'utilité
publique, si légèrement invoquées, peuvent vous enlever? La différence
est que vous payez le tribut en argent, qui peut vous manquer , et dont
la privation peut vous faire dépouiller de votre bien, et que les Orientaux et tous les peuples soumis aux lois féodales peuvent se libérer
en denrées , dont le plus ou moins d'abondance de la récolte fixe la
quotité.

(2) Nous trouvons dans plusieurs passages des historiens latins , que
la distribution des terres faisait une partie de la solde des militaires :
« C étaient, dit l'un d'eux, des sentinelles vivantes au milieu des peuples
« vaincus ; parmi les barbares soumis à demi ».

dans les pays qu'ils occupaient au-delà du Rhin, tout entiers aux exercices militaires, laissaient à leurs femmes le soin de cultiver les terres. Quand une de leurs tribus, celle des Francs, eut pénétré dans les Gaules, ils virent l'aisance, le bonheur qui accompagnent la vie des champs, et ainsi ils furent attirés à l'agriculture. Ceux d'entre eux qui ne cultivèrent pas par eux-mêmes les terres qui leur échéaient en partage ou celles dont ils s'étaient emparés, les donnèrent à ferme, à cens, en conservant la propriété.

Cependant toutes les terres ne furent pas enlevées à leurs anciens propriétaires, et celles qui leur restèrent furent appellées allodiales (1). On nommait ainsi celles qui passaient par héritage du père au fils, elles n'étaient pas sujettes au cens et étaient opposées aux autres terres que le possesseur usufruitier louait et que les cultivateurs n'exploitaient que sous la condition d'une rente; par opposition, elles furent en conséquence appelées censières.

Les possesseurs des terres distribuées n'étaient qu'usufruitiers, et, à la mort du possesseur, cette portion devenait la récompense d'un nouveau dévouement, de quelque exploit militaire. En prenant possession, le propriétaire jurait fidélité, s'inféodait, lui et la terre, au prince dont il recevait le bienfait. Aussi depuis le IVe siècle jusqu'au IXe, ces sortes de biens concédés furent appelés des bénéfices, *beneficia*. Les biens ecclésiastiques ayant toujours conservé et le mode d'obtention et les conditions de possession, ont toujours été désignés et connus sous ce nom (2).

____

(1) Aleu vient de deux vieux mots saxons, *all* ancien et *ot* possession; il avait en latin le sens d'*héritage*, *hœreditas*, possession transmissible.

(2) Ces *bénéfices* furent attachés à des dignités; ceux accordés aux

En échange du bénéfice, le possesseur jurait foi et hommage, promettait fidélité, aide et conseil, s'engageait de se soumettre au jugement de ses pères. C'est dans cette nature de possession, qui attachait l'homme à son seigneur, que consistait le *fief*.

Il paraît qu'il y avait chez tous les peuples qui envahirent l'Europe et se la partagèrent, des coutumes qui consacraient cette manière de posséder. Nous trouvons seulement dans Tacite un passage qui apprend que les contrées étaient assignées, en raison du nombre des cultivateurs, *de numero cultorum*, et ces contrées étaient subdivisées suivant la dignité de celui qui recevait une part, ou d'après son illustration, *partiuntur inter se pro virtute majorum et secundum dignationem.*

Sans cette origine commune de l'usage qui payait les hommes de la suite du prince en apanages, en bénéfices, en fiefs viagers, sous la seule condition de suivre la fortune du monarque, de l'aider dans ses expéditions, il serait impossible d'expliquer comment la féodalité, avec ses lois spéciales, couvrit tout-à-coup les Gaules, l'Allemagne et les états d'Italie, depuis le xe siècle jusqu'à nos jours. L'inamovibilité des fiefs est consacrée par l'universalité des historiens.

---

compagnons des princes, *comites* (les comtes), étaient désignés sous les noms de *comtés;* ceux dévolus aux chefs de l'armée, *duces*, prirent le nom de *duchés;* ceux qui devinrent le partage des guides de l'armée furent les *marquisats.* Telle est l'origine de ces titres qu'aux premiers jours de notre histoire on donnait aux fonctions. La vanité, en 1789, les détruisit. Depuis, une niaise vanité les recréa sans rétablir les fonctions. L'exception est de droit pour l'illustration militaire: ces titres-là la valeur les a conquis, la gloire les consacre, la reconnaissance les avoue et voit avec plaisir les fils en jouir en mémoire des pères : c'est pour les enfans une obligation de les imiter.

Pour les quatre siècles qui ont suivi l'établissement des Francs dans les Gaules, ce n'est que lorsque l'autorité royale sans force ne put plus disputer aux bénéficiaires viagers la possession usufruitière de leurs fiefs, que l'hérédité fut consacrée ou par la prescription d'une possession continue, ou par les lettres de confirmation qu'on arrachait au roi, lorsqu'il avait besoin d'hommes ou de subsides.

Ainsi recueillons ce peu de documents utiles, pour connaître l'état de la culture. Dans ces temps obscurs, les terres étaient allodiales ou féodales, c'est-à-dire, ou susceptibles d'être transmises par héritage, ou soumises comme fiefs à des conditions de possession, et elles prenaient le nom de fiefs lentz ou fiefs d'honneur, suivant la nature des droits et des obligations attachés à la possession. Les fiefs furent d'abord des bénéfices temporaires viagers, concédés pour services rendus : héréditaires, ils changèrent de nature, sans changer d'essence. Ainsi, c'était la terre qui devait les droits; et en affranchir les débiteurs de l'année 1789 fut une des mille et une injustices qu'on peut reprocher à la révolution. Jamais atteinte à la propriété n'a été plus universelle, plus violente, plus énorme, parce qu'une injustice couverte par la loi est plus criante encore que quand elle est opérée par la violence de la multitude. Les lois qui arrêtaient l'essor de l'agriculture en la chargeant des droits de champart et d'agrier qui pesaient sur elle, pouvaient être révoquées : il fallait déclarer ces droits rachetables; on aurait dû fixer les moyens de rachat, sans les anéantir, au détriment du propriétaire, en faveur du possesseur à ce titre onéreux (1).

____

(1) Si l'on avait voulu les ôter au propriétaire alors existant, c'était

Nous ne pouvons mieux terminer ce paragraphe qu'avec le résumé qu'a donné M. Rapsaet, ce jurisconsulte si savant, si consciencieux : nous avons vérifié par nous-mêmes les plus importantes de ses citations.

« Que faut-il penser après cela de tous ces systèmes, que
« l'on se forge et qu'on débite sur l'origine de nos propriétés
« et sur l'inégalité des fortunes foncières ? Lisez Tacite :
« il les a vues se former ; lisez l'histoire des colonisations
« anciennes et modernes, et voyez si elles se sont formées et
« se forment aujourd'hui sur un autre plan ; consultez enfin
« le seul bon sens, et jugez si des colons, arrivant avec des
« moyens inégaux , soit du côté de la fortune, soit du côté
« de l'industrie , pourraient prétendre à une égalité de par-
« tage , ou si la dilapidation pourrait se maintenir sur le
« pied de l'égalité, avec la frugalité, l'économie et l'indus-
« trie.

« Pour ce qui regarde les fiefs , les uns vont les chercher
« dans les déserts de la Germanie, lorsque les Germains
« n'avaient pas encore une idée de la propriété foncière ;
« les autres la comparent à un chêne majestueux dont les
« racines percent le centre de la terre , etc. , etc. Ouvrez
« les capitulaires de Charles-le-Chauve , et vous verrez que
« les fiefs n'étaient pas encore connus ; ouvrez les *libri feu-*
« *dorum*, ils vous diront que les fiefs ne sont autre chose que
« les bénéfices ; ouvrez enfin l'histoire du moyen-âge , et
« vous verrez que c'est une institution, non pas de l'anar-
« chie , mais une mesure sage et politique des rois, pour
« sauver le pouvoir royal et ménager le retour des domai-

---

un retour au domaine qu'il aurait fallu opérer, et non pas enrichir le censitaire par un don gratuit du droit.

« nes à la couronne , en reculant devant le déluge irrésis-
« tible de l'anarchie , suivant l'ancien adage : *recedendo*
« *victor abibis* (1). »

Pour résumer notre pensée , la féodalité fut, dans son institution pour l'agriculture, une position pénible , non telle
qu'elle eût pu la choisir, si, libre de ce choix, il y eût une
autre combinaison possible. Celle que les Francs vainqueurs
adoptèrent fut celle qui se présentera toujours lorsque les
vaincus devront cultiver au profit du vainqueur celle qui
s'offrira, lorsqu'on aura à partager des terres entre des hommes qui n'ont que leurs bras à donner, et à qui le propriétaire
concède tout, la terre et les moyens d'exploitation.

Quand nous aurons à parler d'Alger (2) , nous établirons
un parallèle qui prouvera que les conditions imposées aux
colons ne sont autres que celle simposées par les lois sur les
terres féodales , avec l'avantage, pour le concessionnaire,
d'avoir à redouter les armes légales de la chicane , bien
autrement perfides que les volontés d'un propriétaire toujours intéressé à ménager le colon qui exploite pour lui.

---

(1) Rapsaet, lib. **VII**, *Histoire analytique du droit.*

(2) Le système des concessions à Alger est celui qui se montre à l'organisation de toute colonie. D'abord, les terres sont concédées sous la
condition d'une part du produit, ensuite vient une rétribution en deniers, qui rachète la condition partiaire : de là, la distinction entre les
les *métayers*, les *censiers* et les *fermiers.*

§—XXVI.

Fidem non mutant vincula
Nunquid faciet sibi Deos , et ipsi non sunt Dii.
Jér., ch. 16, vers. 20.

Revenez sur vos pas , retournez au point où étaient vos ancêtres ; vous serez moins agricoles , mais vous serez plus heureux. On soulève en tremblant le voile qui couvre tant de siècles, et qui, par sa présence, touchait au trône.

Grouvelle.

Quand je parle des premiers siècles de la monarchie européenne ; quand, comme dans un labyrinthe , imitant un illustre et courageux exemple (1), j'erre autour du berceau de nos pères, n'est-ce pas une illusion de rapprocher les deux extrêmes? Qu'a de commun le siècle des ténèbres avec celui des lumières , la philosophie avec l'ignorance , le temps ancien avec le nôtre ? Puis-je dire avec le prophète : l'homme se fera toujours des dieux? non ils ne sont *pas des dieux.*

Mais un peu de réflexion nous conduira à cette observation : y a-t-il si loin du pouvoir royal qui veut aussi défen-

---

(1) M. le comte de Peyronnet auteur de cette admirable Histoire des Francs , qui justifie le droit qu'avait l'auteur d'adopter la noble devise : *non solum togâ.*

dre sa part d'autorité contre les prétentions de l'*aristocratie féodale*, au pouvoir monarchique qui se débat de tous côtés, dans le déclin des temps avec l'*anarchie des principes*. Elle aussi a l'ambition de régner à son tour ; elle aussi menace d'envahir la société. Qu'enfant, l'homme soit resserré dans ses langes, ou que mourant, il soit entouré d'un linceul, ne sont-ce pas toujours des liens contre lesquels il a à se débattre dans tous les temps. Étaient-ils des dieux, ces grands du VIIe siècle et du VIIIe, qui, après avoir acheté, par des exploits militaires, le droit de posséder viagèrement quelques arpens, revenaient au manoir bénéficier, rapporter les mœurs et la rudesse des camps ? bien souvent pourtant, pour emprunter l'expression du jour, sous leur cuirasse de fer, battaient des cœurs d'homme ; et l'amour des vassaux, qui ne voyaient dans leurs fers que le droit d'être fidèles, récompensait, par leur dévouement, le comte, le marquis, le baron, qui, après avoir, comme chefs, conduit les enfants de la terre au combat, venaient au milieu d'eux ou exercer l'autorité d'un père, ou prodiguer les tendres soins d'un bon maître.

Aujourd'hui, c'est l'or qui s'arroge le droit de faire des dieux ; mais ils ne sont pas non plus des dieux. La ridicule puissance de quelques écus, la vaniteuse ambition d'imiter un luxe bourgeois, quelque haut placé qu'il soit, ne trouveront pas d'autels, et jamais nos millionnaires, comédiens inhabiles, ne pourront lutter avec les preux du moyen-âge, avec ces chevaliers si français, qui aujourd'hui ont le droit encore d'exciter notre admiration. Il n'est pas donné à nos Crésus improvisés d'avoir cette politesse exquise qui, pendant trois siècles, fit le charme de la société française. L'or ne les donne pas, ces manières attrayantes qu'un long usage fait acquérir, et qui par leur

charme font pardonner la puissance. On peut devenir riche ,
mais il faut être né *grand seigneur* pour dominer par le bon ton.

Tout a dégénéré en Europe , est-il sur le trône , autour de
nous, un homme qui soit, comme Charlemagne, protecteur
de l'agriculture, législateur profond, conquérant des peuples;
qui, comme lui, pût, du midi au nord, du levant au couchant,
contenir sa vaste domination ? Il a peint son génie, lorsqu'il a
dit, en parlant de ses lois : « Je les scelle du pomeau de mon
épée , je les défendrai de la pointe (1) ». Ce n'est pas de sa
gloire , de ses exploits qu'il me faut parler, je le dois représenter dans la simplicité de ses mœurs agricoles. « Il or-
« donnait qu'on vendît les œufs des basses-cours de ses do-
« maines , et les herbes inutiles de ses jardins : et il avait
« distribué à ses peuples toutes les richesses des Lombards
« et les immenses trésors de ces Huns qui avaient dépouillé
« tout l'Univers. » C'est comme protecteur de l'agriculture
qu'il s'offrira dans cet écrit. Ce que , dans notre première livraison nous avons dit des *villæ* n'était qu'une simple indication, et nous cédons à l'observation que ce point intéresse
trop l'agriculture, pour n'en pas parler plus amplement, pour
n'y pas revenir.

Les *villæ* étaient ce que sont aujourd'hui nos villages (2),
avec cette différence que ceux-ci sont occupés par des hom-

---

(1) Je trouve , dit Voltaire , peu de réglements nouveaux sous son
règne , mais j'admire sa fermeté à faire exécuter les anciens.

(2) La plupart des noms de lieux des villages de la Normandie , de la
Beauce , de la Brie ont conservé des terminaisons en *ville* , en *viliers* ,
n *icy* , en *iery* , qui tiennent aux noms primitifs que , dans les langues
de l'époque , avaient les réunions des habitants en une même circonscription.

mes libres, et que les autres l'étaient par des hommes qui, à divers titres étaient attachés ou personnellement ou par redevances comme serfs au seigneur qui pouvait les employer pour lui. La servitude qui pesait sur les serfs de cette époque ne ressemblait en rien à celle des Grecs et des Romains. Elle était bien plus cruelle chez les Anciens : l'esclave faisait partie du mobilier, il pouvait être vendu, mis à mort, échangé, sans que jamais un acte de cruauté envers lui pût donner lieu à rechercher l'auteur de cette action inhumaine. La servitude des Germains, qui fut celle qu'introduisirent les Francs dans les Gaules, n'obligeait l'esclave qu'aux redevances en denrées, en travaux ou corvées, et cela, sous la condition de punition de simple police qu'on nomma basse justice.

Les *villæ* rassemblaient des serfs à divers titres : les uns étaient attachés au manoir et remplissaient les fonctions de domestiques. Comme la *villa* était un village, un district, un arrondissement plus ou moins considérable suivant son importance, les serfs se classaient en *ministériels*, c'étaient les ouvriers, les charrons, les forgerons, les serruriers, les orfèvres, les gens de *métier*. Ils étaient sous l'inspection d'un juge qui réglait les ouvrages, formant le prix de leurs redevances en denrées plus ou moins considérables, suivant l'usage de la *villa* et la nature de la denrée cultivée. Le *major* (1) de la *villa* avait l'inspection sur tous les vilains ou paysans, pour le travail et les règles de police : le *judex villæ*, depuis connu sous le nom de bailli, était juge des différens. Le propriétaire du manoir était le *senior* d'où nous avons fait seigneur.

______

(1) Ce nom de *major* est correspondant à celui de *maire :* les attributions se sont conservées avec le nom.

Ces distinctions des *villæ gauloises* se rapprochent de celles des Romains. Chez eux, chacune d'elles était partagée en *villa urbana*, *villa rustica* et *villa fructuaria* : nos ancêtres ont admis : 1° le manoir *sala* ; 2° la basse-cour *curtis* et 3° le lieu où étaient déposées les récoltes, *granarium*, *spicarium* (grenier). Quand l'abus de l'autorité héréditaire rendit le joug trop pesant, les communes ou *villæ* considérables qui formaient le domaine de nos rois furent affranchies (1). Elles recueillirent les serfs trop mécontents, et comme le droit de suite, même sous le régime féodal, n'a jamais été exercé, il s'ensuit qu'elles se peuplèrent aux dépens des campagnes. L'abus devint tel que les seigneurs ne trouvèrent de remèdes qu'en modérant leurs droits de vasselage et en affranchissant les serfs de leurs domaines, sous la condition d'une prestation ou en argent ou en corvée.

L'origine des droits féodaux a donné lieu à plusieurs systèmes. Le comte de Boulainvilliers croit que les Francs adaptèrent la servitude à leurs usages particuliers : ils s'emparèrent des terres, firent les propriétaires esclaves et attachèrent les serfs à la glèbe. L'abbé Dubos n'y voit qu'une législa-

______

(1) L'affranchissement n'avait pourtant lieu que sous la condition du rachat personnel, et comme l'arrivée des *ministériels*, ou *gens de métier*, donnait lieu à un droit assez fort, cela fit une partie du revenu royal pendant un assez long espace de temps. Cette tendance des *gens de métier* à venir chercher liberté, protection et asile dans les villes, donnèrent lieu à une fusion que nous ne cessons de désirer : nous voulons faire entendre l'union qui offrirait dans la personne du colon un *ouvrier* et un cultivateur. Souvent d'inévitables infirmités rendent le laboureur incapable du travail : c'est une des causes de mendicité. Les usages, les mœurs devraient remédier à notre imprévoyance et ménager des travaux à tous et pour tous les temps.

10

tion transportée des Francs aux nouveaux colons : les lois ripuaires, la loi salique, les chartes des Bourguignons, celles des Visigoths, des Lombards, voilà les autorités qu'il invoque. Montesquieu croit qu'à la vue du déclin de l'empire romain, les barbares, adossés aux bornes du monde, se précipitèrent sur l'Occident et l'envahirent en mêlant les usages qu'ils trouvèrent aux lois de leurs pays. Mably suit un à un les documents historiques et législatifs, et assigne des causes mixtes. Ainsi, et nous adoptons son avis, les terres furent d'abord données comme bénéfices à vie; l'hérédité pour chacun fut achetée à des conditions plus ou moins onéreuses; les fiefs n'étaient que la *transmission* des *villæ*. La servitude territoriale fut la suite des empiétemens du propriétaire puissant contre le cultivateur faible; la possession devint titre : mais, en raison de diverses circonstances, cette servitude fut démolie pièce à pièce depuis Louis-le-Gros jusqu'à Louis XVI, où elle fut anéantie si violemment.

§ — XXVII.

Les modernes peuvent aplanir un chemin que d'autres
ont déjà ouvert, mais peu savent défricher des terrains
incultes, ou frayer une voie dans une forêt où personne n'a passé avant eux.

BAYLE.

Nous avons du plaisir quand nous voyons un jardin
régulier et bien cultivé ; nous en avons encore quand
nous voyons la nature brute et champêtre.

MONTESQUIEU.

Il y a dans les choses humaines un degré d'élévation et
un degré d'abaissement qu'elles ne peuvent franchir
ni dans les progrès ni dans le déclin.

HUME.

Ma vue bornée est fixée sur les champs, mes yeux sont
attachés à la terre, le regard que je porte avec amour vers
les cieux n'est que fugitif, que passager. Ici, la montagne
que je parcours est une barrière ; plus loin, le fleuve est une
autre limite qui restreint et raccourcit mon horizon. Ainsi,
arrivé à cette époque qui se place entre le moyen-âge et les
temps modernes, mon devoir est de rechercher les empreintes qu'ont laissées sur la terre les pas de l'agriculture
dans la marche qu'elle a parcourue jusqu'à l'époque actuelle.

Je laisse donc à regret à l'historien, comme étant de son

ressort, le soin de signaler les causes qui ont amené les événements si riches, en détails, si prodigieux du xve siècle et du xvie, ces guerres puissamment motivées, ces négociations si habilement suivies, cette renaissance des lettres qui a changé la face de la terre, cette ambition de conquêtes qui des Portugais a passé aux Espagnols, et de là à tous les peuples. C'est une époque spéciale où la Providence s'est manifestée puissamment, que celle qui amena, au même temps, l'invention de l'imprimerie, la découverte du Nouveau Monde, la prise de Constantinople, qui fit refluer dans l'Europe tous les hommes de lettres de la Grèce moderne. En fuyant leur patrie, ils transportèrent leur lyre en Italie, en France, et les muses apprirent qu'en quittant la Grèce, leur berceau, sous le beau ciel de l'Italie, au milieu des rochers de la Provence, elles pouvaient encore être inspiratrices.

Tout s'agite, tout se meut, tout fermente à la fin du xve siècle et pendant le cours du xvie : d'un bout du monde à l'autre, les croyances sont ébranlées, les hérésies naissent de toutes parts, et la première tentative de Luther, de disputer au père commun des fidèles, le pouvoir dispensateur, est bientôt surpassée par la hardiesse des dogmes de Zuingle, de Mélancton, de Calvin et d'une foule d'autres réformateurs. Le doute plane au-dessus de la vérité ; mais l'incrédulité est au fond de toutes les disputes religieuses. Le trouble est dans les cités : il passe dans les campagnes, et l'alarme qui s'y répand suspend partout les travaux de l'agriculture : les champs çà et là sont transformés en arènes théologiques. La foi si simple, si antique a disparu : on ne croit plus ce qu'ont cru nos pères, on cherche ce qu'on veut croire.

Pendant ce temps, l'Espagne, le Portugal se dépeuplent et vont porter leurs courageuses phalanges dans un monde nouveau. Au lieu de civiliser les habitants, on trouva plus aisé de les combattre et de les massacrer : c'est du sang qui, en Amérique, a scellé les premiers actes de l'occupation européenne. En Espagne encore, par le mariage de Ferdinand et d'Isabelle, s'établissait une puissance nouvelle qui, outre les conquêtes que faisaient pour elle les Cortès, les Christophe Colomb, les Pizarres, cette foule d'aventuriers s'emparait du royaume de Grenade, et chassait les Maures de ces belles contrées. En Asie, en Afrique, la commotion est fortement ressentie, et ces deux parties du monde prirent part au mouvement en recevant un nouveau culte, de nouveaux maîtres, les Espagnols et les Portugais. Ceux-ci surtout y fondèrent des colonies qui avaient un territoire huit cents fois plus considérable que celui de la métropole : ces conquérants initièrent ces peuplades à des mœurs si étrangères aux leurs.

Les Turcs, pendant ce temps-là, prennent Constantinople, menacent le reste de l'Europe et font taire l'agriculture en ramenant dans l'empire Grec envahi, l'esclavage oriental.

L'Angleterre vit, par la destruction de la maison des Plantagenets et l'élévation de celle de Tudor, finir ces discussions qui avaient ensanglanté les trois siècles précédents. Réunie dans les mêmes mains, l'autorité royale de cette contrée se prépare à peser sur l'Europe, à devenir redoutable pour elle. Si l'on combine ces grands faits historiques avec les règnes éminemment remarquables d'Alexandre VI, Jules II, Léon X et Adrien VI à Rome. de Charles V et Philippe II en Espagne ; de Henri VIII, d'Élisabeth en Angleterre ; de Louis XII et de Henri IV, qui se précipitent sur la scène européenne, on se fera une idée de la position pénible de l'agriculture au milieu du croisement de toutes les circonstances et des prétentions de tous les intérêts : on comprendra aisément que l'agriculture, étrangère à tous les grands mouvements politiques, ne put recevoir qu'une influence indirecte, mais douloureuse. Elle eut pourtant une sorte de vitalité qui se manifesta par quelques traits décisifs. Entre autres faits, on peut remarquer qu'à cette époque, se rencontrèrent, chez toutes les nations, des écrivains géoponiques dont les ouvrages leur ont survécu. Nous allons, pour chaque nation, récapituler succinctement les faits historiques qui, depuis 1500 jusqu'à nos jours, ont trait à l'agriculture ; et, après avoir parcouru les principaux états du midi et du nord de l'Europe, nous rentrerons en France : la patrie fixera plus long-temps nos regards (1).

---

(1) Nous ne faisons usage ici que des documents historiques pour ce qui regarde l'Italie, l'Espagne, l'Angleterre et les états du Nord. Les renseignements nombreux que nous avons recueillis sur ces contrées feront partie du tableau des rapports de l'agriculture avec les lieux.

§ —XXVIII.

Tendimus ad Latium.
VIRG.

Tota arboribus consita Italia est, ita ut pomarium videatur.
VARRON.

Les coutumes d'un peuple sont la portion la plus essentielle de sa servitude.
BERGASSE.

Il semble que la **Providence** ait voulu que l'Italie fût la
terre classique de l'Europe, et partant du monde entier, que,
dans tous les arts, pendant toutes ses phases, son histoire
fût la leçon vivante et des rois et des peuples. La terre des
Etrusques révèle chaque jour, par les superbes monuments
que le sol a conservés depuis plus de trois mille ans, que les
arts, amenés dans ce pays au plus haut point de perfection,
étaient connus à cette époque reculée. Nos modernes n'ont
rien trouvé, pour les formes, de plus gracieux que ce que
les fouilles nous livrent chaque jour : la nécessité de les
imiter prouve qu'ils ont connu leur infériorité.

Rome naît, et quelle série de leçons ne trouvons-nous pas
à puiser dans les mille ans que sa puissance employa à s'é-
tendre et à se perdre dans le mélange de vingt peuples qui
se partagèrent son empire !

Rome chrétienne succéda à Rome guerrière, et pour

n'être pas de ce monde, son royaume n'en a ni moins de force, ni moins d'éclat, ni moins d'étendue.

Ce fut en Italie que parut, au moyen-âge, le premier ouvrage sur l'agriculture. Un avocat de Bologne, Pierre Crescentius, parcourt pendant trente ans toute l'Europe, pour se dérober au spectacle des déchirements de sa patrie; il examine partout les divers procédés de l'art rural et revient dans sa ville natale où, à l'âge de soixante-dix ans, il publie un ouvrage sur l'agriculture qu'il dédia à Charles II, roi de Sicile (1).

Trois siècles après, Camille Tarello dédia, en 1567, l'ouvrage qu'il publia et où il proposa de nouvelles méthodes à la république de Venise. Elle ne se borna pas à autoriser son livre : elle ordonna que tous ceux qui emploieraient les nouveaux moyens proposés par l'auteur paieraient à lui ou à ses enfants quatre marchetti par champ de blé et deux marchetti pour les autres semences. Dans cet ouvrage, Tarello donne le conseil de supprimer la jachère et d'alterner les cultures. *Une terre*, dit-il, dans un chapitre remarquable, *devenue par épuisement infertile pour le blé, trouvera des sucs pour les autres plantes.* A quelques années de là, Porta publia, d'après notre Henri-Etienne, une *Maison rustique*. Ponsart traduisit en français, en 1617, les écrits que Grafaldi, Alberti publièrent sur l'architecture rurale : il eut soin, en nous les faisant connaître, de les adapter aux besoins de nos campagnes.

---

(1) Les éditions de Crescentius (Louvain 1474, et Florence 1481) sont très rares : il serait utile, pour constater l'état de l'agriculture au moyen-âge, d'en donner une édition nouvelle. L'ouvrage à pour titre: *Opus ruralium commodorum.*

C'est en Italie qu'on a conservé les méthodes de viticulture les plus appropriées ; c'est à elle encore que nous devons l'art précieux de tirer du *roseau doux* (car ils appellent ainsi la canne à sucre) le sucre que nous avons, au grand détriment de l'agriculture , substitué au miel (1).

Dans une terre poétique , tout est poésie , et la patrie de Virgile a produit une succession de poètes qui ont chanté les champs et leurs trésors. Le riz , les abeilles, les vers à soie , l'olivier, l'agriculture, en un mot , ont trouvé une foule d'hommes inspirés qui ont invoqué les muses, et dont les poésies pleines de grâces ont fait passer d'arides préceptes sous le prestige de vers harmonieux.

L'invasion d'Attila qui , après avoir éprouvé dans les plaines de la Champagne une déroute qui ne lui permit plus d'y séjourner , fut pour Rome et l'Italie une époque désastreuse. Il franchit les Alpes et alla porter sa fureur dans la Lombardie et l'Étrurie. Il voulait ainsi essayer de se venger en saccageant ces pays étrangers à sa défaite : le lion en expirant se débat et attaque tout ce qui l'entoure. Les Goths, les Lombards et les Sarrasins remplirent de désolation et d'horreur ces belles régions. La ville de Gaëte est surtout signalée dans l'histoire comme ayant éprouvé les plus horribles traitements qui puissent accompagner le sac

---

(1) Quelques écrivains croient que la canne à sucre est originaire de la Sicile ; d'autres la font venir d'Egypte. Elle fut de tous les temps cultivée en Italie : transplantée en Amérique , elle y a trouvé une terre plus appropriée, et, par ses produits, elle a eu depuis trois siècles le privilége d'être la plus féconde source du commerce européen. Pline et Arriest ont parlé de la douceur du jus de la canne, mais ni l'un ni l'autre n'ont soupçonné la conversion de ce jus en sucre cristallisable.

d'une ville ; mais l'invasion des Hongrois, plus désastreuse encore que celle de ces barbares, vint mettre le comble aux malheurs de ces contrées : elle fut telle la dévastation, qu'arbres, habitations, monuments, que ne protégeait pas l'ombre d'une cité, tombèrent. Rien ne resta debout : les oliviers périrent, les champs furent couverts de débris, les forêts brûlées, les vignes disparurent, et depuis le VIIIe siècle, il s'est formé dans ces régions une suite de marais qui augmentent d'âge en âge, et en grandeur et en dangereuses émanations. L'air de Rome en est tellement vicié que, depuis le mois de mai jusqu'au mois de novembre, cette capitale est inhabitable et sujette à des fièvres pernicieuses qui éloignent de ce séjour les étrangers et déciment la population. En vain Paul V, Sixte-Quint et Clément XI, et cette longue série de papes ont-ils essayé de rendre habitables ces lieux infects : ces lieux abandonnés n'ont pu être repeuplés et assainis, malgré la constance de leurs efforts. Quelle différence entre ce tableau de la campagne de Rome et ce qu'elle était avant l'an 500 de l'ère chrétienne, dans ces temps, qui ne furent pourtant pas ceux de la splendeur de la capitale du monde ! De nombreux habitants couvraient alors la campagne, qui produisait de l'huile, de la laine, des légumes et des fruits : aujourd'hui, les environs de Rome sont pour toujours perdus pour l'agriculture ; les efforts humains ne peuvent pas arrêter les progrès de cette stérilisation.

Aucune contrée n'a, plus que l'Italie, souffert de la fureur des défrichements : le manque de bois, l'absence d'humidité, cette féconde source de prospérité agricole, vouent une grande partie de son territoire à la stérilité. Que ne pourrait-on pas pourtant espérer d'un peuple chez lequel, dans plusieurs contrées, on oblige les particuliers à posséder quelques planches de jardin, en raison du revenu foncier. A Gênes, dans toute la Ligurie, cette obligation est plus fortement empreinte dans les mœurs, qu'énergiquement imposée par la législation. Vivre de son bien et ne pas avoir un jardin est une sorte de honte.

Le grand-duc de Toscane, Léopold, ce prince si spirituel, qui fit tant pour son pays, comprit l'importance du rôle que jouent dans l'économie agricole les arbres et leur ombrage, les pâturages et les mœurs si douces qui, sous le ciel de l'Italie, caractérisent le cultivateur et surtout le berger : il ordonna qu'une législation conservatrice vînt arrêter les déprédations, et, dans l'intérêt du pays, il y fixa la salubrité (1). Léopold, par une ordonnance qui fait partie de son code immortel, défend les défrichements sur les pentes rapides.

En France, dit un agronome en faisant l'éloge de cette mesure, la conduite opposée stérilisera les montagnes, détruira les belles races des bestiaux qu'elles conservent, tarira les sources et fera perdre à nos majestueuses cimes les bois qui sont leurs ornements et qui satisfont à tant de besoins.

Aucun arbre ne paraît, excepté ceux des Alpes, originaire d'Italie : l'Orient a fourni, aux Romains, la plupart de ceux qui sont cultivés. La Troade a procuré les divers figuiers ; la Médie, les citrons, et encore cette médie (la luzerne), qui permet l'établissement des prairies artificielles

---

(1) Un français qui s'entretenait avec lui, frappé de la sagesse de son administration, de la grandeur des monuments qu'il élevait, lui demandait comment il avait pu concevoir et exécuter de si grandes choses. — « En lisant vos livres, j'ai conçu mes plants, répondit le prince : je m'y suis attaché plus encore en voyant vos chaumières. »

et l'éducation des bestiaux. Chypre donna les cyprès, amis des tombeaux et encore le cognassier et le néflier, dont la dureté du bois établit pour eux une sorte de rivalité avec le fer; les noyers et les pêchers, que la Perse produit, parurent pour orner les tables romaines; le laurier, qu'à Delphes on consacrait à Apollon, le myrte des amours vinrent couronner et les poètes et les amants. La Providence des contrées pauvres, le châtaignier est tiré de Sardaigne; les pruniers viennent de Damas et d'Arménie, les grenadiers sont originaires d'Afrique, les pommiers et les poiriers d'Épire sont amenés dans les villes romaines. N'oublions pas les cerisiers: c'est le seul fruit qui soit resté des conquêtes de Lucullus. Rome a la première cultivé tous ces fruits, et de là ils se sont répandus dans le reste de l'Europe, et de l'Europe dans tout le globe.

Depuis le commencement du XVIIe siècle jusqu'au milieu du XVIIIe, nous voyons une grande lacune dans l'histoire de l'agriculture. L'Italie, lorsque l'économisme vint, en France, poser cette science sur une base nouvelle et réveilla les intérêts agricoles, l'Italie participa au mouvement, et une foule d'écrivains se partagèrent entre les idées nouvelles et les anciennes; mais aucune nation, plus que la nation italienne, ne comprit mieux le rôle que la prétendue science nouvelle devait jouer.

L'Italie, après la Chine et la Perse, est le pays où la culture de la soie a reçu le plus de développements; c'est aussi le pays où elle parut d'abord. Sous Adrien, le commerce de l'Inde apporta quelques unes de ces riches étoffes qui se vendaient au-dessus du prix de l'or (1). Ce ne fut que sous

____

(1) Auro filo pensatur librà auri, librà tunc seri VOPISCUS.

Justinien que des moines apportèrent à Byzance la graine
des vers. L'introduction eut lieu à Palerme et ensuite fut
répandue en Italie (1), et put, de Byzance, pénétrer à
Corinthe, à Venise. Ce ne fut que sous Louis XI qu'on tra-
vailla la soie en France. Tours est la première ville où l'on en
fabriqua des étoffes. Ce n'était pas de la gaze, tissu délicat que
peint si bien l'expression arabe qui la désigne sous le nom
d'*étoffe tissée par les vents;* mais on fabriqua de bons et
de solides velours. Ce ne fut qu'après, sous Charles VIII, que
les Lyonnais s'emparèrent de cette branche de commerce qui
y prit tant d'extension et qui fait aujourd'hui la principale
ressource industrielle de cette ville.

Le ciel de l'Italie, ce ciel si pur, d'un azur si parfait,
n'est pas le seul motif qui engage tant de voyageurs à visiter
cette contrée privilégiée de la nature. Ce mélange si varié
de plaines coupées de montagnes, cette diversité de cultures
à différentes hauteurs, la fertilité, ce don d'un soleil constamment fixé sur ce beau pays, y charment ceux qui vont
le voir pour y puiser des sensations ou se préparer des souvenirs Le paysan, en Italie comme partout, paraît ingrat
envers la Providence. Le pays est-il infertile, rebelle à ses
efforts, son activité prodigieuse lui fait vaincre l'opiniâtreté
du sol, et il retire d'abondants produits; la richesse de la végétation semble-t-elle inviter à de faibles efforts pour obtenir des résultats immenses, le cultivateur paresseux laisse
la terre suivre son penchant libéral, sans la solliciter par

____

(1) Ce fut Roger Ier qui, en 1150, amena à Palerme des ouvriers en
soie; 150 ans après, la soie était si connue à Gênes, que, dans une pro-
cession, on y compta plus de 1000 personnes vêtues d'habits de soie
tout neufs.

des travaux plus abondants, plus variés. Sans empiéter sur les droits de la statistique agricole, qui dira avec plus de détails ce qu'est et ce que pourrait être la culture en Italie? Qu'il nous soit permis de jeter un coup-d'œil sur les prodiges opérés en Toscane, par le travail, sur ceux plus miraculeux encore que le Vésuve et l'Etna offrent sur les bords de leur cratère.

La sage administration de la Toscane a toujours ses regards attachés sur l'agriculture et sur le commerce. Ces deux puissants éléments de la fortune publique reçoivent les récompenses et les encouragements qu'ils peuvent espérer d'un gouvernement paternel : et l'on peut dire du duc actuel, qu'il se souvient du conseil donné à un de ses prédécesseurs, de se montrer grand-duc de Toscane et non pas seulement duc de Florence (1). Florence, cette ville charmante qu'arrose l'Arno, est le rendez-vous d'une foule d'hommes illustres de toutes les nations qui la visitent ; elle réunit les agréments d'une grande capitale, outre ceux qu'elle doit à la magnificence de ses monuments, aux produits des arts, au charme de sa situation ; mais en même temps, le prince comprend que l'Arno, laissé à son libre cours, forme des marais, dont l'air malsain infecte une partie de la province ; il n'oublie pas que, dans les anciens temps, l'empla-

---

(1) C'est par le soin qu'il mit à suivre cette maxime, que Léopold mérita cette réputation attachée à son règne. Sa sagesse et sa fermeté ont fait le bonheur de son peuple et lui valurent la reconnaissance du pays : les priviléges pour l'agriculture furent étendus, les arbres de la plaine purent naître, vivre et mourir au gré du propriétaire ; quant à ceux des montagnes, les lois les placent sous la garde publique : ils devinrent sacrés.

cement des marais appelés *maremmes* de Toscane, cette vaste étendue de terrains située entre le territoire de Siennes, de Lucques et de Pise, vit fleurir autrefois les cités si belles de *Cossa*, d'*Antedonia*, de *Rossella*, et de *Saturnia*. Plusieurs fois, ces rivales de Rome opposèrent avec succès leurs armes aux entreprises et à l'ambition du peuple-roi. Claude, charmé par les attraits de ce séjour, y sema de nombreuses *villa*; la voie aurélienne, que le temps n'a pas encore détruite, dépose de la puissance et de l'importance ancienne de la contrée : elle revivra cette région, elle recouvrera son antique importance. C'est contre les marais qui envahissent quarante-trois lieues de long sur une étendue variable, que se sont réunis les efforts des grands-ducs : le prince régnant paraît devoir triompher des obstacles, car chaque année obtient une victoire.

D'autres marais encore couvraient une portion considérable de la Toscane. Cette plaine qui, longeant la Méditerranée, reçoit les dépôts du Ferchio et de l'Arno, et dont les eaux mêlées avec celles de la mer qui y pénètrent souvent, produisirent des maladies endémiques, et ravagèrent le pays, en enlevant en une année le vingtième de la population; des écluses à sas mobiles y furent établies, vers le milieu du siècle dernier : leurs portes s'ouvraient au reflux de la mer et entraînaient les dépôts de l'Arno. A peine ce moyen utile eut-il été employé que les maladies disparurent. En 1785, les portes de l'écluse ne faisaient plus leurs fonctions : la maladie reparut plus terrible que jamais; les portes ayant été réparées, la salubrité fut de nouveau rétablie dans ces contrées : la santé des habitants fut le résultat de ces précautions nouvelles.

Nous terminerons ces détails par la réflexion si sage du

prudent Machiavel : « Les pays malsains s'assainissent par
« la culture ; la végétation et le séjour des hommes assai-
« nissent la terre comme le feu assainit l'air ; la nature ne
» donne pas ces moyens-là , qui sont à la disposition du
« prince.

« Il y a deux mille ans, Adrien, alors le maître du monde,
« se plaça au lever du soleil sur le sommet de l'Etna : il vint
« là pour admirer, en voyant sortir du milieu des ténèbres,
« l'univers comme il sortit jadis du chaos, lorsque, rejetant
« son enveloppe et dépouillant ses voiles, il se manifesta à
« l'homme qui le devait dominer. . . . . Comme lui, au
« matin d'un beau jour, gravissez la montagne, atteignez son
« sommet : banissez toute frayeur , avancez.

« Vous êtes près du volcan : quelques pas encore, et vous
« arriverez à cette vaste plaine parsemée d'abîmes brûlants
« et de vastes gouffres qui représentent d'anciens cratères :
« l'étendue au loin est couverte de laves anciennes , traver-
« sées par des laves plus récentes. C'est une mer intérieure
« de feux éteints, bornée par un rideau de montagnes prê-
« tes à s'enflammer : une montagne principale apparaît.
« Une plaine de plusieurs milles de circonférence est par-
« semée de roches vomies et de pierres volcaniques ; le sol
« creux résonne sous vos pas , un gouffre demi circulaire
« de plusieurs milles s'arrondit à vos regards.

« Le volcan principal est une mer en ébullition , dont les
« vagues de feu s'entrechoquent et se brisent avec une dé-
« tonation uniformément horrible ; mais autour de l'ouver-
« ture se déploie une bande d'une largeur irrégulière d'un
« gris noirâtre : plus loin sont des bancs de soufre qui sem-
« blent appeler l'étincelle qui les doit enflammer ; mais l'ef-
« fet pittoresque de ce panorama n'est rien, et nous livrons

« à l'agriculture le soin d'utiliser les terrains affreusement
« fertiles. . . Ce prodige ne peut être obtenu que par la
« puissance de ses efforts. »

L'Etna, le volcan géant, à chaque accès de sa fureur, vomit une montagne ; il les a semées autour de lui comme
des satellites autour d'un astre qui les domine, et on peut
juger du nombre des éruptions par ce grand nombre de
montagnes qui l'entourent. Des cendres encore brûlantes
vous annoncent celles qui ont quelques lustres d'existence ;
une végétation peu animée couvre celles qui ont été produites il y a plusieurs siècles ; il faut mille ans et plus pour
qu'on puisse y rencontrer une végétation formée : eh bien,
quelques-unes de ces montagnes élevées ont leurs cimes
couvertes d'arbres géants. Un châtaignier de plus de cent
soixante pieds de circonférence y donne d'abondants produits chaque année ; le calcul de sa croissance fait présumer
qu'il a plus de douze cents ans. Demandez à ce témoin des
siècles passés l'époque où fut vomie la montagne qui le
soutient ; depuis quand parurent celles couvertes d'arbres
qui les ornent si majestueusement aujourd'hui : lui seul,
peut être l'historien des âges, et dire ces faits ignorés.

Eh bien, près de ce voisinage si dangereux, Catane fut
vingt fois détruite, et vingt fois est sortie de ses cendres : la
campagne autour de Catane est peuplée de villages, de couvents, de hameaux dont la riante verdure contraste avec les
terribles effets des explosions du volcan. En un siècle, de 1700
à 1800, quatre irruptions ont renversé Catane, ont épou-
vanté les campagnes environnantes. Dans la fatale secousse
de 1669, un cratère perça la croûte qui le couvrait et vomit
un fleuve de feu ; la lave parcourut près de sept lieues, et dans
la largeur de deux lieues, elle renversa une foule d'habita-

tions, fit périr une grande portion des hommes, des animaux
et de tout ce qui vivait dans cette direction. Elle se précipita
dans la mer, en formant un port qui fut fréquenté : mais deux
ans après, une nouvelle lave vint combler ce port. Dans cette
terrible éruption de 1669, Hamilton dit qu'un monticule couvert de vignes fut miné et rejeté à un demi-mille par la
lave, sans que les vignes fussent endommagées : elles donnèrent du vin dans la même année. Aucune contrée à l'é-
gal de la Sicile n'a été bouleversée par les catastrophes
que le globe a éprouvées. Cette île, cette montagne jadis si
inculte, s'enorgueillit d'une puissante végétation ; cette autre
contrée, alors si fertile, n'est qu'un désert : les plaines, les
montagnes ont été déplacées, suivant que la mer de feu intérieur a plus ou moins secoué le sol. La croûte fragile
qui dérobe le volcan à la vue est revêtue de fleurs ; une
ceinture de forêts entoure la montagne, les neiges et les glaces
forment la couronne : du milieu s'élève une colonne de
feu qu'elles sont impuissantes à éteindre.

Au milieu de ces scènes d'horreur, des moutons, des
bestiaux viennent animer ce beau paysage. . . Ils sont heureusement imprévoyants. . . . Mais l'homme que le souvenir devrait avertir ! . . . Mais l'homme qui, instruit par
l'expérience, craint et prévoit ! . . Hélas ! sur quel point du
globe ne vit-il pas insouciant, ne marche-t-il pas sur des
ruines, sur des débris, ne trouve-t-il pas un cratère prêt à
l'engloutir ? Et comment ne serait-il pas indifférent sur des
dangers qu'il ne voit pas ! . . A quoi aboutissent nos efforts ? à éloigner de quelques jours la triste catastrophe ; et
pourquoi ajouter le trouble des précautions, les alarmes de
la prudence, les oscillations de la crainte à d'inévitables
maux ? Qu'elle est vraie la fable, qu'elle est ingénieuse l'al-

légorie qui nous offre, pendant un jour que l'Etna sommeil-
lait, le gracieux tableau de Proserpine jouant avec les nym-
phes ses compagnes. Pluton , si vous croyez à la Fable ,
Orchus, si vous adoptez les incertitudes de l'histoire, sur-
vient tout-à-coup, arrache la déesse à ces beaux lieux , à
ces jeux si doux, et, d'après l'arrêt irrévocable du destin,
condamne la déesse au séjour des enfers, son immortalité
à se partager entre la terre et l'empire des morts.

Quoique plus rares, quoique s'annonçant par avance ,
quelquefois plus de quinze jours avant l'explosion, les fureurs
du Vésuve ne sont pas moins désastreuses. C'est ordinairement lorsque le soleil se lève que ses accès ont plus de
force : ses flammes bleuâtres tourbillonnent au milieu d'une
colonne de feu, opposant leurs sombres clartés aux premiers
rayons du soleil, si purs, si faibles encore, si doux , doux
au matin comme l'espérance ; et pourtant tous les genres
d'agricultures se combinent sur les divers plateaux du Vésuve : au bas surtout sont ces vignes qui produisent le précieux vin de *lacryma Christi*. A quelques milles de là , avec
la certitude qu'un jour le Vésuve engloutira Naples, comme
jadis elle a englouti et Possidonia et la ville d'Hercule et
une foule de hameaux surpris, que des monceaux de cendres ont recouverts, trois cent mille habitants s'agitent, se
bercent de l'espoir du bonheur, se perdent dans de faciles
plaisirs, dans les agitations de l'ambition ; ou bien passent
leur vie dans l'insouciance si propre aux hommes qui vivent
dans un climat doux. Victime de son voisinage du Vésuve ,
Naples disparaîtra du nombre des cités, et ses habitants ont
foi au lendemain ! Déjà Naples a vu hausser et baisser son
sol de plusieurs toises, et la confiance de trois cent mille habitants atteste que l'expérience des siècles est perdue pour

les rois, pour les peuples, pour tout ce qui végète sur le globe. Plus tard, nous aurons à déplorer la situation de l'état napolitain, situation qu'il est facile de changer : nous nous bornerons aujourd'hui à jeter sur la page qui lui est consacrée et nos souvenirs et nos regrets.

Le territoire de la grande Grèce, aujourd'hui le royaume de Naples, avait été, avant les temps historiques, une colonie grecque : sa civilisation avait devancé de plus de 600 ans celle de Rome. L'état de sa culture devait être florissant pour suffire à une population de plus de quinze millions d'hommes, à un peuple qui pouvait entretenir une armée de 350,000 fantassins et 20,000 cavaliers. Nous avons et le sage Polybe et le judicieux Strabon pour garants de la fertilité de son sol. Telle, suivant ce dernier, était sa fécondité, que, sans s'épuiser, il fournissait jusqu'à quatre récoltes par an. Le premier vante les pâturages de la Brutie, la finesse des laines de Tarente et la culture des deux Calabres. Quelle devait être la fertilité des terres d'un pays que les guerres les plus longues ne purent ni ruiner, ni dépeupler; d'un pays, dont une année seule réparait les pertes de plusieurs; qui, riche après tant de ravages, était, suivant Strabon, la plus florissante contrée de l'Europe et de l'Italie! Ces peuples devaient ces bienfaits à l'émulation des villes entr'elles et à la sagesse des lois Pythagoriciennes. Que reste-t-il de tant de souvenirs, de tant de grandeurs?

Autrefois, des irrigations dirigées avec art utilisaient les eaux, et celles-ci venaient joindre leurs principes fécondants à la chaleur qui les active, entretenaient une culture qui, comparée à l'état actuel, paraîtrait un récit mensonger : aujourd'hui, Pouzoles n'est, avec son territoire, qu'un marais infect! Quoi! Capoue, Brindes, Crotone, Canusium, ne

pourront-elles plus revivre, et leurs territoires, veufs des
cités qu'ils portaient avec orgueil, ne reverraient-ils plus le
bonheur sourire à leurs habitants? elles ne pourraient revivre!
O rois qui gouvernez Naples, asseyez-vous sur l'urne des
fleuves et méditez sur le partage que vous ferez de leurs
eaux, et puis descendez dans la plaine, et, avec cette voix
puissante qu'il vous est donné de faire entendre, électrisez
les peuples, montrez-leur le bien qu'un peu de travail peut
obtenir : électrisez tous les cœurs et la patrie renaîtra et la
splendeur de l'ancienne Grèce revivra : ce miracle est réservé à l'agriculture !

§—XXIX.

*Est enim vis naturæ quædam, quam si observatis
longo tempore significationibus, aliquo instinctu,
futura prænuntiat.*

Cic., **Lib. I**, *de Divinatione.*

Je crains que le monde n'ait pas assez vieilli pour que
nous puissions nous permettre d'établir beaucoup de
propositions assez vraies pour qu'elles le soient dans
l'avenir comme elles nous le paraissent dans le passé.

Hume.

Populo Romano saturo nihil est lætius, nihil tranquillius.

Aurélien.

Chaque siècle a son caractère, sa physionomie particulière, qui, ainsi que le voulait un auteur moderne, plus

ingénieux qu'exact , pourrait peut-être se traduire par un seul mot, par un seul esprit, par le nom d'un seul homme , par une seule découverte, suivant que vous envisagez cet espace séculaire sous l'un de ces points de vue.

Je conçois la possibilité du système pour ces siècles inféconds où une seule figure historique domine toute autre apparition, remplit à elle seule toute la scène dans le drame qui se joue. Ainsi, j'admets et je comprends pour des Français la désignation de siècle de Charlemagne, de St-Louis, d'Henri IV, de Louis XIV; mais quand les grands noms se disputent les renommées , se heurtent et s'effacent tour à tour l'un par l'autre, quand les faits se pressent, quand on vit des siècles en moins d'une année , et que les années regorgent d'événemens qui se précipitent à la fois pour obtenir d'être cités, rappelés, comment faire un choix?

Dans le XVIIIe siècle , par exemple, Newton, Pierre-le-Grand, Frédéric , Francklin, suivant que vous vous sentez entraîné , obtiendra-t-il une préférence? Napoléon appartient au XIXe siècle dont il a si fortement agité les quinze premières années et dont la grande influence n'est comprise que par le néant où tout est resté après lui (1). Le siècle prendra-t-il son nom ?

---

(1) Je cède à la démangeaison de raconter une anecdote qui le concerne : On voit dans l'Isola Bella, l'une des îles Borromées, un laurier rose où Bonaparte écrivit son nom après la victoire de Marengo. Un officier étranger frappa de son sabre le nom du grand capitaine et endommagea l'arbre. L'arbre mutilé est encore l'objet de la curiosité du voyageur, et, en voyant le nom a demi effacé. . . . la cicatrice de la plaie , le voyageur murmure.

Sous le rapport agricole, tel n'est pas le sort des contrées, tel n'est pas celui des hommes qui s'occupent des travaux des champs. Un seul fait obtenu dans une seule année, une amélioration ajoutée aux pratiques, l'introduction de quelques végétaux dans le mouvement de nos consommations, tout fait époque. Voici le tableau qu'elle présente à cette position, l'Italie et le XIXe siècle font exception : l'Italie, parce qu'à côté de la sagesse qui lui faisait adopter ce qui était utile et éprouvé, elle conservait ce qu'elle possédait; parce qu'elle seule tempère cette ardeur qui va au devant de l'échec, en introduisant toutes les innovations avec cette sage retenue qui n'admet qu'après que l'expérience a justifié par des succès, ce qui est souvent légèrement conseillé.

Elle doit ses avantages au caractère et à l'isolement où vivent ses habitants : aucune nation n'offre une classe de cultivateurs plus réfléchis, plus prudents que l'Italie, les philosophes les plus profonds sont dus à cette nation : je n'en exclus pas même les Anglais, dont l'esprit de système gâte tout. Le ciel qu'aperçoivent ces insulaires est brumeux; leur profondeur est un gouffre, une lumière obscurcie par l'égoïsme et par la prétention à l'originalité.

Laissant à la statistique agricole ses droits sur ce qui est actuellement en Italie, nous nous contenterons de dire qu'elle a suivi toutes les progressions des succès, ou plutôt des méthodes agricoles anglaises, qu'un grand nombre d'écrivains agronomiques, en filtrant à travers leurs excellents jugements les découvertes européennes, ont préparées à leur pays, une ère agricole qui sera d'autant plus prospère qu'elle ne sera pas altérée, qu'elle sera venue après la conviction que l'expérience seule donne.

L'éducation des bestiaux, la culture de la soie, celle de

l'olivier, l'introduction des plantes exotiques qui se propage, les sociétés agricoles, qui chaque jour éclairent davantage les classes inférieures, en se mettant à la portée de leur bon sens et de leur intelligence : tout fait préjuger une situation désirable pour ce pays si favorisé par la nature ; et comme ses progrès seront lents, ils seront assurés. Cette loi de durée se retrouve partout :... elle explique la fragilité des fortunes commerciales pour les individus comme pour les nations... A la vue de ces expériences fatales si souvent renouvelées, ne devons-nous pas appeler l'agriculture comme élément de la prospérité des nations. La richesse qu'elle donne, fruit de l'économie et du travail, survit à la production. Un succès en agriculture, obtenu avec le temps, se perpétue : improvisé, il n'a qu'une durée proportionnelle au temps de sa production.

§ — XXX.

Le sommeil séculaire des Espagnols agriculteurs est
dû à la fécondité de leur sol, à la douceur du climat;
mais lorsque les cris de la patrie révèlent ses maux,
les agriculteurs espagnols se réveillent terribles.

Diego di Gomer.

Aucune monarchie ne possède autant de richesses que
l'Espagne.

Martinès de Masse.

Nous avons trouvé de l'eau vive, nous l'avons trouvée.

Genèse, ch. 26, V. 19.

Scribentur hæc in alteram generationem.

Psaume 101.

Il m'est donc donné de la venger, cette Espagne, des reproches injustes que la malveillance et l'ignorance des faits
se plaît à lui prodiguer! Je laisserai à d'autres l'examen de
ce pays sous divers rapports : je ne serai que juste en prouvant que, sous le rapport agricole, elle a, dans plusieurs de
ses provinces, mérité qu'on l'offrît comme un modèle. Oui
l'Espagne, cette héroïque et admirable nation, la seule
peut-être qui puisse aujourd'hui nous révéler ce qu'était le
monde antique, alors qu'il y avait des héros, peut être citée
comme une terre classique à tous les autres peuples qui
veulent perfectionner leurs méthodes agricoles, préférable-
ment même à la méthode anglaise, qui a moins de quatre-
vingts ans d'existence, tandis que la prospérité de l'agri-

culture espagnole a pour elle la sanction des siècles. Cette prospérité anglaise tant vantée et que démentent les plaintes et les souffrances des colons, ne repose que sur une plus forte masse de capitaux appliqués aux entreprises de culture.

D'abord, l'Espagne est, de l'aveu de tous les géoponiques, la nation qui a produit les plus habiles écrivains agricoles : Columelle et Isidore de Séville étaient Espagnols. Le Traité du premier est dans les mains de tout le monde, et il est regardé comme le manuel d'agriculture le plus exact et le plus complet. Personne n'a présenté les faits, énoncé les préceptes avec une naïveté et une simplicité plus éloquente. En nous apprenant que ce fut un de ses oncles qui le premier comprit que, pour le perfectionnement des races, il devait suivre le croisement des chevaux du pays avec des chevaux arabes, il montre que dès ce temps-là on comprenait l'importance du croisement, pour remédier aux défauts que présente chaque race. Par ses soins, un troupeau de béliers d'Afrique fut amené en Espagne et procura le type des mérinos espagnols (1). Aucune des pratiques modernes si recommandées ne lui était inconnue, et ses écrits présentent le tableau le plus complet de l'agriculture : il n'a peint que ce qu'il a vu.

Isidore de Séville, qui publia plusieurs traités théologiques sur les matières controversées alors, donna sur l'agriculture des préceptes qui nous offrent les seuls documents de ce qu'elle était en Espagne pendant la première moitié du VIe

---

(1) Quelques écrivains espagnols ne font remonter l'introduction des mérinos en Espagne qu'à 1350. Suivant eux, ce serait dom Pèdre de Castille qui, en obtenant d'un prince africain les moutons mérinos, aurait doté l'Espagne de cette race précieuse.

siècle. On y voit, dans les réglements qu'il laissa pour la règle des couvents sous son obédience , qu'il imposait aux moines , outre les exercices particuliers du cloître , l'obligation de trois heures de lecture , celle de six heures du travail des mains dans les champs et dans les jardins : prier et travailler , voilà comme il entendait la religion chrétienne.

Pendant que les Maures occupaient une grande portion des Espagnes, ils eurent des écrivains qui font aujourd'hui l'admiration des Espagnols, et qui sont d'autant plus précieux qu'avec une patiente exactitude, ils ont décrit les procédés de l'agriculture pendant leur séjour dans ce pays. On peut dire d'eux, qu'ils se montrèrent aussi grands écrivains que guerriers courageux, qu'habiles laboureurs. Leurs écrits et leurs travaux en agriculture et en architecture laissèrent des préceptes, des traditions, des modèles, dont le génie espagnol seul profite aujourd'hui, en les faisant revivre en Catalogne, en Andalousie et dans les deux Castilles.

Abu-Zacharie-Ebn-Alavan, de Séville, plus souvent appelé Ebn-Alavan, par abréviation , est le meilleur auteur qui ait écrit sur l'agriculture. Il vivait au XIIe siècle , il réunissait le savoir à l'exactitude , la sagacité qui devine la théorie, à la pratique qui l'éclaire (1): l'expérience des anciens ; les écrits géoponiques des Grecs et des Romains ,

______

(1) M. Correa nous a fait connaître les ouvrages d'Ebn-Alavan , ainsi qu'un auteur chaldéen Kutsami, que l'auteur Nabathéen avait traduit en espagnol. Il résulte qu'on cultivait alors beaucoup de végétaux inconnus ou abandonnés aujourd'hui. Suivant M. Correa, les Arabes égalaient en science agricole et surpassaient en plusieurs points les Latins: ils s'attachaient surtout à l'agriculture pratique, et pour eux la théorie avait une conviction dans les faits.

ceux des Orientaux lui sont familiers. L'agriculture moderne ne peut mettre en parallèle aucun écrivain qui l'égale ; l'Espagne peut le revendiquer à juste titre , car, ainsi que Abu-el-Jair , il était né à Séville : tous deux avaient à leur disposition les écrits des professeurs de l'école nabathéenne, cette école , qui , dans la province arabe qui porte le nom d'Iracks , a fleuri pendant tout l'empire des califs (1). L'école nabathéenne, à Grenade , fut renommée dans toute l'Espagne : elle était établie sur les mêmes principes que celle de Nabathéa. Je ne puis sans ingratitude ne pas nommer les écrivains modernes qui ont écrit sur l'agriculture avec une supériorité avouée : Campomanès, Casiri, Ortega, Ulloa , Asso , Cavanilhes , Ustaritz , Banqueri , tous ont bien mérité et de l'agriculture et de leur pays. Avant eux et dès le xvie siècle , Guttieres de Salina, Herrera (2), Feypoo, ont successivement publié des traités d'agriculture qui sont restés classiques. Lorsque j'aurai à tracer le tableau de l'agriculture actuelle de l'Espagne , je la montrerai forte, puissante , aidant partout la nature par l'industrieuse activité et le jugement du cultivateur ; je réduirai à une seule cause l'état languissant de quelques provinces, celles qui sont les plus fréquentées et où l'état d'agriculteur n'est pas apprécié et par cela même déprécié, où le travail déshonore

---

(1) Tous les auteurs arabes qui ont écrit sur l'agriculture admettent une division agricole de l'année qui ne concorde pas avec leur ère. Ils la font commencer avec l'automne et finir avec l'hiver : c'est ce qui rend obscures les distributions de travaux qu'ils indiquent par saisons.

(2) Ce fut le cardinal Ximenès , ce ministre qui connaissait si bien et l'art de la guerre et les préceptes de l'administration , qui ordonna à Herrera de composer un traité sur l'agriculture, en s'aidant des auteurs arabes.

l'homme qui s'y adonne, et je réduirai, pour les Castilles et les provinces du centre, la question à cet élément. Avant de citer l'Angleterre et la France, et de les comparer avec l'Espagne, sous le rapport agricole, il faut, pour être juste, voir la portion d'efforts et d'hommes employés et ensuite comparer les résultats. En Angleterre, sur une population de 12,000,000 d'habitants, trois ou quatre millions sont employés à la culture; en France, sur 34,000,000, on compte 24,000,000 de cultivateurs; tandis qu'en Espagne, la population est ainsi répartie sur une population de 12,000,000 : une moitié comprend les cultivateurs, le sixième seulement est industriel et un tiers reste oisif (1).

La tenacité du caractère espagnol a besoin de gloire et de grandeur. Cet esprit de suite qui le distingue en font un peuple à part; ses héros sont plus que des héros : le pays a été parfois envahi; mais, excepté l'occupation des Maures qui ne fut que partielle, jamais conquérant n'a pu le réduire. Scipion, Annibal, Charles-Quint, Louis XIV et Napoléon ont su à quel prix on domptait l'Espagne. Le caractère de ce peuple, après les plus longs désastres, fait qu'il revit, qu'il se relève debout. Il revit, et le secret de cette mystérieuse force de régénérations est dans ces

---

(1) La perfection des méthodes agricoles rend raison de ce qu'en Angleterre avec un tiers des habitants on obtient proportionnellement autant de produits qu'en France. L'usage universel des prairies artificielles, les instruments aratoires mieux appropriés, des bestiaux supérieurs, un climat humide et une plus grande masse d'engrais dont l'effet est mieux ménagé : voilà les causes immédiates que l'Angleterre peut alléguer et dire ensuite comme le cultivateur romain : Voilà mes sortiléges (*).

(*) Caius, Furius, Cresinus.

seuls mots : *Nulle part le patriotisme n'attache plus fortement un peuple au sol qui l'a vu naître.*

En Espagne, dès qu'une chose est évidemment reconnue bonne, elle est adoptée. La lenteur de l'examen assure la sagesse du jugement qui accueille ; mais une fois la chose admise, l'usage passé dans les mœurs, l'institution est éternelle : elle traverse les siècles et devient la règle des enfants, parce qu'elle a été la méthode des pères : témoins, les admirables réglements de la mesta, l'usage de la transhumance, les méthodes, particulières à ce pays, de la caprification. La méthode utile d'écobuage, pratiquée en Catalogne, qui consiste à former des petits monceaux de terre (*formigy*), en laissant une ouverture par laquelle on met le feu, se trouve décrite dans Columelle, et a été continuée jusqu'à l'époque actuelle : son avantage appelle l'adoption de cette pratique. Tout reste debout aujourd'hui, parce qu'il subsiste depuis deux ou trois mille ans, et nos neveux reverront le cercle des mêmes pratiques occuper les Espagnols, quand de nouveaux siècles entassés sur les anciens auront vu sacrifier des peuples nouveaux.

Les pratiques des irrigations, la législation si prudente, si simple qui fixe les droits et permet à tous de jouir du bien de tous, transmises des Romains, est encore le code de la Catalogne, des royaumes de Valence et d'Aragon. Dans notre Roussillon, c'est elle qui règle les cours d'eaux.

Jacques Ier, le fiscal, reprend, en 1236, le royaume de Valence sur les Maures ; il crée un domaine, partage les terres conquises sous l'obligation de redevance, se contente de quelques modifications rendues nécessaires pour simplifier le mode de distribution des eaux et donner une plus grande stabilité à l'établissement des *gremios*, ce tribunal rural si admirable à Valence. Le cultivateur, à tour de rôle, s'asseoit, pour une année, sur le siége du juge, entend les parties : son équité est la règle du jugement semi arbitral qu'il prononce ; les intérêts les plus compliqués, son bon sens les démêle : il fait cesser les empiétements, rend sans égard pour les personnes ces jugements qui, comparés à ceux de nos tribunaux, feraient désirer de pareilles institutions et surtout cette force de mœurs qui les peut admettre. Ce n'est pas en dotant les peuples de codes qu'on les rend meilleurs : quand les lois s'amoncellent, elles annoncent qu'un peuple est corrompu.

Le *gremio* comprend tous les cultivateurs d'une contrée. Les membres qui y ont droit délèguent leurs pouvoirs à trente membres, commission temporaire : parmi eux, on choisit le répartiteur, les prud'hommes, chargés de la surveillance des eaux; deux gardes, nommés *celadors*, exécutent les réglements ; un tableau fixe la quantité d'eau accordée à chaque terrain, et le jour où il la doit recevoir ; et ces choses sont réglées avec une si impartiale équité, que jamais elles ne donnent lieu à aucune réclamation : les formes simples facilitent l'exécution des lois.

Voulez-vous connaître toute la puissance de l'agriculture et ce que peut le cultivateur espagnol? Transportez-vous à Valence ; parcourez les diverses contrées de ce royaume, au milieu d'une atmosphère parfumée : vous respirerez avec le Valencien la douce température d'un pays qui lui permet d'employer toutes ses forces, et où des prodiges de culture récompensent son activité. Par ses soins, une même terre, dans une même année, rapporte du blé et du chanvre: l'engrais, la chaleur et l'arrosage y permettent ce double effort.

Les citronniers, les orangers, les grenadiers, dans le territoire de Valence, se trouvent dans leur patrie : une fois plantés, ils portent continuellement et du fruit et des fleurs : les jardins d'Alcinoüs n'avaient pas plus de charmes.

Les muriers de Perse et de Chine, importés en Espagne presqu'aussitôt que dans la Calabre, vers 600, suffisent pour élever une assez grande quantité de vers à soie : l'usage assez universellement reçu des étoffes de coton a pourtant fait négliger un peu cette sorte de culture. Ce n'est pas ici le lieu de traiter des diverses méthodes de culture; nous ne voulons que prouver par un seul fait toute l'importance de la culture de ce pays. L'abbé Cavanilhes, que les sciences reconnaissent comme un des plus habiles botanistes et des plus savants agronomes du XVIIIe siècle, nous apprend que, sur les terres sablonneuses de l'Almeierra, en raison de la variété et de la richesse des produits, on retire de la culture de huit arpents annuellement 18,000 fr. Au reste, dans un espace de moins de trois quarts d'hectare, le paysan donne un quart du produit au propriétaire et vit avec sa famille composée en général de huit personnes ; mais aussi avec quel art cet espace est-il ménagé pour recueillir à la fois du blé, du vin et les légumes nourriciers; le fourrage de la chèvre, celui de l'âne et du cheval ; pour élever de la volaille, des porcs et trouver dans ces produits, ainsi que dans la vente du fruit, de quoi payer la rente du propriétaire! Enfin cette terre précieuse porte, suivant la saison, des différentes fleurs pour la nourriture des abeilles.

Nous aurons, dans la comparaison de l'agriculture avec les lieux, l'occasion d'énumérer les produits divers de l'agriculture valencienne. Ce résultat étonnera nos lecteurs : ils ne seront pas moins surpris lorsque nous suivrons avec détail de que l'irrigation rend de services. Nous placerons le lecteur sur une montagne , à la source de trois rivières ; nous les montrerons se partageant en mille rigoles , subdivisées en plus de six cent mille conduits , dispersant partout le bienfait de leurs eaux et concourant avec le climat , approprié, à présenter le plus beau spectacle que puisse offrir l'industrie agricole. Qui ne conviendra maintenant avec nous qu'en piquant d'émulation le reste des paysans espagnols , en étendant le système des irrigations et surtout en favorisant et en honorant le cultivateur par une préférence marquée sur l'homme oisif , on parviendra à donner à toutes les parties de l'Espagne cette puissance agricole dont elle a, en Catalogne , en Aragon et à Valence , des modèles plus parfaits que ce que pourrait offrir le reste de l'Europe ? Les Goths ont introduit le système des irrigations, les Arabes l'ont perfectionné dans le xvie siècle ; Charles-Quint commença un canal qui ne fut achevé qu'en 1754, par Ferdinand VI. Il est coupé pendant la longueur de cent soixante lieues, par les prises d'eau , subdivisées en autant de cantons. Charles III protégea l'agriculture, créa des routes et les canaux d'Aragon, abolit les taxes des grains; enfin, en 1815, six écoles d'agriculture furent créées. Placées dans les deux Castilles, le royaume de Léon , l'Andalousie , Murcie , elles sont des preuves que le gouvernement sent l'importance de l'agriculture , et veille à sa prospérité : c'est un véritable bienfait. Les documents nous ont manqué pour tracer le tableau de l'Espagne agricole, sous les Maures ; mais nous trouverons l'occasion de faire ressortir les pratiques de ce peuple actif, qu'une politique étroite éloigna. Cependant nous allons offrir un document sur l'état de la Grenade , quand les Maures, chassés des autres coins de l'Espagne, furent forcés de s'y réfugier.

Tout y était cultivé avec une grande constance, un art admirable, une activité infatigable ; il n'y avait pas un coin de
terre inculte ; de riches moissons couvraient les vallons,
les plaines offraient des jardins admirables, riches en arbres
et en fruits de la plus grande beauté ; les coteaux étaient
couverts de vignes ; partout les arbres fruitiers jouaient un
rôle, et, semés çà et là, ils variaient les produits des montagnes. Quand on fait cette question : Quel était le secret de cette
fécondité extraordinaire ? elle se résoud par cette pensée :
jamais terre ne fut plus abondante en richesses, parce que jamais contrée ne fut peuplée d'hommes plus actifs et plus industrieux. Après Botero, nous terminerons en citant deux articles des revenus du roi de Grenade. Les feuilles de murier de
la Vesga faisaient entrer dans son trésor 30,000 cruzades
ou 90,000 francs, et la vente des soies produisait 42 comptes de réaux ou 126,000 francs (1). L'horticulture, ce luxe de
l'agriculture, n'est pas sans intérêt en Espagne. On y comptait avant 1820 plusieurs jardins publics : ils étaient placés
à Séville, à San-Yago, à Valence, à Cadix ; celui de Madrid, par son importance, rivalise avec ceux si renommés de
Paris, de Londres, de Bavière : le jardin royal de Madrid
est riche surtout des dons de Cavanilhes, de ceux de Mutis,
que Linné surnomma le prince des botanistes : Mutis, qui,
par respect pour le *kina*, avait fait construire en bois de
quinquina du Pérou le lit où il couchait, le fauteuil où il

---

(1) Tout ce qui regarde la culture des *secanos* ou terres non arrosées,
des Huertas ou terres arrosées, l'aperçu des travaux pour les irrigations,
les lois qui régissent cette intéressante distribution, trouvera sa place
lorsque nous ferons la statistique agricole de l'Espagne.

travaillait, la canne sur laquelle il s'appuyait pour gravir les montagnes : c'était un honneur qu'il rendait au plus précieux des végétaux.

§ — XXXI.

L'or anglais avili t

BARRÈRE.

En semant du blé, vous semez des hommes.

PALMIÉRI.

C'est le comble de la folie, pour une nation faible, de vouloir former une grande entreprise, parce que tous les yeux sont ouverts aux inconvénients et fermés aux avantages.

Maxime chinoise.

Ce que le judicieux Emanuel Severim de Faria se demandait à lui-même, en 1665, nous pouvons le demander encore aujourd'hui, et cela, après un intervalle de plus de deux siècles, voici son texte : « Il est dans la nature que le « nombre des hommes augmente : pourquoi, depuis 1500 « jusqu'à nos jours, le nombre des Portugais diminue-t-il « dans une notable proportion ? » Nous répondrons avec lui : « Avant 1500, tous les rois du Portugal avaient eu à « cœur la gloire et le bonheur des Portugais : Henri, notre « premier roi, don Alphonse, son fils, don Sanche, et le mo- « dèle des rois, Denis, avaient peuplé le pays, fondé des vil- « les, des villages, répandu l'aisance dans les populations ru- « rales. Ils s'étaient prêtés aux besoins des peuples et avaient « porté la culture même au sommet des montagnes : partout

« où la récolte était possible. Les conquêtes d'Afrique par
« don Henri n'ont pas même notablement diminué la po-
« pulation assez, pour que la disette d'hommes se fît sentir,
« mais dès que l'esprit chevaleresque s'empara des Portu-
« gais, le nombre d'hommes diminua : ce fut la première
« cause de la dépopulation ; l'activité du royaume se diri-
« gea vers les entreprises extérieures, le travail ne trouva
« plus d'hommes robustes, l'augmentation subite des es-
« pèces changea les rapports, et ce fut la deuxième cause du
« mal : la troisième fut la tendance des Portugais à se por-
« ter sur les deux Castilles et dans l'Estramadure qui of-
« fraient et de l'or et du travail. » Nous devons ajouter à
ces causes de dépérissement pour l'agriculture, les réglements minutieux qui entravent les mouvements des denrées.
Cette manie de fixer le prix des denrées ôte les chances qui
sont le côté attrayant du commerce, et forment, pour ainsi
dire, son essence ; enfin, l'occupation anglaise ne permettra
jamais à ce pays de reprendre parmi les nations le rang que
lui méritaient son énergie et son caractère courageux. Cependant une contrée où deux rois, Sanchez II et Denis Ier,
prirent, parmi leurs titres de gloire, celui de ROIS LA-
BOUREURS , méritait une autre destinée agricole.

Cette nation si guerrière a fait beaucoup pour l'Europe :
les Portugais, les premiers, à travers les mers , ouvrirent les
chemins qui conduisirent à la découverte du Nouveau-
Monde ; les premiers, ils doublèrent le cap de Bonne-Espérance, et sillonnèrent les mers qui arrosent le littoral de
l'Afrique méridionale, et celui de l'Asie orientale. Hardis
navigateurs, ils s'élancèrent, et l'on vit de toutes parts une
poignée de guerriers conquérir des royaumes puissants.
Rome n'a jamais eu cet élan; et la fortune n'a jamais, pour

la capitale du monde, préparé et donné de si rapides triomphes. Mais ces brillantes fougues de gloire ; mais cette aventureuse audace qui les fit dominer partout avec des forces inférieures ; mais cette circonstance heureuse qui les conduisit à point nommé dans les lieux où se trouvaient les mines d'or furent pour le Portugal une fâcheuse et fatale destinée qui leur fit mépriser l'art de l'agriculture. Les Portugais furent avides et riches un jour : depuis des siècles, ils sont pauvres et sans force ; c'est leur faiblesse qui les a livrés à L'ALLIANCE ANGLAISE, alliance fatale, qui rend esclave la nation qui la recherche, et qui réduit à la condition d'ILOTES les peuples sur qui elle pèse, et qui enfin, avec le joug d'un travail honteux, abâtardit son courage, énerve ses forces. On l'a dit avec autant de vérité que de raison : La protection anglaise est comme l'ombre du buon-upas : tout ce qu'elle abrite meurt dans les convulsions.

§—XXXII.

Écoutons, ces terribles paroles de l'homme qui a peint
avec le plus de vérité les ressources offertes par le
règne végétal au Brésil : « Si j'excepte la province
« de Rio-Grande et celle des missions, la province
« Cisplatine, on ne fait usage, dans le Brésil méri-
« dional, ni de la charrue ni des engrais : voilà
« tout le système de l'agriculture brésilienne, et où
« il n'y a point de bois, il n'y a point de culture. »

Auguste de St.-Hilaire.
Voyage au Brésil, tom. 1er, pag. 193.

Quelle terre serait le Portugal entre les mains d'un
Français (1), d'un Anglais, d'un Irlandais !

Kinsey, *Portugal Illustrated.*

Si une nation, qui peut produire chez elle les grains et
les choses nécessaires à la vie, se met sous la dépendance d'un peuple étranger, elle est dans le délire et
mérite d'être esclave.

L'abbé Genovesi.

L'agriculture n'a jamais été aussi florissante en Portugal que dans les autres contrées de l'Europe.

Auguste de St.-Hilaire.
Annuaire du Muséum.

Les regrets de tous ceux qui visitent cette contrée sont
unanimes en voyant l'état où est descendue cette nation

---

(1) Kinsey avait placé le mot *français* le dernier : nous avons établi
un ordre plus rationnel.

qui, avec un faible territoire de cent vingt-cinq lieues de long, sur une largeur moyenne d'environ quarante, a, pendant des siècles, offert les résultats des plus grands efforts humains qui aient été tentés. Son histoire, pendant la période de 1400 à 1680, a été celle du commerce du monde, ou plutôt celle de la civilisation. Que reste-t-il à ce désolé royaume de cette splendeur où l'avaient conduit les rois Henri de Bourgogne, Sanches, Denis-le-Sage, Denis, ce prince l'objet de l'amour des peuples et des chants des bardes portugais? Dès l'année 1308, il jeta les fondements de l'académie de Coimbre, en même temps qu'il faisait les plus sages réglements pour l'agriculture. Les champs et les lettres ont tant d'affinités, que leur culture contribue également au bonheur des peuples. Ce même prince a, sur les bords de la mer, planté une forêt de pins dans le voisinage de Marinha-Grande : les peuples la vénèrent, et les chants des poètes y ont attaché les plus nobles et les plus touchants souvenirs.

Qui, en voyant la stérilité, la misère, sa fidèle compagne, le découragement, les malheurs que traînent après elles les dissentions civiles qui envahissent cette infortunée Lusitanie, pourrait reconnaître la patrie de Vasco de Gama, qui s'ouvrit un chemin dans les Indes à travers des mers ignorées ; celle d'Albuquerque, qui porta dans les Indes et sur tout le littoral de l'Afrique la gloire de son prince, et éleva si haut sa propre renommée?

La rapidité de la chute de cette puissance a été peut-être plus grande que celle de son exaltation. Aucune nation n'a montré plus de force, plus de valeur dans les combats, plus de sagesse dans les conseils, n'a offert plus d'exemples de cette réunion de qualités qu'on nomme trop souvent hasard, bonheur. Comparez cette situation unique dans les fastes de l'Histoire avec celle que présente aujourd'hui le Portugal. Il fut, dit M. Kinsey (1), ce qu'est l'Angleterre, et comme il dut sa puissance à l'énergie commerciale, il eut le sort qu'a toute nation commerçante : l'éclat d'un siècle et une chute terrible, un abaissement d'autant plus grand que les moyens d'accroissement ont été plus factices. L'Angleterre et le Portugal, dans quelques siècles, par

---

(1) The rise and decline of nations must af all times furnish an ample source of matter for the reflection of even the most superficeels readers : but in the history of Portugal it is impossible not to fancy when whe are marking its progres to greatness of empire, and its suddem decline from the elevated point of that imposing grandeur, that we see, traced out beforehand. The inevitable causes which may produce the same results to our own country in the lapse of time. Up to a certain point. The commercial history of the two conntries is strikingly similar in many respects : and it requires no great effort of the imagination to suppose ; that political causes of a similar nature may again secure and reduce our own domestic and foreign greatness to the same eown level in the scale of nations to which whe see Portugal degraded at the present moment.

L'élévation et la chute des nations a fourni dans tous les temps une ample source de réflexions à tous les lecteurs : mais dans l'histoire du Portugal, il est impossible de ne pas remarquer le passage assez rapide d'une grandeur et d'une puissance dme surée, à une chute plus rapide encore. Son état précaire offre une leçon puissante ; nous avons sous les yeux les causes qui amèneront toujours les mêmes résultats, et notre pays doit s'attendre au sort du Portugal. Il y a trop de ressemblance dans l'histoire du commerce des deux contrées, pour que les mêmes causes n'amènent pas des effets semblables. Il ne faut pas un grand effort d'imagination pour voir que notre grandeur intérieure et extérieure cessera, et que nous descendrons au même degré d'abaissement où est aujourd'hui la nation portugaise.

la similitude de leurs destinées, seront la plus haute leçon que la Providence ait jamais préparée aux nations.

Aujourd'hui, les trois quarts du sol sont incultes ; les *baldios* ou landes sont voués à la stérilité ; ce littoral, qui pourrait nourrir tant d'oliviers, est nu , les forêts sont abattues ; le lin, les tinctoriales, qui pourraient offrir de si précieuses ressources, sont sans culture ; les montagnes redemandent les châtaigneraies qui jadis les couronnaient et nourrissaient alors une population double de celle qui languit sur ce sol délaissé. La misère du paysan et du cultivateur portugais n'a d'égal que sa résignation , sa loyauté et son courage. Il faudrait, pour nourrir les deux millions d'hommes qu'il y a en Portugal, 600,000 laboureurs : il y en a moins de 500,000, et, par conséquent, le misérable pays qui devrait regorger de blés est tributaire de la Galice et de l'Angleterre pour un quart de son approvisionnement.

Des bestiaux qui offrent un aspect pénible ; une terre sans industrie (1) ; des vignobles mal soignés (2) ; nulle part de prairies artificielles ; celles naturelles, dégradées sans qu'aucun effort vienne tenter de les réparer : voilà le tableau. Les imperfections des instruments aratoires est telle qu'elle est passée en proverbe en Angleterre (3). Les ravages

---

(1) Le laboureur portugais négligeant les opérations préparatoires n'ameublit pas sa terre ; les produits bruts ne reçoivent aucune de ces façons premières qui ajoutent à sa valeur : élevant peu ou point de bestiaux, il n'a pas d'engrais.

(2) Le vin, en Portugal, s'il était mieux fabriqué, briguerait, avec les vins de Sicile, l'honneur d'être compté au nombre de ceux qui font la renommée d'un vignoble , la richesse d'une contrée.

(3) Ce proverbe insultant peut se rendre ainsi : *Où vous mettez quatre Portugais , il ne faudrait qu'un seul Anglais.*

de la Guadiana, du Mondego et du Tage, toute cette série de faits accusent l'incurie et l'insouciance et du gouvernement et des habitants. Un magnifique aqueduc, l'*agoas*, conduit à Lisbonne des eaux séléniteuses qu'il serait si facile de purifier, si l'on ne voulait pas y amener les eaux plus salubres de quelques sources voisines.

Les marbres reposent dans leurs carrières, faute de moyens d'extraction; les diamants, l'or, l'étain, restent dans leurs gisements sans tentatives d'exploitation. A ce tableau dont la triste vérité n'est que trop sentie, opposons celui de ce que pourrait devenir le Portugal, si un concours d'efforts se réunissait pour tenter sa régénération. Que le Portugal cesse d'être une province anglaise, qu'une prudente et forte administration veille à sa régénération, et il verra des jours heureux. Son peuple pourrait recouvrer son antique énergie, il tournerait son ambition vers la source des véritables richesses, l'agriculture; une race de bestiaux appropriés viendrait chercher dans les vallées fertiles, dans des pâturages, sa nourriture; les terres fécondées par les engrais, par les amendements, par un soleil vivifiant, attesteraient de la laborieuse constance de ses cultivateurs; les montagnes reverraient les essences d'arbres choisis rivaliser et de force et de puissance végétative; le Tage, le Mondego, la Guadiana, ne seraient plus tantôt des torrents dévastateurs, tantôt de faibles ruisseaux. Endigués, ils seront forcés d'obéir aux obstacles qui les retiendront; le trop plein de leurs eaux, recueilli, sera par des millions de conduits, de rigoles, amené et répandu sur les terres. Les parties arides que la main de l'homme ne saurait ranimer seront plantées d'arbres et de végétaux qui, avec le temps, auront aussi leurs prospérités. Portugais, imitez les Espagnols, vos rivaux, les

Italiens, nos premiers maîtres en agriculture, et le Tage, comme l'Arno, fécondera d'immenses plaines; et le Mondego, comme le Guadalaviar, fera la richesse des hommes qui auront su utiliser ses eaux.

A cette heureuse époque, les produits de vos mines élaborées dans de riches et d'actifs ateliers viendront satisfaire tous les besoins et apporter le surplus pour réaliser les spéculations du commerce.

L'alintejo reverra cette population qui aujourd'hui fournit à peine autant d'habitants qu'il comptait autrefois de guerriers; les terres fertiles seront rendues à leur destin de produire assez de blé pour alimenter le reste du royaume, et les parties arides, transformées en forêts, pourront donner à la marine et aux usages civils tous les bois nécessaires.

Les plantes exotiques de l'Amérique, un grand nombre de celles des Tropiques, le guaxima du Brésil, l'ipécacuanha, le coton, le café, le sucre, sauront approvisionner vos marchés de l'intérieur et offrir un excédant pour l'exportation; tous les salsola, *soda tragus*, la *prostrasa* et le *chenopodium maritimum* donneront une immense quantité de barille; votre vin, vos huiles, vos limons, vos orangers, tout sera produit, tout sera source de richesses. Il ne faut, pour cette complète régénération, que secouer le joug de la domination anglaise, et l'on dira de ce pauvre peuple, ce que Dieu a dit d'un homme qu'il voulut rendre à la vie : *Débarrassez-le de ses liens: il n'est pas mort* (1).

----

(1) *Solvite eum; sinite abire.* Saint Jean, chap. II.

§—XXXIII.

> Les mots de Liberté, de Patrie, n'ont que trop opéré;
> arrêtons leur essor.
>
> **GOLDSMITH.**

> Les hommes, pour être bons, semblables en ce point
> aux arbres, ont besoin d'être espacés; ils ne pro-
> duisent des fruits excellents, qu'autant qu'ils sont
> placés à distance et qu'ils trouvent une nourriture
> facile dans le sol auquel ils sont attachés.
>
> **BERGASSE.**

> *Gentes bello magnæ fiunt; maximæ bellis fiunt solitudines !*
>
> **INCERTI.**

Il nous faudrait un volume (encore serait-il insuffisant),
pour présenter un examen, même succinct, de ce qu'a fait
l'agriculture en Angleterre depuis un siècle, pour dire ce
qui a été tenté, pour faire apprécier son état actuel, nuancer
les systèmes sous lesquels elle a diversement prospéré, énumérer les dangers, les inconvénients, les phases qu'elle a su-
bis, mais comme toutes ces variations appartiennent au XVIIIe
siècle, et que, pour rentrer dans un cadre adapté à notre
plan, tous ces documents n'ont besoin que d'être liés à la
statistique agricole, nous les renvoyons à notre quatrième
partie, où nous traiterons des rapports de l'agriculture avec
le sol : ce serait nuire à leurs intérêts, que de séparer ces
détails. Maintenant, reportons-nous au commencement du

XVIe siècle : l'Angleterre, haletante, respire à peine des lut-
tes sanglantes sous lesquelles, pendant près de deux siècles, elle
a plus d'une fois failli succomber; ses querelles se sont éteintes
avec la race des Plantagenets ; elle se repose et prend une part
à l'activité générale que l'incroyable série des événements du
XVe siècle a amenés. La masse des habitants de la Grande-Bretagne, jalouse des progrès surprenants des Portugais, tente,
quoiqu'avec de timides efforts, de se jeter dans la carrière
aventureuse des découvertes, ou de suivre la carrière plus
périlleuse encore d'opérations commerciales : quelques bons
esprits cependant sentirent l'importance de l'agriculture
sous le rapport de la prospérité nationale.

Ainsi Fitz-Herbert, le père de l'agriculture anglaise, en
1534, soixante-six ans avant notre Olivier de Serres, écrit sur
cet art important. Il publia un traité où il décrit les instruments aratoires, leur usage ; il indique les moyens de reconnaître les diverses espèces de terrains, les soins qu'exigent leur
exploitation, les plantes qu'ils peuvent recevoir ; il cherche
dans son ouvrage à établir surtout l'influence réciproque sur
la végétation, de la nature et du climat ; problème non entièrement résolu, quoique cent fois abordé : Fitz-Herbert
l'attaqua avec tant de bonheur, que l'expérience de trois
siècles n'a pas fourni beaucoup de données au delà des
siennes.

Milton, un siècle plus tard, privé de la vue, voit la terre
comme il avait vu le ciel avec amour, et, à travers le prisme
d'une imagination de poète, il voudrait établir le seul bonheur que puisse espérer l'homme, l'embellissement de sa
demeure par la variété de ses produits et de ses richesses.
Voilà qu'il conçoit la pensée d'une école d'agriculture où,
répétant les leçons de Virgile, de Caton, de Collumelle, de

Varron, il pourrait former de jeunes et d'ardents élèves. Ces hommes vierges puiseraient dans la lecture des Anciens la science nourricière, et pourraient, par une heureuse transformation, changer tout un climat brumeux, un sol ingrat, en champs aussi féconds que ceux de la fertile Ausonie. Hartlib le Polonais, Hartlib, l'ami de Milton, concourut avec lui à propager le goût de l'agriculture, et, par ses instructions et par ses exemple, ce fut lui qui légua à la Grande-Bretagne cette agriculture qui aurait fait sa prospérité, s'il était donné à cette ennemie des nations d'assurer la sienne. Les moyens d'Hartlib ont été dépassés, et l'ambition déçue de l'Angleterre justifiera bientôt par ses malheurs inouis les sages vues du Polonais pour sa patrie adoptive. Ce fut encore sous le protectorat, qu'Evelyn, si monarchique, écrivit son immortel ouvrage (*Silva*), sur l'histoire des arbres et de leur emploi. Dans cette publication dendrologique, Evelyn dirigea l'attention de ses concitoyens sur les plantations : il montra leur utilité pour la marine. Evelyn a été compris, et l'administration a dû une partie de ses succès à la sagesse avec laquelle elle a écouté les leçons de cet agronome. Les habitants des campagnes lui doivent d'avoir le premier publié un calendrier des fermiers, 1674, qui a été plus souvent copié qu'amélioré.

Chargé d'une place administrative, où parmi ses fonctions était comprise celle de conservateur des plantations, l'aimable poète Cowley proposa à Charles II l'érection de colléges d'agriculture. Cette adjonction aux diverses sciences enseignées dans l'université devait compléter l'instruction et lui donner un but pratique, lacune qui n'a pas été remplie, parce qu'il y a des hommes chargés de l'instruction qui croient plus utile de faire errer, à l'aide d'un obscur ca-

téchisme, l'esprit des enfants dans les labyrinthes de la métaphysique allemande, que d'éclairer leur pratique et d'ensei-
gner les méthodes qui peuvent améliorer ces moyens si bor-
nés. L'attention fugitive du prince ami des plaisirs était trop
distraite pour qu'elle pût se fixer sur une chose si éminemment avantageuse, et le projet de Cowley fut oublié. C'était
une pensée utile, féconde en résultats : elle a vécu quelques
heures dans l'imagination du poète, et aujourd'hui encore
elle repose dans sa tombe, sans avoir été suivie, adoptée
par aucun gouvernement. Se faire écho de Cowley, c'est
encore aujourd'hui frapper l'air de vains sons : elles sont
muettes, elles sont sourdes pour le bien, les idoles du jour...
elles n'ont que le génie du mal aux ordres du pouvoir.

Au commencement du XVIIIe siècle, un homme de génie,
Tull, dans la pensée d'établir un système agricole, parcourut toute l'Europe, vit dans une pensée unique toutes
les pratiques qui étaient en usage. De retour dans sa patrie,
il ne s'occupa que d'expériences, toutes tendant à l'établissement de ses plans. Il ne vit pas ce qui était, mais ce
qu'il voulait voir ; et puis, fort de la conviction qu'il s'é-
tait faite, il publia ses ouvrages, il imposa pendant près
de quarante ans son système à l'Europe. Il eut la gloire d'a-
voir pour disciples des hommes qui lui étaient supérieurs :
Duhamel, Lullin de Chateauvieu, Daubenton ; mais bientôt l'expérience fit reconnaître la fausseté du système.

Les labours fréquents qui peuvent augmenter la fertilité
du sol ont de tout temps été recommandés : pour en faire
un système, Tull n'a eu qu'à y ajouter la clause hasar-
deuse de ne pas employer d'engrais ; ce système a été renouvelé dans ces derniers temps, par M. Beatson. Aulu-
gelle, il y a quinze cents ans, et La Fontaine avaient donné

le même conseil dans la fable si morale du *Laboureur et de ses Enfants*.

> Travaillez, prenez de la peine :
> C'est le fonds qui manque le moins.
>
> Un riche laboureur, sentant sa mort prochaine,
> Fit venir ses enfants, leur parla sans témoins.
> « Gardez-vous, leur dit-il, de vendre l'héritage
> Que nous ont laissé nos parents :
> Un trésor est caché dedans.
> Je ne sais pas l'endroit ; mais un peu de courage
> Vous le fera trouver : vous en viendrez à bout.
> Remuez votre champ dès qu'on aura fait l'oût :
> Creusez, fouillez, béchez, ne laissez nulle place
> Où la main ne passe et repasse. »
> Le père mort, les fils vous retournent le champ,
> Deçà, delà, partout ; si bien qu'au bout de l'an
> Il en rapporta davantage.
> D'argent, point de caché ; mais le père fut sage
> De leur montrer avant sa mort
> Que le travail est un trésor.
>
> La Fontaine

Jethro-Tull proposa de substituer aux engrais, aux amendements, des labours fréquents, en renouvelant pour les présenter à l'air les diverses parties de la terre, de manière que toutes en reçussent successivement les influences. C'était, suivant lui, les imprégner de tous les principes fécondants répandus dans l'air : dès lors, plus d'engrais, plus d'amendements, plus de marnages ni de tous les moyens factices d'obtenir des produits. On raisonna admirablement et bien longuement pendant plus de trente ans, sur l'utilité, sur la nécessité même de ces heureux changements : l'expérience vint et contredit tous les raisonnements. En démentant ces assertions trop hâtées, on n'y songea plus.

« Nous voulons, dit l'historien dont j'ai plutôt emprunté que copié le texte (dans le reste, j'y serai fidèle); nous voulons avoir plus d'esprit que les Anciens, et nous sommes trop heureux de revenir, et de nous en tenir à ce qu'ils nous ont laissé : il est cependant toujours bon de tenter , ne fut-ce que pour humilier notre amour-propre ; et enfin, de ces tentatives il en sort QUELQUEFOIS des choses utiles , MAIS DE LOIN EN LOIN » (1).

Il ne faut pas pourtant croire que, si le système de Tull n'a pas survécu long-temps à sa première explosion , il ait été inutile à l'Angleterre et à toute l'Europe. Avant lui, le perfectionnement avait une marche lente et insensible : dès qu'il eût répandu sa doctrine , une grande masse de propriétaires éclairés tournèrent leurs vues vers l'agriculture et ses produits , et leur pensée fut féconde.

Cependant , l'erreur de Tull eut moins d'inconvénients pour l'agriculture française que pour celle de l'Angleterre. A peine la doctrine de l'agronome Breton eut-elle franchi le détroit , à peine eut-elle été mollement essayée , que deux ouvrages, qui ont fait époque dans la science, réfutèrent, avec autant de force que de raison, les principes trop absolus de Tull. Pasulo , en 1738 , et de la Salle de l'Etang, publièrent, le premier, son *Essai sur les moyens d'améliorer la culture en France ;* le second, son *Traité des prairies artificielles.* On exige , dans ces deux productions , outre les fréquences des labours , de nouveaux moyens de culture. Sans exclure cette méthode, on élargissait la base, on offrait des réfutations aussi solides qu'in-

____

(1) *Dictionnaire* de Ladvocat.

13

génieuses, qui jetèrent le doute dans les esprits ; on entra dans une voie d'examen qui est la meilleure route pour arriver à des perfectionnements.

Ce système de Tull eut un grand avantage : ce fut celui de rechercher les effets du labourage comme condition d'amélioration, et l'on comprit que la terre, rendue plus meuble, pénétrée des principes de végétation qu'elle reçoit de l'action atmosphérique, stimulée par celle des engrais, devait être plus féconde ; ajoutez encore que les labours détruisent les mauvaises herbes et surtout les insectes et les larves, si nuisibles en agriculture ; enfin, le bienfait d'un bon labour s'étend sur plusieurs années, et laisse encore souvent, deux années après, des traces de son action dans les récoltes que donne le terrain. Le perfectionnement des instruments du labourage et de tous ceux employés dans les diverses opérations agricoles, fut une conséquence de la fréquence des labours. Bientôt viennent se représenter les questions du blé planté, du blé semé, des binages, des sarclages : une meilleure distribution des semences en diminua notablement la quantité. L'alternance des récoltes, la suppression des jachères, contestée avec quelque raison, l'appropriation des plantes suivant la nature des terres, le choix des engrais, soit pour amender, soit pour stimuler le terrain, les principes de la physiologie végétale étudiés avec soin, la théorie des assolements quoiqu'encore susceptible de perfection, essayée diversement, l'acclimatation des plantes étrangères et l'introduction d'une foule de végétaux nouveaux : voilà les résultats et les conséquences plus ou moins éloignés du système de Tull, qui ne fut une erreur que par son exagération et par l'exclusion donnée à tout autre moyen d'augmenter ou d'améliorer les produits agricoles. Ces résultats ont rempli une lacune de cinquante années, de 1743 à 1790 : ils ont amené la situation agricole si prospère, dont l'Angleterrre a joui de 1790 à 1815 ; les altérations même, qui ont été depuis si funestes pour elle, s'expliqueront par l'excès de cette prospérité ; mais n'anticipons pas sur les événements.

Si nous portons nos regards sur l'ensemble des résultats agricoles, nous verrons les contrées les plus septentrionales donner des produits qui, comparés avec les obstacles, prouvent la puissante énergie de l'homme : les contrées tempérées déploient une activité semblable, et la nature moins ingrate est aussi riche que puissante. La variété des produits, le mouvement des hommes, les prodiges de culture qu'ils obtiennent sont dus à une constance d'efforts, à une intelligence de direction des moyens, qui tient à la fois au caractère, au climat, aux formes gouvernementales : le phénomène mérite d'être étudié, et dans ses causes et dans ses effets.

Aucune partie de l'Europe n'est plus en droit sous ce rapport de donner des leçons au monde entier que l'Angleterre : l'âpreté du climat, l'absence du soleil qui seul peut vivifier une atmosphère toujours brumeuse n'arrête pas les élans du cultivateur anglais. Si le soleil ne permet pas aux graines de mûrir, c'est à des climats plus favorisés qu'il emprunte ses semences ; et, en les confiant au sol anglais, il les entoure de tant de soins, qu'il a des produits supérieurs à ceux obtenus sous un ciel plus favorable : ne pouvant être que fourrages, ces plantes servent à nourrir une énorme quantité de bestiaux.

L'autorité, en Angleterre, sait mieux que sur le contiment encourager, protéger : elle a favorisé l'élan de l'agriculture en honorant ceux qui la pratiquent ; elle a fait souvent fléchir la rigueur des lois en substituant des dispositions plus appropriées aux entraves légales ; elle a toujours consulté les intéréts généraux en méprisant le petit moyen des faveurs particulières ; elle a vu de haut, au lieu de descendre aux détails qui tuent. La manie de tout régler, de tout centraliser, de tout administrer, n'a pas pu entrer dans les vues d'hommes éclairés comme le sont en général ceux qui siégent dans les chambres du parlement britannique (1). Une foule d'actes ont, avec une constante régularité, chaque année, autorisé les clôtures, établi des canaux, des chemins de fer, des voies par terre et par eau ; la législation, tantôt restrictive tantôt libre, a permis aux céréales de se soutenir à un prix qui ne fût pas au-dessus de celui auquel la classe ouvrière peut atteindre, ni au-dessus de celui qui est nécessaire pour couvrir les frais du cultivateur ; des enquêtes ont appelé les lumières et ont fait sentir la nécessité de modifications importantes.

Pendant que l'administration se livrait à ces soins éclairés et paternels, les particuliers n'ont pas failli au pays : des capitaux très élevés, consacrés à l'agriculture, ont été un puissant levier. Les produits n'ont pas été en raison des sacrifices ; mais ils n'ont pas non plus été nuls, et la rente, à peu d'exceptions près, a été égale à celle des spéculations autres que celles commerciales (2), pourvu qu'on déduise

---

(1) La probité particulière contraste avec la foi punique de la nation.

(2) On n'a pas assez compris en général que le taux du produit de la terre, est le taux réel de l'argent : ce qu'une opération donne de plus n'est que le taux du risque, supérieur dans cette circonstance à celui que

de la rente commerciale la prime du risque. L'émulation imprimée par les courses de chevaux ont eu une grande influence sur le perfectionnement des races ; des soins soutenus, de grands exemples ont amené dans la production des bestiaux d'immenses améliorations (1). Backwell et Culley y ont surtout contribué ; Backwell, dès l'année 1760, avait la réputation d'avoir les plus belles bêtes à laine, et, dès cette époque, il louait, pour la monte d'une saison , ses béliers à raison d'une guinée (26 fr.). Ce prix, en 1770, s'était graduellement élevé jusqu'à vingt-cinq guinées , ou 650 fr. Enfin, en 1780, il loua, pour une seule saison, un bélier qui lui produisit 400 guinées , ou 10,400 fr. C'était avec orgueil que Backwell montrait , en 1788, son bélier favori, qui, en six ans, par la monte seule, lui avait valu 1960 guinées , ou 50,960 fr. Cet habile agronome n'eut, ne poursuivit , pendant quarante ans, qu'une seule pensée : celle de relever les races des bestiaux. Il vivait dans le Leycester (2), et c'est lui

pourrait atteindre un produit territorial. Ainsi, si la terre produit au propriétaire deux et demi, et qu'une opération commerciale donne six , on peut conclure que, si la terre présente un demi pour cent de risque, le taux réel est deux , et qu'alors le commerce offrira quatre de risque , et comme ce qui est aléatoire altère la moralité de celui qui risque , on voit la distance qu'il y a d'un peuple agricole à une nation commerçante. La moralité, pour le premier ; la nécessité de corruption, pour la seconde.

(1) On trouve dans Marshall ce singulier résultat : sous la reine Anne, le poids moyen des bestiaux était pour les bœufs, 370 livres ; pour les veaux , 80 livres ; pour les moutons, 50 livres. Aujourd'hui ce poids est, pour les bœufs, 860 livres ; pour les veaux, 164 livres ; pour les moutons , 84 livres. C'est en 1779 que cette comparaison fut établie.

(2) Backwell mourut en 1795, à soixante-dix ans : on lui fit de magnifiques obsèques.

qui a doté l'Angleterre des moutons à longue laine, qui portent ce nom. C'est le type améliorateur de cette race.

Ces tours de force ne font pas la prospérité agricole, car nous ne donnerons ce nom qu'à une position, où, et les propriétaires, et les fermiers et les manouvriers jouissent tous d'une aisance proportionnelle ; à un état où tous s'attachent de plus en plus à la terre qui leur sourit ; à un état où tous travaillent avec ardeur, parce que tous trouvent, dans les produits, la récompense de leurs travaux. Tel n'est pas le sort qui attend le cultivateur anglais : la rente est diminuée de toute la masse de l'impôt indirect qui pèse sur la denrée ; car cet impôt affecte spécialement cette rente, puisqu'il paralyse le mouvement du produit qui la représente : cette cause de malaise est plus spéciale encore à l'Angleterre qu'à la France. Car, à mesure que le prix de la denrée est affecté, les frais de culture ne portant que sur la partie destinée à la consommation, diminuent : c'est M. Mathieu Dombasle qui en convient : « Si la législation sur les céréales ne mettait « pas cette production hors de tout droit; si elle ne soutenait « d'une manière forcée le prix des grains, on ne pourrait « plus cultiver de céréales, sans éprouver d'énormes pertes. « L'agriculture, depuis vingt ans en Angleterre, est dans une « position si critique qu'une multitude de fermiers y trou- « vent tous les jours leur ruine, et que l'art agricole, après « y avoir été poussé au plus haut degré de perfection, y « prend chaque jour très sensiblement une marche rétro- « grade. »

La guerre de la révolution où les deux puissances belligérantes, la France et l'Angleterre, changèrent si souvent d'alliés, suivant les vacillantes combinaisons de la fortune, furent toujours rivales, ou plutôt ennemies acharnées ;

cette guerre, dis-je, eut pour l'agriculture anglaise une de
ces combinaisons incroyables que les destinées humaines
amènent et que la prévoyance, que la prudence même ne
peuvent ni pressentir ni dominer.

Il n'était plus possible au commerce anglais, dans l'état
d'isolement où il était du continent, de pourvoir à l'approvisionnement du pays, à des conditions tolérables : il fallut
bien que le gouvernement ou plutôt la nécessité, bien autrement impérative que l'autorité, donnât l'élan à l'agriculture et lui commandât de doubler presque la masse des produits nationaux qu'elle livrait à la consommation. Le besoin se faisait sentir, la spéculation entrevit des chances
inespérées de gains certains : les efforts, les moyens se dirigèrent vers les spéculations de l'agriculture. Il y eut de
grandes et sages combinaisons tentées, d'énormes capitaux
appliqués à l'agriculture ; celle-ci répondit à l'appel, et,
d'année en année, on vit une production intérieure, toujours croissante, dépasser bientôt les demandes.

La masse des capitaux, pendant cette période, trouva
dans les cultures un fructueux emploi : les baux haussèrent
démesurément. Les longs baux assurèrent aux fermiers la
jouissance des produits territoriaux. De là, augmentation
bien supérieure au taux même de la rente, des valeurs territoriales ; de là, ce succès si vanté de la supériorité de l'agriculture anglaise, car elle n'eut de succès que parce que la
production était recherchée, que le marché s'était agrandi :
mais l'agriculture ne donnera-t-elle pas toujours de grands
produits, quand les prix de la denrée pourront répondre
aux frais de la culture ?

La paix continentale amena des chances contraires en
1814, et les années suivantes : les consommations se ralen-

tirent, les blés étrangers vinrent avec avantage se présenter en concurrence sur le marché avec les productions du pays; le gaspillage que l'état de guerre et les approvisionnements entretiennent, cessèrent; la consommation diminua: de là, avilissement de prix, souffrance, ruine, misère des fermiers, voilà le résultat de la nouvelle phase. La législation vint offrir le palliatif de ses restrictions à l'importation, et l'on prétendit avoir trouvé le moyen d'empêcher que l'avilissement des prix ne livrât les grains au-dessous du taux où ils se doivent maintenir pour que le fermier trouve dans la vente le prix de ses avances. Une question bien autrement difficile restait à résoudre, celle de soutenir les prix assez bas pour que les salaires pussent suffire à l'acquisition du pain: on ne put y parvenir, et l'augmentation effrayante du paupérisme fut le résultat de ce nouvel effort.

Nous ne scindrons pas cette matière importante, et dans le tableau rembruni que nous tracerons de l'état de l'agriculture en Angleterre, nous apprécierons avec preuves irrécusables les faits, dans cette pensée : Toute prospérité éphémère de l'agriculture est une condition de mort ; tout moyen fictif et qui n'est pas la conséquence d'une position permanente de besoins et de consommations, ne saurait lui imprimer cette énergie qui la rend la première source de la richesse publique (1).

____

(1) Quelques lignes justifieront cette maxime : Deux années désastreuses amènent des prix élevés ; l'agriculture s'enrichit ; on plante au-delà des habitudes de la consommation, et souvent la perte qui est la conséquence de l'abaissement du prix dépasse les gains obtenus.

Les vins manquent-ils deux années de suite, la viniculture s'étend ; y a-t-il une suite d'années abondantes, on sacrifie les vignes : elles sont arrachées.

Avant de quitter l'Angleterre, jetons un coup-d'œil sur sa situation générale. Depuis vingt ans, la paix a raffermi les autres nations et a amélioré leur position respective : tel n'a pas été son effet dans la Grande-Bretagne. L'Angleterre vit de son industrie qu'alimente son crédit ; mais ce crédit, qui a pallié, en s'étendant, l'état déplorable où elle se trouve, a augmenté pour elle le mal qu'il était appelé à guérir. Il faut énoncer franchement une vérité trop peu sentie : *Un état obéré ne se relève jamais entièrement par le crédit.* Il soutient sa position : il peut étaler une prospérité factice, tant que le crédit ne s'altère pas ; il éloigne la catastrophe et la détourne, mais il ne l'évite pas. En fait de dettes, il faut, pour les éteindre, avoir un capital qui leur soit supérieur, ou les diminuer par les économies : sans cela, vous pourrez retarder l'effectuation du paiement, mais il faudra qu'un jour, en présence du titre de la créance, se trouvent assez d'écus pour la représenter.

Si le crédit *seul* avait pu sauver un état, l'Angleterre vivrait d'une vie *réelle* et ne serait pas menacée dans son existence. Les vingt années de paix dont elle a joui ne lui ont pas été profitables : elle n'a pu que reculer l'époque où son colossal édifice couvrira, par sa chute, l'Europe de débris, de ruines, l'Europe, qu'elle traîne, pour quelques jours encore, à sa remorque, l'Europe, qu'elle a associée au fatalisme de sa destinée, en semant dans chaque coin un germe de destruction, par l'établissement d'un emprunt. Elle a fait plus (et c'est ici l'un des moyens secrets de sa politique) : tandis que chez elle les valeurs étaient fictives, et qu'elles étaient réelles chez les autres nations du continent, elle a déversé une portion de sa dette en se faisant la créancière de chaque état. Quant à elle, sa dette est la même : elle doit en

1835 ce qu'elle devait en 1815. En vain elle a dominé les finances des autres peuples ; en vain elle a monopolisé les denrées des deux mondes ; en vain elle *a voué à la mort* plusieurs millions d'Indiens, en accaparant les riz qui leur devaient servir de subsistance (1), en créant pour eux une famine ; en vain, à quelques exceptions près, elle peut dire : Tout ce que produit le monde entre dans mes ports ; tout ce que la moitié du globe consomme, mon industrie le fournit.

Suivez-moi ; soulevons le voile de l'avenir, et assistons à l'agonie de cette nation si fière. Un jour, elle ne pourra plus masquer sa position ; alors, pour l'Angleterre, pas de pitié ! En a-t-elle montré quand quelque nation se débattait contre la fureur déchirante du léopard ? en a-t-elle eu de la pitié, pour sa rivale ? en a-t-elle eu de la pitié, pour ces malheureux marins français qu'elle amena à Quiberon, sous le plomb meurtrier, ou qu'elle livra à la hache des bourreaux ? en a-t-elle eu de la pitié, le jour où, vaincu généreux, son plus grand ennemi, Napoléon, vint lui demander quelques jours d'hospitalité ? Copenhague en cendres ! Washington, dont elle a lâchement détruit les monuments publics, les PONTONS, tombeaux flottans (1), attestent toute la magnanimité de cette nation !

L'horizon se rembrunit, les nuages s'amoncellent, les nations indignées ont su, et dans leur courage et dans les

---

(1) Voyez les affreux résultats de ces spéculations de la compagnie des Indes, dans les diverses enquêtes relatives à la conduite des directeurs, dans l'épouvantable disette de 1790.

(2) Phalaris, moins ingénieux que les Anglais, n'enfermait qu'une victime dans les flancs incandescents de son taureau d'airain, et quarante-cinq mille Français périrent sur les pontons.

nouveaux moyens de destruction que l'enfer a créés,
rétablir l'équilibre. L'orage fond sur l'Angleterre : un seul
jour de victoire, la perte de l'Inde, quelques-uns des points
où elle a rivé les chaînes de l'Europe, occupés par un peuple nouveau, les troubles intérieurs, l'émancipation de
l'Irlande, une catastrophe qui ruinera ses finances, le paupérisme, la démagogie qui entraînera les peuples, voilà les
dangers qui la menacent de toutes parts. Il n'est pas nécessaire que tous ces maux naissent à la fois pour elle : qu'un
seul amène sa triste réalité, et il n'y aura plus d'Angleterre.
Alors l'agriculture sans appui ne pourra pas seule réparer
les malheurs ; les villes, n'offrant plus de protection aux laboureurs, se dessécheront, mourront affamées ; les moyens
de solder les denrées manqueront tout-à-coup pour le plus
grand nombre. Elles errent dans les campagnes ces bandes
irritées par une insatiable faim ; comme les sauterelles, elles
détruisent tout : un jour voit périr les denrées qui auraient
pu suffire à une année ; la grandeur de la calamité seule
y met fin, et l'Angleterre, redescendue au rang des nations
du troisième ordre, ne vivra plus que dans le souvenir des
peuples et des souffrances qu'ils ont éprouvées pendant
qu'elle dominait........ Pour l'Angleterre, pas de pitié !
pas de merci !...... c'est un cri tout français !

§—XXXV.

L'Allemagne chaque jour se déboise, et, comme toutes
les contrées du Nord, se découvre et se livre *aux
vents boréaux*. Leur règne glacial devient destructeur,
et les climatures des saisons se trouvent visiblement
altérées par ces causes funestes.

LUCHESSNI.

Le luxe est l'ombre de la richesse : il s'agrandit dès
que la masse est considérable.

GRACIAN.

Une nation qui étend son commerce aux dépens de son
agriculture diminue sa force morale, et, sans nul
doute, sa richesse *réelle.*

DUPONT DE NEMOURS.

Si pour les temps anciens, si pour ceux qui suivirent l'é-
tablissement du christianisme qui y pénétra dès les premiers siècles de l'église, parce que la morale évangélique
s'annonce partout où il y a des hommes à ramener à Dieu ;
si pour le moyen-âge, avant 1400, nous avions pu trouver
des documents historiques sur l'agriculture du Nord, nous
eussions consacré un paragraphe à ces intéressants détails ; mais jusqu'au XVIIIᵉ siècle, nous voyons ces contrées
hyperboréennes occupées, par une culture imparfaite, à satisfaire aux demi-besoins des sauvages qui les couvrent, ou,

pour être plus vrai, qui les parcourent. La population était trop espacée, les hommes trop isolés, trop rares pour que l'agriculture fût un besoin, fût un art : ce n'est qu'avec le bagage de la civilisation qu'elle se montre supérieure aux nécessités et qu'elle dépasse les efforts de la nature.

Ainsi pour la Norwège, pour la Suède, pour la Russie, l'ère agricole n'a commencé qu'avec les événements qui, de 1680 à 1730, ont appelé sur ces pays éloignés l'attention et les regards de l'Europe. Avant ce temps, la Russie et la Prusse, qui jouent aujourd'hui un rôle si imposant dans l'histoire, qui sont d'un poids si grand dans la balance européenne, n'étaient connues que de nom, et leurs peuples étaient regardés comme des nations demi-sauvages.

Tout-à-coup apparaissent Pierre-le-Grand d'abord, et ensuite Frédéric II : ils s'élèvent, et avec eux se développent pour la Russie et pour la Prusse, ces deux arts si opposés, celui de détruire les hommes et celui de les nourrir : Frédéric surtout fut pour le nord de l'Allemagne, le créateur de l'agriculture et de la tactique.

Quant à l'empire et à l'Allemagne méridionale, ses intérêts ont été toujours mêlés à ceux du reste de l'Europe ; elle a eu ses arts, et ils ont, quoique tardivement, suivi chez elle les progrès et les phases qu'ils ont eus en France et en Italie. On peut principalement, dire que de tout temps, la culture des champs pour l'Allemagne méridionale a été plus avancée que dans le reste de l'Europe. Cette portion de l'Allemagne, par ses mœurs, par sa situation, est essentiellement agricole. Elle n'est pas restée en arrière : l'introduction des prairies artificielles, la régénération des races de bestiaux, la théorie et la pratique des assolements y ont été introduites, avec plus de facilité que dans le reste de l'Europe ; le bon sens du cultivateur allemand lui a fait entrevoir tout ce qu'il pouvait retirer d'heureux des moyens proposés.

Jusqu'au XVe siècle, l'Allemagne n'avait joui que d'une demi-culture, et il n'y avait que les plaines énergiquement fertiles qui eussent été soumises à une culture réglée. Vers 1453, à l'époque où Mahomet II prit Constantinople, une foule de terres étaient encore en friche. Alors même presque toute la Prusse, surtout la partie polonaise, n'était qu'un désert ; les plaines fertiles qui se trouvent arrosées par l'Elbe et le Weser n'étaient que des marais infects. A partir de cette époque, d'âge en âge, l'agriculture prit un grand essor, mais pourtant il est vrai de dire que ce ne fut que vers le commencement et pendant le cours du XVIe siècle que l'agriculture allemande entra véritablement dans la voie des progrès.

L'empereur Maximilien, grand-père de Charles-Quint, si connu par son rêve de monarchie universelle, encouragea l'agriculture, et cet art dut ses premiers progrès à la protection de ce prince. La réforme survint, et les intérêts des partis religieux en retardèrent la marche : les champs furent oubliés. Cependant, la sécularisation des évêchés et des principautés ecclésiastiques, la movibilité des terres bénéficiales, la rapidité des mutations, donnèrent de la valeur aux terres et amenèrent des succès ensanglantés ; plus d'un champ put alors prendre le nom d'*Hacel-dama*, le champ du sang.

Vers 1550, (1) Heresbach, né en 1509, mort en 1576,

____

(1) C'est une remarque coïncidente que celle qui montre à cette époque, pour chacun des grands états de l'Europe, un écrivain agronomique, pourvu de génie pour développer la science et les préceptes qui

publia un traité immortel, et son livre, intitulé *de Re Rustica*, jouit aujourd'hui encore du mérite d'être cité comme
classique: tant il sut devancer la science, en dessiner les
préceptes, ou plutôt rappeler ceux des anciens géoponiques. Alors déjà le Holstein était célèbre par les perfectionnements de son agriculture ; alors le Meklembourg était
connu pour la beauté de ses chevaux, ainsi que le duché de
Prusse l'était pour la qualité de ses blés : les progrès se firent
lentement, et jusqu'à la guerre de trente ans l'agriculture
fut presque stationnaire.

Frédéric II, qui avait tout créé pour la monarchie prus-
sienne, sentit l'importance de la culture : il la vivifia par
ses soins, par sa protection, surtout par les prêts qu'il fit à
tous les cultivateurs, lorsqu'il avait jugé qu'une entreprise
pouvait être utile : il apporta en général cet esprit minutieux
de détails qu'il sut rendre si fécond. L'ordre qu'il établit,
son économie, lui permirent de satisfaire à tous les besoins:
il fonda des institutions, favorisa les arts, créa des villages,
y organisa la culture, perça des routes, fertilisa des sables :
il put tout ce qu'il voulut, par la sage distribution qu'il fit
de ses moyens pécuniaires. L'horticulture doit beaucoup à
ce prince qui introduisit dans son royaume la culture de la

---

font le succès de l'agriculture. Heresbach, en Allemagne ; Camille
Tarello, en Italie ; Herréra, en Espagne ; Fitz Herberg, en Angleterre,
donnèrent des écrits qui sont encore aujourd'hui la base de l'agriculture dans ces divers royaumes. Notre Olivier de Serres, en France, les
a surpassés tous ; il a tout dit, tout prévu : rien d'utile n'a échappé à son
génie. Est-elle fortuite, est-elle providentielle cette rencontre qui, à
l'apparition des arts, a fait naître dans chaque nation un homme supérieur qui la comprend tout entière et qui en révèle les secrets de manière
à rester l'oracle et la règle des siècles qui viennent après lui.

plupart des plantes potagères : il récompensa Margraaf, qui en 1747, reconnut dans la betterave la présence du sucre. En 1800, un autre chimiste à Berlin perfectionna et popularisa les moyens d'extraction et les fit sortir des laboratoires de chimie, pour les introduire dans les ateliers des manufactures. Il créa l'art d'extraire le sucre européen. C'est ainsi que l'on dut à deux chimistes prussiens cette industrie, destinée aujourd'hui à jouer un si grand rôle dans le monde commercial, en affranchissant l'Europe du tribut qu'elle paie aux deux Indes.

C'est dans l'Allemagne, c'est encore dans la Prusse qu'il faut aller étudier l'économie forestière. L'honneur attaché aux emplois dans cette partie agricole, les connaissances exigées des candidats, faut-il le dire, l'esprit essentiellement conservateur des divers gouvernements, tout serait utile pour éclairer notre imprévoyante légèreté. Il n'est pas jusqu'au paysan, qui n'ait compris, que, en même temps qu'il plante des arbres, il peut, avant que les sujets aient pris quelques développements, cultiver les terrains destinés aux taillis ; plusieurs récoltes obtenues ont amélioré le terrain, et les arbres profitent et des engrais et des façons données à la terre.

Ce bienfait, celui des progrès en agriculture, est dû principalement aux instituts agricoles, à celui que fonda Thaer. Avant d'élever un établissement plus considérable à Mœglin. Partout l'instruction rurale est mêlée aux diverses autres études : dans toutes les universités, à Gœttingue, à Vienne, à Leipsick, à Halles, à Francfort, on fonda des chaires d'agriculture. Par quels hommes ont-elles été remplies ? *Beckmann*, à Gœttingue ; *Jourdan* et *Trautmann*, à Vienne ; *Burger*, à Clagenfurt ; *Sturm*, à Iena et à Bonn ; *Poll* à Leipsick ; *Weber* à Breslau ; *Schulze* à Iéna? La science les nomme avec orgueil, et ils jettent sur l'agriculture tout l'éclat et l'intérêt attachés à leurs noms.

Mais ce sont surtout dans les petits états de la Confédération, que l'on voit toute la puissance de l'agriculture : les gouvernements sont tous persuadés que c'est à elle surtout qu'ils doivent tous leurs soins. Nous voudrions conduire nos lecteurs dans le Wurtemberg, où l'on fait tout pour fertiliser un coin de terre, où l'on cultive avec tant de succès toutes les plantes industrielles, textiles, tinctoriales et médicinales ; dans le Palatinat, où, un gouvernement vraiment paternel, depuis plus d'un demi-siècle, est parvenu à tripler les richesses du pays ; dans la Saxe, où l'on cherche à racheter par les progrès de l'agriculture, la perte de presque la moitié du territoire ; dans la Saxe, où, depuis un temps immémorial, la belle race électorale des béliers a fait la richesse de ses heureux cultivateurs : ils verraient, *avec un luxe inouï de productions*, se dessiner partout la prospérité agricole.

Dans le Palatinat surtout, le gouvernement a compris la puissance des irrigations. Il a senti que les particuliers isolés ne pourraient tenter que d'inutiles efforts : il a pris l'initiative. Il a projeté l'opération sur une grande échelle. Tous les endiguements, le creusement de vastes réservoirs, les écluses, en un mot, tous les travaux préparatoires ont été exécutés par lui. Ici les eaux rassemblées en canaux attendent, pour se répandre sur les terres, que des coupures sagement dirigées les y conduisent. La distribution des eaux entre les arrondissements est faite par l'autorité ; celle entre les particuliers est opérée par des réglements locaux, la quotité et la position des terrains déterminent le mouvement et la masse d'eau accordée. La Quesch toute entière est détournée et ses eaux reçoivent toutes cet emploi.

Nous verrons dans la statistique agricole, ce que fait le gouvernement autrichien pour l'agriculture ; mais nous ne saurions trop tôt appeler l'attention sur un fait agricole. Depuis 1100, quarante épizooties ont ravagé l'Europe. Elles sont toutes parties de la Hongrie : c'est un foyer d'infection perpétuelle. Ne serait-il pas possible à la grandeur du mal d'opposer des mesures énergiques, qui, pour les Hongrois d'abord, pour l'Allemagne, pour l'Europe enfin, éloigneraient un fléau qui revient périodiquement désoler l'agriculture, et que chaque génération voit renaître ?

Ici finissent le peu d'alinéas que nous consacrons à l'agriculture allemande. Quand nous ferons le tableau de son agriculture actuelle, riches des matériaux qui nous seront fournis par des hommes d'un mérite éminent (1), qui ont parcouru l'Allemagne dans la vue seule d'étudier son agriculture, nous tâcherons de nous faire pardonner la sécheresse de l'aperçu actuel.

Il nous faudrait maintenant jeter un coup d'œil sur la Belgique, cette contrée qui, sous le nom de *Flandre*, a su affronter la puissance autrichienne ; cette Belgique, la patrie des séditions, des guerres civiles, des soulèvements, et qui a donné à ses mutineries une physionomie mesquine, telle que Thucydide lui-même n'aurait pas pu la tracer avec ces grands traits qui lui ont servi à immortaliser la guerre du Péloponnèse.

Envisagée sous le rapport agricole, la Belgique a toujours été regardée comme ayant, par ses méthodes, fourni à

---

(1) Entr'autres, M. Lanourais, qui a déjà, dans la *Revue germanique*, excellent recueil, donné des articles remarquables sur l'agriculture.

l'agriculture anglaise le calque dont elle s'enorgueillit aujourd'hui. En 1559, Hoperus, belge, envoya dans sa patie des graines du grand soleil, et l'on vit, en 1560, le phénomène d'une tige de 24 pieds portant un disque de trois pieds et demi de circonférence (1).

On a dit des Belges, que, si les Romains ont créé le dieu du fumier, STERQUILINIUS, ce furent les Belges qui lui élevèrent des autels. Nulle part, la théorie des engrais n'a été poussée plus loin; nulle part, la pratique n'a été plus appuyée sur l'expérience et ne s'est plus enrichie de ses observations. Clusius, Delobel ont décrit les fleurs qu'ils cultivaient avec tant de succès. Nous trouvons encore une occasion de rappeler un bienfait de la religion envers l'agriculture. Ce fut un récollet qui, au milieu du XVIe siècle, porta en Amérique un vase plein de blé. Ce blé fut la source de tout celui qui est cultivé aujourd'hui dans toute l'Amérique. A Mexico, on a conservé ce vase, et on le montre comme un objet de vénération.

Il nous tarde de rentrer sur le sol natal et d'y suivre, pendant 350 ans, les chances de notre agriculture française.

---

(1) La garance, cultivée de temps immémorial en France, fut, à partir du XIIe siècle, introduite en Belgique. Dès le XIVe siècle, les Belges étaient les maîtres du marché. Le midi de la France a reconquis cette culture qui fait aujourd'hui sa richesse.

§—XXXVI.

> Les Français ont toujours eu licence et liberté de parler
> à leur volonté de toutes sortes de gens , et même
> de leurs princes ; non pas après leur mort tant seu-
> lement , mais encore de leur vivant , et en leur
> présence.
>
> **Soissel.**

> Les bonnes gens des champs accouraient de plusieurs
> journées pour le voir, jonchant de fleurs et de feuil-
> lages les chemins , comme s'il eût été un dieu
> visible.
>
> **Mezerai.**

Le commencement du XVIe siècle et sa fin offrent le singulier phénomène de deux princes également aimés des
peuples qui en conservent encore la mémoire, Louis XII
et Henri IV. Ils aimèrent leurs sujets et leurs peuples, leur
valurent ce qu'ils voulaient (1) , tant l'amour paternel est
puissant. Quand tous les trônes de l'Europe étaient ébranlés,
le saint siége occupé par Alexandre VI , l'Allemagne livrée
aux irrésolutions de Maximilien; quand l'Angleterre, épuisée
d'hommes par les guerres interminables de la rose rouge et
de la rose blanche, était teinte du sang de ses rois, on peut
croire, en voyant les principaux traits du tableau de l'Eu-

---

(1) « Mon peuple me vaut ce que je veux ». (*Mot sublime de Henri IV.*)

rope, plutôt adoucis qu'exagérés, ce que l'agriculture, qui ne vit que de paix, que de bonheur, a dû souffrir des calamités qui l'affligèrent. Si nous avions pu, comme nous le faisons pour la France, rechercher sur chaque contrée les traits caractéristiques de sa situation, nous eussions déroulé le spectacle le plus affligeant, montré la scène la plus désolante.

Tel ne fut pas l'état de l'agriculture en France : les laboureurs respirèrent sous Louis XII des malheurs attachés à la licence militaire. La probité sévère de ce prince lui fit de ses deniers payer les dégâts commis par ses troupes, sur les terres ennemies. Il assembla les états-généraux pour aviser aux moyens de soulager le peuple. Son ascendant de bonté l'y suit, et ces assemblées, d'ordinaire si tumultueuses, deviennent dociles, montrent une résignation complète à ses volontés. « Qui, dit un historien faisant cette remarque, aurait pu lui dicter de meilleures lois que ses penchants ? »

Le bon roi épie le malheur des gens de la campagne pour les soulager ; il relève la chaumière envahie, dédommage d'une perte dont l'auteur n'est pas connu ; il diminue les charges qui pèsent sur l'agriculture ; partout l'hydre de la fiscalité est abattue, les dépositaires infidèles sont poursuivis, les spoliateurs des deniers publics sont flétris, attachés au gibet et au pilori ; le soldat est forcé par la discipline la plus sévère à respecter, suivant l'expression du roi, ceux qui *lui mettent le pain à la main.* Il a besoin d'un impôt : il pleure en signant l'édit qui le prescrit. « Je jure que, « si la nécessité ne m'y réduisait, je ne souffrirais cette charge « sur mon peuple. Dieu m'est témoin que je veux récom- « penser par un relief mes pauvres sujets, ou la mort m'en « empêchera. » Il tint plus qu'il n'avait promis. Quelques victoires rendirent les besoins moins pressants : la dette fut diminuée, les impôts cessèrent. Les peuples, soulagés, bénirent le prince qui compatissait à ses douleurs : et pourtant Louis XII avait été duc d'Orléans (1) !

Ce règne fut celui du gouvernement à bon marché. C'est le louer et faire l'éloge de l'administration de Georges d'Amboise que de rapporter quelques jugements des contemporains. « Il ne courut oncques, dit St.-Gelais, du règne « de nul des autres, si bon temps qu'il a fait durant le sien. » Le roi se peint lui-même dans ces mots : « Je préfère voir « mes courtisans rire de mon économie que de craindre les « pleurs des peuples, après ma mort, sur mes profusions. » Écoutons Fleuraux : « Ce bon roi maintient la justice et « nous fait vivre en paix. Il a ôté la pillerie des gens d'armes « et gouverné mieux qu'aucun roi ne fait. Il mourut : les « crieurs jurés eux-mêmes, chargés d'en proclamer la nou- « velle, oublièrent la formule, et on entendit la proclamer « ainsi : Dites vos patenôtres pour le repos de l'âme de très- « excellent bon roi : le *père du peuple* est mort ; et la foule « répétait tristement : *Notre bon roi est mort* (2). » Après lui, l'agriculture fut, pour ainsi dire, empreinte des malheurs de l'époque. Pendant les guerres qui désolèrent l'Europe, pendant les guerres civiles qui se prolongèrent en France,

____

(1) Il n'auroit onc voulu que telles impositions, comme établissement de gens d'ordonnance, d'archiers, fussent levées sous son règne, se contentant, pour l'entretenement de sa maison, de son ancien patrimoine qu'il avoit au paravaut (*sic*) son advènement à la couronne, consistant en terres de Blois, Orléans, Montoires et Coussi, ne jouissant du royaume de France que du nom de roy. *Guidon des Finances*, page 7.

(2) Il est impossible de séparer le bon roi des hommes vertueux que

près de 60 ans , elle souffrit des pertes incalculables , elle ne
se releva que sous Henri IV (1).

§ — XXVII.

Tellus, superanda, colendo, est.

Malgré les obstacles que les désordres des guerres étrangères et des guerres civiles présentèrent à l'agriculture, pendant
cet espace de soixante ans, elle révéla pourtant son existence
par quelques faits inaperçus et par plusieurs écrits remarquables : nous allons les présenter sommairement. François Ier, à
qui l'Italie fut si fatale, et dont *l'étoile avait quelque chose de si*
fâcheux que, lorsqu'il prenait pour réussir les mesures que suggère
la prudence, l'événement trompait ses espérances , ne borna pas
sa sollicitude à transporter en France les arts et les artistes.
A son retour, il introduisit les méthodes d'irrigations dont il
avait été le témoin : il employa sur plusieurs points ses troupes à creuser des conduites d'eau (2). Ce fut sous le règne de

le bon prince , comme dit un de ses historiens , qui avait choisi Trajan
pour modèle , et le *Traité des Devoirs* de Cicéron pour règle.

(1) Ce fut pour ce prince , père du peuple , que fut ajouté aux *prières*
de l'église le *Domine salvum fac regem.*

(2) On n'est pas accoutumé à citer François Ier comme bienfaiteur

ce prince que Charles Etienne, en 1533, publia sa *Maison rustique*, dont Jean Liebault, son gendre, donna une édition plus complète, distribua avec ordre les chapitres, entassa, avec une sorte d'instinct créateur, les renseignements que pouvaient fournir sur l'agriculture les auteurs grecs et latins. Le titre heureux de cet ouvrage l'a fait reproduire même au XIXe siècle, quoiqu'il n'offre plus aujourd'hui aucune ressemblance avec le traité d'Etienne.

Ruel, en 1516, fit une traduction latine du traité de Dioscoride, où, en parlant de la luzerne, il annonce que cette plante était cultivée dans plusieurs contrées de la France, et prouve avec une grande sagacité que cette plante était la *medica* des Anciens. Ruel était de Soissons, il désigna la luzerne sous le nom de foignasse, patois picard. On l'a long-temps connue sous le nom de foin de Bourgogne. La luzerne a donc été dès long-temps cultivée en France et en Espagne.

Avec les arts qu'il protégea si efficacement et qui en retour honorèrent son siècle, François Ier importa encore d'Italie les jardins à fleurs. Ces jardins qui étaient déjà un art et qui vinrent se dessiner avec tant de graces autour des résidences royales de Fontainebleau et de Chambord, qu'il éleva avec un goût et une magnificence méconnus de nos jours ; où tant d'efforts mesquins ne créent qu'à demi ou plutôt avec ce demi-vouloir, résultat obligé de la médiocrité.

La règle et le compas des formes artistiques et géométriques caractérisèrent les jardins de Versailles, et tous ceux qu'ordonnança le génie de Lenôtre, épris de la gloire de

---

de l'agriculture : on le voit cependant, en aliénant son domaine de Gonesse, exiger que le nommé Genault, son fermier, soit continué.

son maître qu'il aima tant. Depuis, de mesquines combinaisons ont détruit le prestige de cette belle et majestueuse conception.

Sous Henry II, Belon, savant médecin, voyage pour enrichir la science : la munificence royale pourvoit aux frais de ce voyage, et plusieurs observations d'agriculture, surtout le traité *de Arboribus coniferis* furent un des fruits de cette expédition. L'histoire naturelle en était le but, et ce fut elle qui en recueillit le plus d'avantages. Sous François II, Catherine de Médicis, régente, pour populariser son gouvernement, dégreva les laboureurs en diminuant les tailles.

C'est encore pendant le règne de Henri IV que l'orme fut introduit en France. Sully le protégea tellement que dans plusieurs provinces il est encore connu sous le nom de Rosny. Sous Louis XIV l'on comprit son importance, qui l'a fait reproduire à l'infini. Depuis, malgré sa lente croissance, on l'a exploité avec une sorte de fureur : aujourd'hui il est rare, et le charronage n'en trouve qu'avec difficulté.

Un potier de terre, simple paysan de l'Agenois, crée pour les arts industriels les émaux, la faïence ; sans lettres ne sachant, comme il le disait lui-même, ni le grec ni le latin, il ouvrit à Paris des cours d'histoire naturelle et de physique. Son génie ne se borna pas là : il sert l'agriculture en signalant l'écobuage, en donnant le premier des notions sur l'action de la marne comme amendement, en démontrant la possibilité de supprimer les jachères, en assurant enfin qu'aucune substance plus que le sel ne pourrait imprimer une énergie fécondante aux terres qui en recevraient le bienfait.

Cet homme de génie indiqua pour le Poitou, la Saintonge, où il fut long-temps géomètre, des méthodes qui ont servi l'intérêt de ces deux provinces. Quelques auteurs précisent pour le sarrazin l'époque où il fut introduit, l'année 1500. Nous avons, sur l'autorité de M. Regnier, indiqué pour patrie de cette substance providentielle, la France.

En 1524, le dindon, le plus gros oiseau, et le meilleur de nos basses-cours, nous fut amené. Sous Louis XII commencent à paraître de conserve les melons, les grenadiers, les ananas, ils offrent aux tables des riches qu'ils surchargent, l'avantage d'augmenter le luxe des festins.

Un présent de l'Amérique bien autrement important, quoique le bienfait en ait été long-temps méconnu, ce fut l'importation des topinambours et surtout de la pomme de terre, ce puissant préservatif contre les disettes, et qui aujourd'hui joue le premier rôle dans l'économie domestique et rurale; le tabac apporté du Brésil, par Nicot de Sainte-Croix. L'indigo qui vient, en 1540, anéantir successivement nos cultures de pastel et faire oublier les méthodes d'extraire la fécule, sont des événements qui signalent cette période intermédiaire de l'agriculture du règne de Louis XII à celui de Henri IV.

Nous ne devons pas cependant passer sous silence les ordonnances de Charles IX. La première, digne d'un meilleur temps, fut la célèbre ordonnance de 1566, qui prescrit de donner à médiocre cens toutes les terres incultes, places vagues et marais qui lui appartenaient ou qui dépendaient du domaine; et celle assez absurde, renouvelée sous Henri III, d'arracher les vignes dans les terres qui peuvent recevoir des blés.

Enfin l'ordonnance de Charles IX, du 20 janvier 1563, qui défend, pour augmenter le bétail, de tuer les agneaux. Ces dispositions ont été renouvelées par des ordonnances des 24 avril 1715 , 19 janvier 1719, 4 avril 1720, 15 janvier 1729. On a senti depuis, que l'intérêt privé, bien mieux que des prescriptions législatives, pourrait remédier aux malheurs des épizooties.

Nous devons regretter que L'Hôpital dont il a été dit avec tant de vérité, qu'il ne partagea aucune erreur de son siècle, et que nulle découverte n'a été faite depuis, qu'il n'ait pressentie long-temps avant, n'ait pas été chargé du département qui devait soutenir l'agriculture, il l'aurait protégé cet art; il aurait protégé l'agriculture s'il eût eu ses intérêts à défendre, mais les malheurs des temps et les démêlés de la politique occupèrent seuls ses loisirs.

§— XXXVIII.

« Reconnaissez votre Roi légitime et non bâtard, que
« Dieu vous a donné, afin qu'il vous gouverne avec
« telle douceur qu'à jamais Dieu soit béni et loué. »

**(Paroles de HENRI IV, adressées dans Amiens,
le 22 août 1594, aux députés de Beauvais.)**

« Les impôts que je lève ne sont pas pour enrichir
« mes ministres ou mes favoris, comme faisait mon
« prédécesseur, mais pour supporter les charges
« de l'État. Si mon domaine eût été suffisant pour
« cela, je n'aurais rien voulu prendre dans la bourse
« de mes sujets; mais puisque j'y emploie le mien
« tout le premier, il est bien juste qu'ils y contri-
« buent du leur. Je désire avec passion le soulage-
« ment de mon peuple. Jamais aucun de mes pré-
« décesseurs n'a adressé autant de vœux à Dieu que
« moi pour bénir les années de mon règne. Les
« alarmes qu'on veut vous donner, que j'ai dessein
« de bâtir des citadelles dans vos villes, sont fausses
« et séditieuses. Je n'en désire point d'autres que le
« cœur de mes sujets. »

**(Réponse de HENRI IV à des supplications
sur l'imposition du sou pour livre.)**

A peine Henri IV est-il sur le trône, que sa sollicitude le
fait penser aux intérêts de l'agriculture. Il signale son avénement par les ordonnances mémorables de 1590 et 1595,
rendues pour soulager les laboureurs et les protéger contre
les traitants et les maltôtiers.

Bradley, ingénieur hollandais, offre au prince de rendre à la culture les marais de la France en les desséchant, ceux, surtout, du Bas-Languedoc. Ses plans sont accueillis, et une législation spéciale vient en aide à cette grande mesure de prospérité agricole (1). Ecoutons ce bon prince, dans le préambule de cet édit : « Entre les moyens licites, « dit-il, que nous avons recherchés pour soulager et en- « richir nos sujets, depuis notre avénement à la couronne, « ayant reconnu que le revenu de la terre était le plus utile « et le plus assuré, comme étant celle qui produit les fruits « et matières propres pour toutes sortes de nourriture, « d'ouvrages et de manufactures qui sont au commerce « des hommes, nous avons, à cette occasion, désiré et « fait chercher les moyens de dessécher un marais duquel « le fond est bon et fertile, s'il était en état d'être cultivé. » Quels puissants encouragements ne donna pas dans son édit notre Henri à ce projet si souvent renouvelé depuis, et dont l'exécution donnerait à la Crau (le delta du Rhône) une vie qui le ferait rivaliser avec celui dont, depuis des siècles, s'enorgueillit la vieille Egypte !

Dans cet acte d'une haute législation, où Henri prouva combien son génie, son amour des peuples, pouvaient procurer de félicité à la France, Bradley était anobli *ipso facto*. Tout ce qui appartenait au roi dans les terrains à dessécher, tout ce que les communautés concédaient était donné à l'ingénieur, à titre de châtellenie, exemption d'impôts, du droit de mutation, exemption pour les travailleurs, du droit de consommation : voilà les avantages, les hon-

----

(1) Vauban, Riquetti, Pitot se sont occupés de ce projet; Richelieu, Mazarin et le maréchal de Noailles l'ont favorisé.

neurs, dont l'administration prévoyante du roi entourait cette opération, qu'il eût exécutée s'il eût vécu, et que la province, quoique l'opération ait été reprise, n'a pu encore obtenir.

Jusqu'en 1789, tant est puissant le pouvoir de l'exemple ! les ordonnances de concession pour desséchement ont encouragé ces entreprises par les mêmes honneurs, par les mêmes priviléges.

Que peut un prince par lui-même, s'il n'est secondé par d'habiles ministres et surtout par des ministres qui voient la gloire et les intérêts du prince, dans la prospérité du royaume, qui ne séparent pas le prince de son peuple, qui n'attiédissent pas l'amour de l'un pour l'autre ? Mais il ne suffit pas aux monarques de choisir, d'apprécier, de deviner même les bons ministres ; ils doivent d'abord faire une abnégation d'eux-mêmes, avoir la sagesse qui fait écouter les bons conseils, et n'avoir pas la manie de consulter avec la résolution de faire prédominer des projets arrêtés, ne pas montrer cette obstination inflexible qui égare, ou ce flux de paroles qui noie ce qu'il y a d'utile dans un bon avis et en annihile le bienfait. Tel ne fut pas Henri IV : il écoute Sully. C'est le secret des bons rois, d'avoir de bons ministres. Georges d'Amboise avait été celui de Louis XII, et Henri IV fut aidé dans son bon vouloir pour l'agriculture par le duc de Sully qui le seconda si bien dans ses vues. Il était bien digne d'être le conseil du bon roi, celui qui pensait que *l'agriculture est le fondement des empires et la base de la puissance des rois ; que le labour et le pâturage sont les deux mamelles de l'état ;* celui qui, à peine appelé par le prince à de hautes fonctions, les commence, en 1595 et en 1598, par la visite de diverses intendances, pour connaître par lui-même et les besoins des peuples et les ressources de chaque localité, pour étudier les coutumes et les productions du pays, afin d'établir une harmonie constante entre ces divers objets.

Quand Sully arriva au ministère, en 1598, il trouva, ainsi qu'il le dit dans ses *Économies royales*, les terres en friche, faute de bras, faute de facultés pour les cultiver. Trois années de taille étaient dues par les laboureurs et formaient pour le trésor une ressource de 20 millions, représentative de plus de 66, en 1836. Sully, malgré les embarras et la fâcheuse position des finances, n'hésite pas un instant à remettre aux cultivateurs cette dette immense, et cela dans quel temps? à quelle époque? au moment où les Espagnols venaient de s'emparer d'Amiens, et où le roi allait hasarder sa vie, pour reprendre cette ville.

Le premier, il sut distinguer la juste proportion à établir pour niveler les impôts suivant la nature des terres. C'est encore lui qui, le premier, ôta à la taille sa forme arbitraire, distinguant, dans le revenu ou le produit brut, le coût du travail et la masse des avances. Il ordonna qu'il fût distrait avant de soumettre la terre à l'impôt; il citait volontiers cet axiome : *de deux terres, l'une bonne, l'autre mauvaise, si elles ont un même rapport, comme l'une par un travail double a pu seule obtenir ces résultats, la dernière doit supporter seulement la moitié de l'impôt de la première.* Le premier enfin, il proclama ce principe : *L'impôt diminué est une avance à la terre;* et cet autre : *Les capitaux n'ont pas de meilleure direction que les terres, et pour l'état et pour les particuliers* (1). On l'en-

---

(1) Sully peint dans son langage énergique et sa naïveté ordinaire les

tendit plusieurs fois expliquer le système de son administration en disant : J'ai gouverné les affaires de la France
comme je gouverne les miennes : aussi , et c'est là son plus
grand éloge , se retira-t-il après la mort de son maître ,
quand il se vit sans autorité , ne voulant pas , ce sont ses ex-
pressions , servir d'ombre au mal qu'il ne pouvait pas empêcher.

---

*vœux de Henri IV pour son peuple. J'aurais , dit-il , regret de sortir
de la vie sans élever ce royaume-ci à toutes les splendeurs que je me suis
proposées et avoir témoigné à mes peuples que je les aime comme mes
enfants , en les délivrant de la moitié des impôts. Liv. X , Écon. royales.*

§--XXXIX.

Sous une administration sage, un empire est une famille
où, quelques enfants ont, à la vérité, du superflu, mais
où tous ont le nécessaire..... Car si la terre qui me
porte m'était étrangère, si je n'avais d'autre privilége que celui d'y poser mes pieds, d'y étendre mon
cadavre, j'appellerais la malédiction sur elle.

PECHMEJA.

Comblée des bienfaits du Ciel, la France n'a besoin
que d'un regard du génie pour produire des soldats
comme les Spartiates, des généraux comme Scipion,
des moissons comme celles d'Egypte et de Sicile.

Le même.

Le duc de Sully, long-temps avant l'économisme, conçut
tout l'avantage de la liberté du commerce des blés : aussi
jamais la France ne produisit autant de blés que pendant
son administration , et jusqu'en 1661, que ce système fit
place à un système prohibitif.

Il n'est pas jusqu'aux cimetières qu'il n'ait appelés à contribuer aux progrès de l'agriculture, par ses vues pleines de
sagesse, il ordonne partout des plantations d'ormes : les ornements graves, l'ombre pacifique de cet arbre si utile, sont
une distraction à la pensée de la mort ; le souvenir de ce

bienfait se perpétue, et l'orme perd son nom, dans beaucoup de contrées, pour prendre celui du bienfaiteur de la France il est souvent appelé *Rosni*. Pourquoi ne pas, de nos jours, rendre à ces asiles de la paix, ces arbres que, par la crainte de leur croissance tardive, l'égoïsme rejette? Il y a plusieurs provinces où ce sont les tilleuls qui portent le nom de *Rosni*.

O temps heureux pour l'agriculture, qui n'a jamais depuis retrouvé une semblable prospérité! Oh! si sa voix avait été entendue! si, lorsque Philippe II expulsa les Maures d'Espagne, ils eussent été appelés en France; si, comme ils le demandaient, les landes de Bordeaux, les marais de la Camargue leur eussent été concédés, leur activité eût été consacrée au profit de l'état: qu'ils eussent répandu de capitaux et de moyens de culture sur ces terres encore infécondes! Huit cent mille laboureurs! quelle conquête, ô France! des bras puissants eussent concouru à fertiliser ton sol déjà si favorisé du ciel.

En 1600, c'est encore notre Henri IV qui règne pour dix années seulement, espace bien court, mais dont la mémoire sera éternelle, puisqu'elles furent tout entières employées à faire fleurir l'agriculture. Cette année 1600 fut mémorable pour l'agriculture : elle vit paraître le livre le plus utile qui ait été écrit sur cette science; on voit que nous voulons signaler le *Théâtre de l'agriculture* d'Olivier de Serres. La profondeur de son savoir, la précision de son style, font encore de cet ouvrage un livre dont l'autorité aujourd'hui est universelle : de Serres est le patriarche des agriculteurs français. Henri avait hâté de ses vœux la publication de cet ouvrage qui eut tellement, suivant Scaliger, le bonheur de lui plaire, qu'il se le fit lire pendant quatre mois, et il ajoute : Il est fort impatient, et si il le lisait demi-heure chaque jour ; quelle gloire pour le livre de de Serres, quelle source d'éloges pour Henri IV (1) !

En 1599, Henri avait envoyé le baron de Colonne, l'intendant de ses jardins, en Italie, pour demander des plants de muriers et de la graine de vers à soie. Vingt mille muriers furent envoyés à Paris, et on les planta aux Tuileries. Le prince fait plus : il établit une maison pour la cueillette de la soie. Ce fut ainsi, dit de Serres, qu'eut lieu l'introduction de la soie en France (2). Il demande au Columelle français un rapport sur les moyens de cultiver la soie en France, pour qu'elle se voie rédimée de quatre millions qu'il fallait en sortir pour la fournir de cette matière (3).

---

(1) Olivier de Serres, dans la dédicace de son Théâtre, disait à ce bon ami des laboureurs : « Vous parler d'agriculture, c'est vous parler de vos propres affaires, parce que votre royaume, qui tient le plus signalé rang dans la terre universelle, est terre sujette à mériter d'être cultivée avec art et industrie, pour lui faire reprendre son ancien lustre. »

(2) Louis XI l'avait tenté, mais mollement, alors que, voulant favoriser les manufactures de soie de Tours, il eut l'idée de rapprocher la matière des ateliers où elle était employée.

(3) « La naturalisation et la culture du murier est un des bienfaits « d'Olivier de Serres. Après, le nombre des muriers s'est considéra- « blement accru en France : ce fut pendant un long espace de temps, « une mode d'en élever, et cela, parce que le roi en avait dans ses « jardins. Cet élan se modéra à mesure que le midi en étendit la culture « et que la soie de ces contrées fut jugée la meilleure. Le grand intérêt « qu'a le gouvernement de favoriser les fabriques de Lyon doit dé- « terminer, de nos jours, à faire ce que fit Henri IV, c'est-à-dire à « donner à cette branche d'industrie, des ressources particulières « pour créer de si belles plantations et de si beaux établissements, que « le vandalisme a anéantis. »

PARMENTIER.

Sous Henri IV, vingt-quatre provinces cultivaient le murier :
à peine aujourd'hui en compte-t-on huit.

Quoique moins directement, en favorisant l'agriculture,
Sully ne négligeait aucune partie de l'administration ; il
préparait, lorsqu'il fut éloigné des affaires, après la mort de
Henri IV, un code pour les réglements des finances. Ce code
embrassait toutes les parties, ajoutait encore à la facilité
de la perception déjà améliorée, diminuait les sommes at-
tribuées au fisc et amenait, pour la comptabilité, ces formes
protectrices, aujourd'hui trop multipliées, trop exagérées ;
au point que leur rigueur amène la désuétude, et de là, à la
négligence et au désordre, la pente est facile. Que de traits
rappellent l'intérêt avec lequel Henri traite le paysan, le laboureur ! Il écoute les plaintes, il les accueille, les reçoit,
comble le cultivateur d'amitié et de caresses; des fenêtres de
sa demeure, il aperçoit un cultivateur béarnais que la garde
repousse : il l'appelle, le comble de dons et surtout de ses
prévenances qui, pour l'homme des champs, ont bien
plus de prix encore que l'or, que les bijoux. Le prince ne
craint pas d'entrer dans la cabane du pauvre : il en est la
bénédiction; il va au devant du murmure des mécontentements, afin d'en faire cesser la cause. Il est, aux environs
d'Orléans, frappé de la beauté d'un champ, il mande celui
qui l'a cultivé avec tant de soin. Le droit de porter un épi
d'or en broderies sur son habit est la récompense de sa
diligence, et ce droit, il le rend le privilége du premier né
de cette famille respectable.

Avec quelle charmante naïveté il se familiarisait avec
Claude Mollet, son jardinier ! Il s'entretenait fréquemment
avec lui de plantations, d'arbres et de la culture des hor-
tolages.

Son exemple a été suivi dans sa famille, et cette Marie de Médicis elle-même, qui, sur la fin de sa vie, expia dans une terre étrangère par le malheur, les torts de son orgueil et de son opiniâtreté, l'imita et fit venir de la Toscane des buffles, avec le projet de les naturaliser en France, en les plaçant dans des marais. Les buffles moururent, et cette excellente vue est demeurée depuis sans exécution, jusqu'au moment de la conquête d'Italie. On obtint, par les soins du général en chef, un troupeau de douze buffles mâles et de douze femelles qui furent placés dans les marais de l'Ain.

Est-ce à nous de blâmer Sully de sa prédilection pour l'agriculture ; de lui reprocher le peu de cas qu'il faisait et du commerce et de l'industrie (1)? On ne conçoit pas, dit-on, comment le grand ministre *pouvait regarder comme plus ruineux* que profitable pour l'état, tout commerce au delà du 40ᵉ degré : mais lorsque les maux causés par une exubérance de produits manufacturés le justifient ; lorsque les catastrophes les plus terribles atteignent des villes si prudentes, qu'on les citait pour modèles ; lorsque de plus grandes encore ne peuvent manquer de renverser le colosse du commerce ; lorsque, privé de capitaux par l'agiotage, forcé à des sacrifices, par la mévente ; pressé par la nécessité de combler le déficit qu'ont occasionné des emprunts à un taux supérieur à ses gains, le commerce languit ou s'égare : Sully est compris. Cet état de choses se peut dissimuler ; on peut éloigner l'époque du sinistre ; mais pour l'Angleterre, mais pour la France, elle est prochaine.

---

(1) La fabrique de Lyon fut, d'après les vues de Sully, encouragée, protégée, et elle dut à ce grand administrateur l'éclat dont elle a joui pendant deux siècles.

A l'assemblée des Notables de 1626, le marquis d'Effiat, voulant donner l'idée de la sage administration financière de Henri IV, dit : « Le feu roi faisait toujours sa dépense plus faible que sa recette, de trois à quatre millions, pour avoir de quoi fournir à ses dépenses inopinées, et en outre faisait enfler sa recette, du bon ménage qu'il pouvait faire durant l'année par des moyens extraordinaires, et ce qui se trouvait de bon (charges acquittées) était mis en réserve. »

Nous devons terminer le tableau des efforts de Sully pour la prospérité et la richesse du pays, en citant le canal de Briare, commencé sous son administration et fini en 1641 (1); le projet qu'il avait de joindre l'Océan à la Méditerranée par un canal, projet qu'exécuta, depuis, Riquetti, par l'ordre de Louis XIV avec ce luxe qui fut imprimé à tous les monuments de ce règne. Il avait encore conçu le projet de faciliter l'extraction des vins de la Bourgogne et leur arrivée dans la capitale, en faisant creuser un canal qui viendrait se jeter dans la Seine par une voie plus directe et surtout plus constante. Tout ce qui était utile était dans la pensée du prince et dans celle du ministre : oui, s'ils avaient eu le temps, ils auraient exécuté ces projets, parce que tous deux, à une volonté ferme et au dessus des obstacles, joignaient un grand bon sens et une forte puissance d'exécution.

---

(1) Ce canal a vivifié beaucoup de pays dont les produits se seraient perdus faute de débouchés. Au reste, pour ne citer qu'un exemple, les terres des environs de Blenau, qui se vendaient 10 fr. l'arpent en 1590, valent aujourd'hui de 600 à 700 fr., valeur qui, outre la plus value de l'argent, a pour éléments la facilité des débouchés.

§—XL.

Le destin et le sage ne sont jamais opposés : ils veulent
tous deux.

Richelieu prévint plus d'obstacles par sa capacité, qu'il
n'en surmonta par sa fermeté.

(Mémoires du cardinal de Retz.)

Le roi a changé de conseil, et le conseil de maximes :
on enverra une armée dans la Valteline, pour rendre
le pape plus facile, et nous faire avoir raison des Espagnols.

(Lettre de Richelieu à l'ambassadeur à Rome.)

Sous le règne de Louis XIV et même jusqu'à l'entrée de
Colbert au cabinet, l'agriculture, sans avoir de faveur spéciale, fut encore protégée par le système politique. On
n'ajouta rien à ce qu'avait fait pour elle le ministre de
Henri IV ; mais aussi on ne prit aucune de ces déterminations funestes qui, pour l'agriculture surtout, ont une influence délétère : car elles paralysent les travaux, épuisent les
ressources, détruisent les espérances, et, dans la période de
moins d'un quart de siècle, l'anéantissent en l'accablant.
Bien loin de là, beaucoup d'arrêts, d'ordonnances, dictés
par l'habile Richelieu, donnèrent à l'administration ce caractère d'activité qui s'étend sur tout ; plusieurs même
préparèrent à l'agriculture le succès dont elle a depuis joui

avec tant de profit pour le pays. C'est de l'administration de Louis XIII que datent les ouvertures et les grandes routes qui traversent la France, et qui, pendant les règnes suivants, ont reçu de si utiles extensions. Le muséum d'histoire naturelle, le Jardin des Plantes, appelé alors Jardin du Roi, furent créés sous Louis XIII en 1634, par les ordres du premier ministre Richelieu, et par les soins et les conseils de Guy la Brosse, son médecin. Levassor, historien de Louis XIII, nous apprend que ce prince avait un grand amour du jardinage dont il faisait un passe-temps royal; aimant à planter, à greffer et surtout à causer avec le vieux Mollet, jardinier de son père.

D'ailleurs, les édits de 1623, 1624, 1625, 1639, prouvent que ce prince avait à cœur de réaliser les projets de son père : il suit les mêmes voies, il entre dans les mêmes vues, il finit, pour ainsi dire, son œuvre agricole.

§—XLI.

Colbert, malgré les justes reproches qu'on peut lui faire, jouit d'une réputation d'autant mieux fondée qu'il ne l'a obtenue qu'après sa mort : elle a été fortifiée par le temps, qui en a détruit tant d'autres. Il suffit de jeter les yeux autour de soi pour voir ce qu'on doit à Colbert : il est le fondateur des arts, des manufactures et de l'industrie, force politique qui affermit les autres ou les supplée.

La Harpe.

J'entends déjà frémir les deux mers étonnées
De voir leurs flots unis au pied des Pyrénées.

Boileau.

Sully avait été, d'après les ordres et la volonté de Henri IV, le ministre du peuple ; d'après le caractère impérieux de Louis XIV, Colbert ne fut que le ministre du roi. Pendant toute son administration, il agit dans l'intérêt de la classe manufacturière; il abaissa les salaires en arrêtant l'exportation des grains; il imprima par ses actes prohibitifs un faible prix aux produits de la terre. Colbert, par vingt arrêts et notamment par le plus prohibitif de tous, le tarif de 1664, appauvrit successivement les terres, avilit les produits, en soumettant toutes les denrées à l'action dévorante du fisc.

La prospérité de l'agriculture déclina d'année en année, e
le misérable aspect des champs pendant les dernières année
de Louis XIV n'eut d'égal que le luxe insolent déployé
la cour du plus grand des rois (1).

La politique de ce prince fut d'attirer près de lui, par le
prestiges des grandeurs dont il était entouré, tous les plus ri
ches propriétaires du royaume ; les campagnes, privées de
hommes, des familles dont la présence est pour elles la vie
ne produisirent plus que pour subvenir à des dépenses im
modérées. Si, en héritant du trône de Henri, Louis XIV eû
hérité de son amour pour les laboureurs, de quelle prospé
rité n'eût pas joui la France, sous un prince qui ne faillit ja
mais, ni à son pouvoir, ni à son vouloir. Peut-être la diffé
rence des temps (car j'ai tant de peine à blâmer le gran
roi) a-t-elle commandé la différence des systèmes. Colbe
eut cependant la pensée de favoriser la silviculture Il v
que le déboisement menaçait la France, et tout ce qu'ell
avait à craindre de cette alarmante ardeur de destruction
il favorisa la culture du tilleul, de l'orme, et surtout de l'a
bre qu'Olivier de Serres appelle *de bénédiction*, le murie
Pour ce dernier, il promit exemption de tailles l'année de
plantation, et accorda un franc par arbre arrivé à l'âge de

---

(1) **M. Necker** (*Eloge de Colbert*) veut justifier Colbert d'avoir sacri
l'agriculture aux manufactures, et ne cite en faveur de sa thèse, que
fixation des tailles. « Il diminue considérablement les impôts sur l
« terres et principalement les tailles, qui affectent les cultivateurs l
« plus pauvres ; il tempère la rigueur des saisies, car il ne voulait p
« que le malheur fût puni par l'impuissance de le réparer.... Il eut
« pensée de fixer l'impôt d'une manière invariable, en le proportio
« nant à la terre par un cadastre général. »

NECKER (*Eloge de Colbert*).

ans. C'est avec cette puissance d'action qu'il faut encourager, si l'on veut donner une utile impulsion. Est-elle imprimée, l'industrie fait le reste : elle se débat avec les obstacles, et ceux-ci sont forcés de céder.

Le siècle de Louis XIV ne fut pas seulement celui des lettres, il fut encore celui des beaux-arts, il fut celui des arts utiles (1), et par eux, le prince, à côté du profit pour la nation, voulait que l'art reflétât la gloire : ainsi, les manufactures des Gobelins, celles des glaces, les fabriques de draps du Languedoc, de la Picardie, d'Elbeuf, de Sedan et de Louviers, furent royalement protégées ; ainsi, le canal de Briare et le canal du Languedoc, joignant les deux mers, furent achevés ; toutes les entreprises qui peuvent illustrer un règne furent conçues et exécutées par ce prince vraiment français. Un prince qui aimait les fleurs, qui se plaisait à les cultiver pour ajouter, en les donnant, un prix à leur valeur, n'abandonna l'agriculture, que parce que le luxe qu'il aimait ne se trouvait pas aux champs. La magnificence des Tuileries, le faste de Versailles s'aidaient de la majestueuse ordonnance des jardins de Lenôtre : voilà ce qu'il fallait à Louis XIV. Pendant son règne, la France prit une face nouvelle : aux convulsions intestines d'une administration

---

(1) Pour nous, c'est toujours en présence de l'or que nous opérons nos essais industriels aux dépens des ouvriers, dont la misère s'accroît au point de ne pouvoir plus, avec toutes leurs forces, tout leur temps, gagner assez pour leur subsistance. N'importe ! l'or est le résultat final du compte. Au détriment de la morale qui s'altère, de la religion qui ne peut plus se faire entendre, l'or ne rachète-t-il pas, au profit de quelques hommes, ces inconvénients, au prix peut-être de la prospérité de la France, qui, haletante aujourd'hui, succombera demain ? La France tombera...., l'or restera à son possesseur.

vacillante , succède un système de force , une combinaison nouvelle des intérêts sociaux. Le besoin amène dans les villes le cultivateur et sa denrée ; les manufactures et le commerce l'exploitent tour-à-tour, et créent des valeurs nouvelles ; une puissance maritime est improvisée , et un instant la France eut le sceptre des mers ; les arts embellirent de leurs prodiges un siècle que tant de hautes conceptions exécutées avaient agrandi.

Les revers qui accablèrent Louis XIV, pendant les dernières années de ce règne si imposant , ne purent faire oublier la gloire et les hauts succès de ce prince. Jacques II détrôné ; l'Angleterre subissant l'épreuve de cinq gouvernements se succédant en moins d'un demi-siècle ; la monarchie de Charles V, passant au successeur de François Ier ; la Hollande sortant des eaux où Louvois l'avait refoulée , pour ébranler la toute-puissance de Louis XIV ; les malheurs attachés à la famille royale , que moissonnait si rapidement la mort ; les forces navales que Colbert avait miraculeusement créées , presqu'anéanties : voilà l'état désespéré où la France se trouva au commencement du XVIIIe siècle. L'agriculture , aux abois , ne pouvait qu'avec peine fournir aux besoins de la France , la presque famine de 1709 lui laissait, pour certaines localités , à peine de quoi ensemencer les terres , et les batailles sanglantes qui se succédèrent de 1698 à 1714 , surtout celle de Malplaquet lui enlevèrent presque tous les cultivateurs ; les femmes conduisirent la charrue, et , avec un courage au dessus de tout éloge , suffirent aux plus pressants ouvrages de la culture (1).

---

(1) L'ingénieuse piété de madame de Miramion se montra partou

La victoire de Denain, si glorieuse pour Villars, qui entraîna la prise de Douai, de Bouchain, de Marchiennes, de Landau, de Fribourg, qui dicta les conditions du traité de paix de Radstat, du 6 mai 1714, entre l'Empereur et le roi de France, cette victoire qui, pour un demi-siècle, fonda le système politique de l'Europe et les rapports entre les diverses puissances qui la composent, n'eut d'effet que jusqu'à 1757. L'apparition de la prépondérance russe, l'affaiblissement du Danemark, de la Suède, l'annihilation de la Pologne, l'agrandissement de l'Angleterre, la décadence de l'empire ottoman : voilà les grands traits qui caractérisèrent la politique européenne, pendant la dernière moitié du XVIIIe siècle.

Louis XIV n'était imposant que pour les grands qui l'approchaient. Avec quelle douce familiarité il s'appuie sur le bras de la Quintinie, pour s'entretenir de l'art des jardins que ce grand horticulteur possédait prématurément. Il connaît toute l'affection de Lenôtre, et lorsqu'à peine un regard récompense la déférence d'un courtisan, l'intendant de ses jardins a le droit de l'embrasser, droit que Lenôtre crut pouvoir faire valoir même auprès du saint père, Inno-

---

où il y avait quelque bien à faire. La vue des deux famines rapprochées de 1693 et de 1709, lui donnèrent la pensée, long-temps avant que le comte de Rumfort l'eût proposé, de faire des soupes économiques: elle y employa le maïs, et 100 soupes revenaient à 4 fr. 75 c. Madame de l'Ecluse (car on rencontre toujours des femmes, là où il y a un peu de bien à faire) imita et étendit ce procédé.—Avant la famine de 1709, le maïs était inconnu : l'introduction de cette utile succédance du blé, date de cette époque. — L'orge ne rendit pas moins de service que le maïs : on en sema de tous côtés. Il prospéra au delà des espérances, et la reconnaissance des paysans lui donna le nom de grain de *disette*.

cent XI, qu'il embrassa, parce qu'il aimait son maître.

L'avant-dernière année du long règne de Louis XIV, M. Pancreas, bourgmestre d'Amsterdam, sur sa demande, envoya à ce prince, le premier pied de café qui fut introduit en France (1). Il fut placé au Jardin des Plantes, et, en 1720, le capitaine Declieux le transporta à la Martinique. Il en avait reçu quatre pieds : deux moururent en route, les deux autres furent sauvés, grâce aux soins du capitaine qui chaque jour partagea avec eux sa ration d'eau. Cet admirable dévouement a été un bienfait pour les Antilles, qui cultivent cette plante avec un rare succès.

D'après la manière dont les corvées étaient exigées, d'après la nature des obligations imposées, d'après le préjugé vulgaire, on croirait que cette institution était antique ; mais elle ne remonte pas au delà de 1718, où elle fut essayée, d'après des ordres partiels des conseils des finances. Elle naquit des circonstances et plus encore de l'exemple de Léopold, duc de Lorraine, qui s'en servit pour améliorer les routes de cette province. On imita ce prince, en Alsace, en Champagne, en Picardie, et, de proche en proche, dans toutes les provinces.

Le mot était féodal et ancien, mais il était perdu dans l'application, et il ne signifiait plus que des travaux faits sur les chemins, par réquisition, au lieu de signifier le labourage du champ seigneurial fait en commun par les vassaux.

---

(1) Ce fut, en 1583, Reanworth, qui fit connaître le café en Europe ; en 1591, Alpinus en donna une description, c'est une question de savoir s'il est originaire de Perse, d'Ethiopie ou de l'Arabie. Cette plante est une de celle dont le terroir modifie d'une manière plus marquée le parfum.

Aucun acte de législation n'a eu la corvée pour objet, et elle fut abolie par édit de 1776, sans avoir été établie autrement que sur des ordres du conseil et à la réquisition des intendants. L'édit qui l'abolit se fonde sur ce que les chemins sont plus coûteux et moins bien faits par la corvée que ceux que l'on obtient par la prestation en argent.

§—XLII.

Les mœurs sont le ciment de l'édifice : avec les lois on élève l'édifice, avec les mœurs on lie les matériaux.

BERGASSE.

Il n'y a rien que la prudence et la sagesse doivent régler avec plus de soin que la portion de liberté et de richesse qu'on laisse ou qu'on ôte aux sujets.

MONTESQUIEU.

Ce ne fut pas sous la régence de l'immoral Philippe, ce ne fut pas sous l'administration habile mais faible de Fleuri, plus occupé des querelles théologiques que des intérêts matériels, que l'agriculture put reprendre son ascendant : on suivit le système prohibitif (1) ; et comme le propre de toute mauvaise loi est d'appeler, comme auxiliaires, de

____

(1) *Abyssus Abyssum invocat.*

nouvelles mesures plus mauvaises encore, tout ce qu'un système d'administration aveuglément adopté, opiniâtrement conservé, peut concevoir de plus absurde, de moins conséquent, de plus nuisible, de plus contraire au but, se trouve pêle-mêle dans les soixante-dix ou quatre-vingts arrêts, édits, lettres-patentes, ordonnances, réglements qui émanèrent de la législation sur le fait des agriculteurs, depuis 1723 jusqu'en 1761.

J'ai eu tort de passer sous silence l'influence qu'aurait pu avoir pour l'agriculture, le système si beau, si mal entendu, si faussement mis à exécution, si promptement avorté, qu'avait conçu l'écossais Law ; mais il faudrait une latitude qui ne m'est pas donnée (1).

Il n'a eu de vogue que quelques années; et en agriculture, une influence passagère n'imprime pas aux destinées de cet art une action destructive. L'agriculture, comme les ossements, comme les rocs sourcilleux, est long-temps minée avant de tomber; elle résiste, à moins que le temps ne vienne prêter son appui aux causes de ruine. C'est cette pensée qui explique pourquoi, en 1720 et en 1793, l'agriculture a moins souffert des mesures désastreuses de l'une et l'autre de ces époques, pourquoi elle a moins ressenti le contre-coup du système général, que le commerce, lui qu'une seule fausse opération anéantit; moins que les finances dont le crédit s'altère si facilement; moins enfin que les manu-

---

(1) Le mécanisme de ce système a été assez bien présenté dans ses détails par M. Thiers ; mais l'esprit du système lui-même paraît lui avoir échappé : c'est une mine à exploiter que de présenter les résultats qu'il pouvait avoir, si Sully, si Colbert, si Bertin, en 1750, l'eussent conçu et en eussent suivi l'exécution.

factures paralysées au moment même de leur prospérité,
par une inactivité momentanée : en un mot, toutes les
branches d'administration sont, plus facilement que l'agriculture, affectées d'un mal commun.

Ecoutez Montesquieu parlant des effets funestes du
papier-monnaie, imaginé par Law : « J'ai vu, dit-il, une
« nation naturellement généreuse, pervertie dans un instant,
« depuis le dernier sujet jusqu'au plus grand ; j'ai vu tout
« un peuple chez qui la générosité, la candeur, la bonne
« foi, ont passé de tout temps pour ses qualités naturelles,
« devenir tout-à-coup le dernier des peuples..... J'ai vu
« naître soudain, dans tous les cœurs, une soif insatiable de
« richesses........ J'ai vu se former, en un moment, une dé-
« testable conjuration de s'enrichir, non par un honnête
« travail et par une généreuse industrie, mais par la ruine
« du prince, de l'état et des concitoyens.... Quel plus grand
« crime, que celui que commet un ministre, lorsqu'il
« corrompt les mœurs de toute une nation? Que dira la
« postérité, quand il lui faudra rougir de la honte de ses
« pères ? »

L'esprit philosophique, cette malencontreuse témérité
du xviii⁰ siècle, ne nuisit pas à l'agriculture : ce fut un
temps d'examen utile. La période de 1730 à 1760 vit naître l'économie politique, c'est-à-dire, comme on l'entendait alors (1), la science qui recherche les causes de la

____

(1) Ce n'est pas une définition que nous donnons, et nous pensons
qu'il n'y en a pas qui pût s'accorder avec les principes de deux écrivains
économiques. Voir, sur cette dissidence, l'ouvrage de Melchior da
Gioja, où, passant en revue les diverses définitions données de chaque
mot, les principes opposés, émis dans chaque question, il fait ressortir
la faiblesse de l'économisme comme science.

richesse publique et qui indique les moyens de l'obtenir. Quesnai parut et crut que toutes les richesses venaient de la terre: son erreur est préférable aux demi-doctrines de l'économisme moderne qui, aux difficultés de la science en elle-même, ajoute l'obscure métaphysique allemande. Que de mécomptes ! que de contradictions auraient dû avertir que, pour une science de faits, les principes se doivent faire attendre, qu'il y a légèreté à embrasser un système avec la presque certitude d'un désaveu. Melon et tous les économistes français, Gournay excepté, adoptèrent ce même principe, qui reçut autant de modifications et d'interprétations qu'il y eut de natures d'esprit.

Ici commence le mal pour l'agriculture. On raisonna ainsi : Si la terre produit toutes les richesses, c'est à elle qu'il faut demander toutes les charges publiques qui, en définitive, retomberont sur elle, augmentées de tous les frais aggravants du détour ; car demander l'impôt directement, c'est le diminuer d'une foule de frais accessoires de recouvrement. Cette erreur, adoptée, eût stérilisé la France ; car l'impôt pris sur la consommation, quand il dépasse certaines limites, l'anéantit, en diminuant successivement l'écoulement des denrées ; alors, l'impôt n'est plus pour le fisc que nul, ou d'une faible ressource ; c'est à atteindre le point où, sans diminuer la consommation, il peut amener un taux de perceptions suffisantes, que tendent toutes les vues.

L'impôt, pour être productif, doit, ainsi que l'atmosphère, comme nous l'avons dit autrefois, peser sur nous, sans faire sentir son poids. Ce n'est pas ainsi qu'il agit sur l'agriculture. Il ne peut lui être demandé que sur l'ensemble de ses produits : alors il est toujours un sacrifice ; c'est une avance sur les produits, une avance arrachée à la terre : en effet, celle-ci ne rend que dans la proportion de ce qu'elle reçoit, et en France, c'est le défaut de capitaux employés à l'agriculture qui retarde son développement.

Des hommes d'un mérite éminent ont employé toutes les ressources du raisonnement, toute la force de la dialectique pour soutenir ou combattre cette doctrine, l'économisme. Si en France son histoire était écrite, elle offrirait d'utiles directions : il nous suffit de dire ici que son influence et son action sur l'agriculture se bornent à un examen de méthodes, à des conseils plus ou moins sages, à des essais plus ou moins infructueux ; les choses utiles sont restées, les choses hasardées n'ont pu résister à la pratique qui les a mises en expérience ; la force d'inertie, inhérente à l'esprit agricole, en a fait justice, et le mal s'est borné à la ruine des auteurs des projets, à la perte momentanée de quelques capitaux. L'agriculture aurait été anéantie ; elle serait un vain mot, si elle avait suivi toutes les directions que l'esprit de système a voulu lui donner : il n'y a pas que *la cour* qui en *conseillers foisonne.*

La théorie de l'agriculture de cette époque s'est trouvée empreinte de l'esprit du XVIIIe siècle, esprit novateur, hardi, irréfléchi ; la fatuité des hommes marquants de l'époque s'est répandue sur tout. Rien avant eux, rien au-delà : il y a aujourd'hui des doctrines avec des hommes d'un moindre talent, qui étalent les mêmes prétentions et la même morgue, ont la même inconséquence ; mais déjà leur ton tranchant n'a plus de poids, et le ridicule stigmatise même les choses utiles qu'émet la doctrine : en un mot, tout ce qui en sort est de l'éclectisme, et le mécompte se fait déjà sentir.

§—XLIII.

Autrefois les richesses suivaient les armes ; aujour-
d'hui elles sont filles de la paix et ses fidèles compagnes.
GAGLIANI.

J'ai cité l'année 1761, parce que c'est celle où un premier édit établit des sociétés d'agriculture. Leur utilité eût
pu être plus grande, si, dès leur naissance, elles eussent
reçu une direction plus sage, plus active ; mais toujours
est-il vrai de dire que, par la diffusion des connaissances,
par leur surveillance, souvent par leurs demandes au gouvernement, elles ont rendu d'éminents services. Depuis lors,
l'agriculture a commencé à compter parmi les sciences ; ses
principes ont été analysés avec plus de soin : le respect et la
reconnaissance sont venus entourer le projet et le succès.
Le *paysan* devenu laboureur, puis connu sous le nom plus
général encore de *cultivateur,* a pris un rang dans la société ;
pourtant il n'a pas encore celui que lui assigne l'importance
de ses travaux. Depuis 1740 jusqu'à 1790, une suite d'hommes
que l'on ne reverra plus se reproduire, d'hommes que l'estime et la vénération doivent payer de leurs généreux efforts, s'occupa, avec une probité et une constance conscien-
cieuses, des intérêts du commerce et de l'agriculture, dans

les différentes fonctions où ils furent placés. Ils réunirent tous leurs soins pour faire fleurir ce premier des arts, pour encourager ceux qui le cultivent, pour défendre les droits des colons et améliorer leur sort. Nous recueillons aujourd'hui les fruits des matériaux qu'ils ont préparés alors ; les uns, dans les conseils, dans les assemblées savantes ; les autres, dans les places que le prince leur avait confiées et qu'ils remplirent si dignement.

La courte apparition de Silhouette et les mesures qu'il prit au contrôle général furent funestes à l'agriculture et au commerce. Cet homme si distingué par ses connaissances littéraires, qui l'avaient signalé comme homme d'un haut talent, dans les onze mois de son ministère, en 1758 et 1759, souleva tous les intérêts et froissa ceux de l'agriculture.

L'édit de 1759, sur la marque des cuirs, détruisit ce commerce, au point qu'à Paris, où il eut encore une moindre influence, le nombre de 40 maîtres et de 380 ouvriers, n'était plus, en 1775, quinze ans après, que de 15 maîtres et de 50 ouvriers ; qu'à Falaise, le nombre de 316 fosses à plein descendit à 28. L'importance du commerce des cuirs perdit en France 37 millions, car, de 81 millions de cuirs, on n'en fabriqua plus que pour 44 millions, et il déclinait d'année en année. Comme en 1759, les quatre derniers mois, le contrôle avait été occupé par Bertin, il est juste de le disculper de cette déplorable opération.

Nous allons rappeler quelques dispositions de la législation qui ont préparé les succès de l'agriculture : un édit du mois de mars 1766 abolit le droit de parcours dans le Barrois, la Champagne, partie de la Bourgogne et surtout dans la Franche-Comté ; un autre, de 1779, étend la mesure à tout le comté d'Auxerre.

Nous devons citer les Trudaine (1), les Montaran, les Machault, les Abeille, les Turgot, les Amelot (2), les Devaines, les Dupont de Nemours; honneur à leurs noms! puisse l'hommage de notre reconnaissance réjouir leurs ombres! Ils ont trop voulu donner de force à la théorie; mais c'est comme administrateurs et non comme écrivains ruraux que nous les louons : sans cela, nous n'aurions pu sans injustice passer sous silence l'abbé Roubaud, l'abbé Baudeau, l'abbé Morellet, Rivière et tant d'autres auteurs spéculatifs et écrivains économistes, dont les erreurs mêmes ont été profitables. Mais, parmi tant de noms honorables, on eût dû comprendre Bertin, qui établit, en 1762, la première école vétérinaire à Lyon, et y plaça Bourgelas, qui fut si utile à la médecine vétérinaire et jeta les fondements de l'anatomie comparée, qui répandit tant de lumières sur l'art de guérir; Bertin, à qui il n'a manqué que le temps (3) pour être bienfaiteur du pays. Ministre des finances, avec quel

---

(1) Le premier de cette famille qui eut une place importante de magistrature, fut trouvé, par Louis XIV lui-même, trop homme de bien, et ce fut Reynier qui lui succéda comme lieutenant de police; le dernier de ce nom, M. de Montigny, mourut en 1794, comme on mourait alors, sur l'échafaud, pour son Dieu et pour son Roi.

(2) Amelot de Chaillou fut fait, en 1783, intendant de Bourgogne, ayant la Bresse dans son département. Il favorisa, dans ce pays marécageux, le reboisement des forêts; il déploya une grande activité dans la plantation des routes, et transforma en pépinières plusieurs marais. Il fut interrompu dans ses vues, par la révolution; il fut, depuis, directeur de la caisse de l'extraordinaire.

(3) Bertin avait ordonné à l'abbé Carlier de visiter les différents pays qui s'occupaient de l'éducation des moutons, pour apporter toutes les améliorations possibles à la valeur des laines; il avait demandé en Chine,

zèle il a servi les intérêts de l'agriculture. Nous avons eu cent fois l'occasion de retrouver des actes préparés par lui et que son éloignement du ministère lui a seul empêché de régulariser. Tous prouvaient son amour du bien public, sa constance à le poursuivre et surtout la sagesse avec laquelle il coordonnait les dispositions qui le devaient produire. Lui seul, il a plus fait que tous les ministres ensemble, depuis Sully, en faveur de l'agriculture.

Nous ne citerons que le projet du tarif des douanes qu'il avait conçu. Ce projet portait le placement des douanes aux frontières ; les droits n'auraient jamais, par leur excès, fait désirer la combinaison des entrepôts qui ont déçu tant d'espérances. Ces droits étaient uniformes à l'entrée, fixés *ad valorem* ; ils ne dépassaient jamais 15 % à l'entrée et à la sortie ; on ne mettait d'impôts que sur un bien petit nombre d'objets : dans toutes les appréciations, l'agriculture était respectée. Ce ministre, véritablement homme de bien, était loin de penser, comme le Sully de notre époque, que la France ne payait pas assez : il savait que ce qu'on laisse aux laboureurs est la richesse première du pays.

Pendant ce temps de vertige scientifique, les sciences économiques pour la spéculation, l'agriculture pour la pratique, occupaient les esprits : c'était là leur direction. On créa des théories qui furent renversées aussitôt que conçues ; mais elles avaient appelé l'examen. On tenta des essais infructueux qui signalèrent les écueils ; d'autres réussi-

---

à Siam, des graines avec intention de les utiliser. Au levant, les consuls avaient ordre d'étudier les divers moyens de diminuer par les échanges les retours d'argent : à l'intérieur, on préparait une combinaison de primes pour la culture des oliviers.

rent et amenèrent d'immenses améliorations : ils furent le germe de nos succès ultérieurs.

C'est à cette époque que nous devons placer l'édit de 1771, sur les hypothèques, dont les dispositions rentrent plus dans les intérêts de l'agriculture que le régime actuel, qui a sapé le principe de la propriété par la facilité de l'arracher à celui qui la possède. Plus vous rapprochez l'action de déguerpissement des formes commerciales, plus vous altérez le droit de possession, seule garantie du propriétaire, et plus vous ôterez d'importance à l'agriculture.

Mais un événement qu'il faut signaler comme cause de prospérité agricole, ce fut, après la guerre de Sept-Ans, la perte de la plupart de nos colonies : on sentit le besoin de retrouver ce qu'on avait perdu dans ces contrées lointaines ; on porta ses vues sur le territoire français. Sully avait raison, comme agriculteur et comme ministre français, quand il a dit : « *Il y a dommage pour le Trésor à maintenir au loin des colonies difficiles à protéger, onéreuses à entretenir* » ; mais la vie commerciale, mais l'existence de notre marine, mais le rang que la France occupe en Europe comme puissance maritime ; mais enfin, l'honneur nous commande alors des sacrifices, et devant l'honneur national, autrefois, l'intérêt était sans voix et sans force.

§—XLIV.

Lorsque la mort de son aïeul, qui l'appelait à la royauté, lui fut annoncée, il s'écria : « Oh ! mon Dieu, quel « malheur pour moi ».

BEAULIEU.

« Depuis deux heures, je suis occupé à rechercher si,
« dans le cours de mon règne, j'ai pu mériter de mes
« sujets le plus léger reproche. Eh bien, Monsieur de
« Malsherbes, je jure, dans toute la vérité de mon
« cœur, comme un homme qui va paraître devant
« Dieu, que j'ai voulu constamment le bonheur de
« mon peuple ! »

Paroles de Louis XVI à M. de MALSHERBES.

Fils de saint Louis, montez au ciel.

EDGEWORTH.

Il aurait su régner, s'il avait su punir !

THÉVENEAU.

Louis XVI est jugé dans nos épigraphes, par la religion, par la politique et par l'histoire : ainsi, notre tâche, pour le présenter dans ses rapports avec l'agriculture, sera douce et facile. Il voulait le bien, partout où il apercevait le moyen de le faire : comment n'aurait-il pas répondu à cette voix intérieure qui le lui montra toujours où il était, alors même

que la nature de son caractère indécis ne lui permettait
pas de prendre les moyens de le faire.

En 1776, Trudaine consulte Daubenton, sur les moyens
et la possibilité d'élever des mérinos en France : sur sa réponse positive, il engagea Louis XVI à former le troupeau
de Rambouillet. Bonaparte offrit vingt millions pour augmenter le nombre de ces utiles animaux, dont l'importance n'est plus assez appréciée aujourd'hui. Voici sa lettre
à M. de Montalivet : « J'apprends qu'on veut châtrer des
« mérinos, c'est un crime comme de châtrer des chevaux
« arabes. Je veux l'empêcher : je donnerai gratis des béliers
« à tous ceux qui en voudront : vingt millions pour cela,
« s'il le faut. »

Les liens d'amitié qui unissaient Charles III à Louis XVI,
le soin qu'il prit de négocier lui-même cette affaire, lui fit
obtenir du roi d'Espagne le premier troupeau de mérinos
qui eût été vu en France : un troupeau de cinq cents bêtes
fut accordé à ses vœux. Les moutons furent placés à Rambouillet et confiés aux célèbres agriculteurs, MM. Tessier,
Huzard et Gilbert. Cette introduction, qui date de 1786,
nous a valu déjà des profits immenses, soit qu'on envisage
la question sous le rapport industriel, commercial ou agricole. Cette faveur avait été refusée à Colbert, traitant diplo-
matiquement et au nom de Louis XIV. Rambouillet reçut,
depuis, le troupeau qu'avait acheté Gilbert, au nom du
gouvernement français. Rambouillet fut encore témoin
des essais du premier puits foré en Beauce, ordonné par
Louis XVI, encouragé par la présence de la malheureuse
reine Marie-Antoinette, qui allait souvent visiter les travaux
et exciter le zèle des travailleurs. Était-il l'ennemi de la liberté
celui qui a poursuivi les derniers restes du servage, en af-

franchissant les serfs du Jura ; celui qui donna à la discussion des actes administratifs, peut-être trop libre de l'époque, ces droits de tolérance qu'il eût dû réprimer ? Était-il ami de l'oppression et du sang, celui dont les sages et les savantes instructions, rédigées entièrement par lui, pour le voyage des découvertes du malheureux Lapeyrouse, étaient terminées par ces mots mémorables : « *Le roi forme le vœu que cette expédition se termine, sans qu'il en coûte la vie à un seul homme ?* »

En 1785, un ingénieur dont le nom ne saurait être trop signalé à la reconnaissance publique, M. Bremontier, crut que, pour arrêter l'envahissement des dunes, le moyen le plus approprié serait de les planter en pins maritimes : sa pensée fut comprise et appréciée par l'administration, et des essais sur une grande échelle furent autorisés dans les landes de Bordeaux. Ils ont été continués avec persévérance, et des semis, faits en 1787, offrent aujourd'hui des forêts de pins dont on extrait de la térébenthine, de la résine et du goudron.

Une législation générale, fixée par le réglement du 14 octobre, prouve que le but est atteint, que les avantages sont compris : le gouvernement, dans cette circonstance, s'est montré éclairé et bienveillant. Ce réglement, en excitant les particuliers à la plantation, leur laisse tous les avantages qui dépendent de la législation. Quand ils ne sont pas en état de planter, il fait faire les plantations à ses frais, sous la seule condition de rentrer dans ses déboursés, à mesure des coupes.

La corvée, abolie, fut une des premières opérations qui purent influer sur les destinées de l'agriculture. Cette abolition fut, pour ainsi dire, commandée par le public, qui réclamait pour la destruction des abus et des vexations exercées contre les cultivateurs ; mais jugée aujourd'hui avec impartialité, elle est rétablie comme une nécessité pour l'entretien des routes communales et des chemins vicinaux, et comme, par la prestation en argent, en voitures, on peut suppléer utilement à la corvée personnelle, elle a été invoquée et remise à exécution, sans que de graves récriminations se fassent entendre même aujourd'hui.

Quel est le malheur arrivé aux campagnes, que Louis XVI n'ait pas soulagé de sa cassette ? Il autorisa le contrôleur général *à faire donner tous les secours qui seront nécessaires pour secourir les pauvres* : ce sont les propres termes de l'apostille écrite au bas d'une requête dressée en faveur d'un canton que la grêle avait entièrement dévasté. 30,000 fr. furent accordés à une population d'environ 5,000 habitants, ruinés par le fléau : ils calmèrent de grands maux, ils relevèrent quelques espérances.

Une fleur de pomme de terre, portée pendant plusieurs jours à la boutonnière de Louis XVI, prouva combien ce prince attachait de prix à ce qui pouvait augmenter les ressources alimentaires de la population.

Depuis 1760 jusqu'en 1784, nous avons à citer deux faits intéressants pour l'agriculture :

1° Barbançois, dans le Berry, a le premier pratiqué, avec un demi-succès, la clavélisation.

2° Après des essais multipliés de croisement, qui ont duré sept ans, tant sur des moutons étrangers que nationaux, Daubenton vint à bout, dans l'Auxois, d'obtenir une laine fine supérieure, égalant en force et en finesse celle d'Espagne. On voit dans le mémoire qu'il lut à l'Académie des sciences, qu'il a successivement, par le croisement, fait disparaître la jarre de la laine des troupeaux. Celle qu'il offrit à l'examen de ce corps savant, pouvait soutenir le parallèle avec la laine mérinos d'Espagne. Un drap fabriqué avec cette laine, et un habit présenté à la compagnie, firent l'admiration de tous les agriculteurs, et donnèrent des espérances qui furent, depuis, brillamment réalisées.

Le soin que prit le roi de faire repeupler en pins maritimes quelques éclaircis de la forêt de Fontainebleau, notamment le rocher d'Avon (1), justifie de sa prévoyance éclairée : il voulait couvrir de cette essence toutes les places vides. On voit par là à quel point Louis XVI désirait que les forêts fussent repeuplées (2).

C'est encore parler de Louis XVI, que de rappeler Malsherbes, auquel on doit de nouvelles espèces de pêches. Il avait ordonné que, pendant une saison qu'il passait à Malsherbes, immédiatement après le dîner, on semerait tous les noyaux des pêches qu'on aurait mangées au dessert. Un grand nombre levèrent, et parmi ceux-ci, se rencontrèrent plusieurs variétés qui viennent aujourd'hui enrichir la pomologie.

Après l'épouvantable orage de 1788, le premier soin de

----

(1) La reine, en voyant cette roche noire, hideuse, se retourna vers le conservateur et s'écria : « Ah!Monsieur, cachez surtout ce vilain rocher ». Les ordres du roi furent conformes au vœu de Marie-Antoinette.

(2) Qui croirait, si l'on ne pouvait tout croire, que les obstacles à cet utile projet furent suscités par les officiers des chasses? Il vérifia dans cette occasion le jugement qu'il avait porté de lui-même. « Je vois le bien, mais je n'ai pas la force de le faire : je cède trop aux avis des autres ». Le roi voulait qu'on replantât, les officiers des chasses ne le VOULURENT pas, et l'on ne planta pas.

Louis XVI fut d'envoyer, à l'étranger, des ordres pour l'achat des plus belles espèces de blé, pour semences : les grains furent distribués gratuitement, et 325,000 fr. furent consacrés à cette opération, qui renouvela les semences d'une grande partie de la Beauce et de la Brie.

§—XLV.

Il popolo perde sempre, nelle rivolte.

MACHIAVEL.

Le peuple cède tous ses droits à qui lui en fait recouvrer un seul ; et le jour où il brise ses fers, il sourit déjà à celui qui lui en forge de nouveaux.

CERUTTI.

Ce que j'opine, quel qu'il soit, c'est pour déclarer la mesure de ma vue, et non la mesure des choses.

MONTAIGNE.

Condo et compono quœ mox depromere possim.
Il y a loin entre faire des lois et les faire observer.

DELOLME.

Regnum, si boni eritis, firmum : si mali, imbecillum; nam concordiâres parvœ crescunt, discordiâ maximœ dilabuntur.

SALLUSTE.

Savez-vous pourquoi une révolution en engendre vingt autres ? C'est que chacun en voudrait une à son profit.

FABRE.

De 1764 à 1790, les hésitations de l'autorité relativement à la sortie des grains furent sans nombre : tantôt on cédait à une exigence, tantôt à une nécessité ; parfois un principe évoqué, parfois une révolte préparée de longue main, mettaient le gouvernement dans une position difficile. Le prétexte de la cherté des grains, les embarras suscités par leur rareté, furent, sinon la cause, du moins le plus puissant levier pour faire cette terrible révolution qui n'eut pas d'exemple dans les fastes du monde : révolution dont les conséquences, fruits amers, sont aujourd'hui la matière de nos débats et de nos regrets, et qui, aujourd'hui en 1836, étend son empire sur tout, et paraît être loin d'avoir atteint son terme.

Si un grand bouleversement politique vient tout-à-coup faire irruption sur une contrée, de toutes les positions sociales, celle du laboureur est le plus à l'abri de toutes les secousses. L'agriculteur souffre le moins de la commotion générale, et, tandis que partout ailleurs l'existence d'un grand nombre d'hommes est compromise, le malheur trouve un asile aux champs : c'est dans les travaux rustiques que les grandes douleurs viennent s'éteindre ou chercher des consolations. Ainsi, envisagées sous ce point de vue politique, il est vrai de dire que les deux convulsions politiques de 1789 et de 1830, en faisant réfugier à la campagne une grande masse de propriétaires, l'agriculture les a pour ainsi dire enrôlés : on a vu des hommes éclairés s'occuper des travaux rustiques, donner leur attention à la culture, y porter des exemples, des lumières et des capitaux.

Il faut placer dans cet intervalle l'action vraiment française, la courageuse entreprise de Thierry de Menonville, qui part de Paris pour Cuba, et de là à Guaxaca, au Mexique, avec le dessein de dérober aux Espagnols l'insecte qui produit la Cochenille. Il fallait aussi importer le

Nopal dont l'insecte se nourrit : c'est ce qu'a fait Thierry. Le temps a effacé le souvenir de ses opinions effervescentes, et tient compte du service rendu au pays.

Depuis l'invasion de Jules-César jusqu'à la chute de l'empire d'Occident, au commencement du cinquième siècle, les Romains, lorsque la capitale était troublée, lorsque les grands étaient persécutés, venaient chercher un asile dans les Gaules, dans la terre des Francs. Depuis, toutes les nations suivirent cet exemple : aussi n'est-ce peut-être pas une témérité d'avancer que c'est à cette haute et constante protection accordée au malheur, que c'est à cet empressement à accueillir toutes les infortunes que nous devons d'avoir devancé, dans nos mœurs, la civilisation des autres peuples de l'Europe : de tout temps, la France a été hospitalière.

La révolution de 1789 fut une révolution d'intérêts matériels; ils furent tous conquis au profit de l'agriculture et au détriment de la morale publique. Comme révolution de mœurs, celle de 1789 fut fatale au monde entier; elle bouleversa les idées du juste et de l'injuste; elle divisa les membres de la famille; elle créa le MOI politique et l'égoïsme individuel, qui, en morale, est ce qu'est l'athéisme en religion.

Le plus fatal exemple pour les peuples, le plus grand malheur pour un empire, serait l'égoïsme sur le trône. Un prince qui séparerait ses intérêts de ceux de ses sujets, qui, autrement que dans un accès de fureur, dirait: *le trône, c'est moi; l'état, c'est moi*, serait pour un pays la plus grande plaie qui pût le frapper. Dieu, qui protégez la France, prenez-la en pitié; souvenez-vous de votre miséricorde; ne la vouez pas à votre malédiction; détournez le fléau; ne frappez pas cette nation qui aima ses rois, parce qu'elle y voyait les organes de votre providence : ces rois, votre image, qui firent si long-temps son bonheur et sa gloire.

En 1789, on voyait des abus partout, on voulut partout des réformes. Les cahiers pour les Etats-généraux formulèrent de toutes parts des vœux, souvent opposés, mais que résuma la Société d'Agriculture dans un Mémoire dont nous donnons, dans un appendice, l'extrait éminemment remarquable (1).

Nous ne pouvons nous dispenser de signaler ici les actes de l'Assemblée constituante, ces actes si peu réfléchis, et qui ont si fortement influé sur les destins de l'agriculture ; mais nous cédons au besoin de faire connaître quelle a été la puissance de ces actes en faveur de l'agriculture, alors même qu'ils ont eu un résultat inverse dans d'autres parties de l'économie sociale.

Les résultats des décrets de l'Assemblée constituante (2)

---

(1) L'Assemblée constituante devait, en 1789, recevoir le Mémoire et les doléances de la Société d'Agriculture, présentés par les députés qui devaient être admis à la barre, le 25 octobre : ce mémoire avait pour but de signaler les obstacles qui s'opposaient aux progrès de l'agriculture et les moyens d'y remédier. Cet important document est trop long pour être offert en entier : son analyse suffira pour prouver que, depuis quarante ans, rien n'a été fait pour l'agriculture, parce que de bonnes lois sur cette matière ne peuvent être que le produit de la paix et de la sagesse. L'assemblée-modèle, la Constituante, les assemblées législatives, successivement, l'ont imitée, et la tâche a toujours été renvoyée à des successeurs qui ne l'ont pas même voulu tenter. Après quarante ans et 126 mille lois, nous n'avons qu'un Code rural inexécutable.

(2) Nous avons toujours remarqué que les Anciens, dans l'imposition des noms, eurent une sorte de divination ; les noms bibliques d'*Adam* (terre rouge); d'*Ève* (la vie, la mère des hommes); de *Jacob* (supplantateur); les noms homériques d'*Ulysse* (voyageur); d'*OEdipe* (qui a les

et ceux vomis dans la déplorable orgie législative de la nuit
du 4 août 1789, furent : l'abolition des droits féodaux, celle
des servitudes réelles, des décimes, etc. (1). Tous ont
ajouté, aux droits conditionnels des propriétaires temporaires, la certitude de l'entière jouissance des terres qu'ils
cultivaient, comme à tous particuliers, et sous la condition
d'anciennes concessions, et sous la réserve de quelques pré-

---

pieds enflés); de *Jupiter* (père des hommes); les noms historiques :
Alexandre (qui secourt les hommes); *Agésilas* (qui conduit les peuples),
ont une signification analogue à leur caractère. Chez nous, il semblerait
qu'aux hommes et aux choses nous donnons des noms par antiphrase :
ainsi, la *Constituante* n'a rien *établi*; la *Législative* et le *Corps législatif*
n'ont porté aucune *loi* qui leur ait survécu; la *Convention*, qui devait
tout réunir, a tout *bouleversé*; le *Sénat conservateur* a *détruit* le pouvoir
qu'il était chargé de maintenir. L'insignifiance du terme de *Chambre
des députés*, échappe à la remarque comme à l'intérêt.

(1) Le lendemain de cette séance, on commença à réfléchir sur ce
qu'on avait fait, et les mécontentements percèrent de toutes parts. Mira-
beau et Sieyes, chacun par des motifs particuliers, condamnaient avec
raison ces folies de l'enthousiasme. «Voilà bien nos Français, disait le premier; ils sont un mois entier à disputer des syllables; et dans une nuit
ils renversent tout l'ancien ordre de la monarchie.» L'article des dîmes
avait mécontenté Sieyes plus que tout le reste. Dans les séances subsé-
quentes, on se flatta d'amender, de modifier ce qu'il y avait de plus im-
prudent dans ces décrets précipités, mais il n'était pas aisé de rétracter
des concessions que le peuple regardait déjà comme des droits indispu-
tables. Sieyes fit un discours plein de force et de raison où il montra
qu'abolir les dîmes sans indemnité, c'était dépouiller le clergé de sa
propriété pour enrichir les propriétaires; car chacun ayant acheté son
bien moins la valeur de la dîme, se trouvait tout d'un coup enrichi d'un
dixième, dont on lui faisait un présent gratuit. C'est ce discours, qu'il était
impossible de réfuter, qu'il termina par ce mot souvent répété : Ils veu-
ent être libres, et ils ne savent pas être justes!...» La prévention était si
orte que Sieyes lui-même ne fut pas écouté.

rogatives. La terre fut alors libre : il faut l'avouer ; elle fut affranchie , mais à quels titres et à quel prix?

Un comité d'agriculture fut créé. Il traversa , pour ainsi dire inaperçu , les vingt-sept mois de la session ; il proposa de temps à autre d'insignifiantes mesures ; le Code rural, sa seule œuvre , est tellement défectueux , qu'une décision récente établit une commission pour en préparer un nouveau plus en harmonie avec les dispositions du Code civil sur la propriété , et avec les besoins et les mœurs , et surtout avec les coutumes agricoles qu'on ne heurte pas impunément (1).

Aucune matière n'est aussi embarrassante pour l'administration que celle des subsistances. En France surtout, où l'on a dit avec raison, que *la tête du Français avait faim un mois avant son ventre* , cette disposition du peuple à s'alarmer a rendu le gouvernement et l'administration faussement actifs quand il faudrait qu'ils ne fussent que prévoyants, que vigilants. Dans les temps ordinaires, la force des choses, mieux que toutes les mesures, pourvoit aux nécessités. La denrée est-elle moins abondante sur le marché ; les chif-

---

(1) Le premier Code rural était si incomplet, qu'il ne répondait à aucun besoin, et plus de la moitié des articles qui le composent sont, ou annulés par des actes dérogatoires , notamment par les articles du Code civil qui s'y réfèrent, ou tombés en désuétude. On peut présumer par la composition de la commission, ce qu'elle pourra faire pour l'agriculture : plusieurs hommes instruits et habiles en font partie ; mais , en raison de leur habileté et de leur instruction, ils se trouvent engagés dans d'autres travaux. Chargés de vingt autres fonctions diverses, ils traîneront leurs discussions pendant des semaines, des mois, des années ; ils ne produiront rien, ou, s'ils veulent faire mentir notre prophétie, ils improviseront un Code rural avec la promptitude qu'on met à modifier une charte, et l'on sait combien les législateurs français sont heureux en improvisations!...

fres statistiques, plus ou moins vrais, changent-ils, le gouvernement partage les craintes, et, plus peuple que le peuple, il les devance, sous le prétexte de mesures de précaution : on exagère les embarras, en voulant les prévenir ou les vaincre. La maladresse, en fait de subsistances, a, depuis cinq siècles, présidé aux actes du gouvernement.

Les importations administratives ont peu influé sur la masse des subsistances ; elles ont toujours amené ou augmenté la disette, et ont souvent créé des famines. Il y a un préjugé vulgaire qu'il importe de détruire, c'est que, dans les années favorables, les subsistances sont produites dans la proportion double de la consommation. Cette hypothèse serait à peine vraie pour une localité ; il est démontré par les enquêtes du parlement britannique, et les renseignements obtenus sur les masses de blés disponibles en Europe, que, réunies à Londres et appliquées à la subsistance de l'Angleterre, elles n'offriraient pas la consommation de trente jours, et, en France, en raison de la population, pendant vingt jours. Que veut-on espérer de pareils moyens dont l'impuissance est évidente ? On fait resserrer les blés, on détruit ou l'on exagère la concurrence : ainsi, la perturbation de l'ordre naturel amène toujours, pour résultat, l'augmentation exagérée de la denrée, sans profit pour le pays ; le commerce laissé libre fait plus que toutes les mesures gouvernementales : c'est le meilleur et le plus sûr agent pour les approvisionnements.

Dans cette même année de 1790, un ingénieur français, M. Fabre, proposa de créer, dans le Midi, des réservoirs artificiels assez considérables pour retenir assez d'eau pour arroser les plaines au temps des sécheresses. Ils auraient reçu, outre les eaux de pluie, le trop plein des rivières dans les moments de crues, et on les aurait répandues sur les terres inférieures qui manquent d'eaux courantes. M. Fabre était un habile ingénieur : correspondant de l'Académie des sciences, il avait voyagé long-temps en Espagne et en Italie, dans la vue éminemment utile d'étudier l'art de distribuer les eaux ; il donnait des garanties de ses vues, indiquait des moyens d'exécution ; mais trop d'intérêts distrayaient les gouvernements, et le projet ne fut pas même examiné.

Encore dans cette même année, parut une brochure remarquable sur les aménagements des forêts. On y signalait les dangers que, depuis, M. Louis Régnier et M. de la Bergerie ont, pour ainsi dire, rendus palpables, montrés flagrants. Voici comment s'exprimait l'auteur de cet important écrit : « Les hautes montagnes se dépeuplent naturellement de bois ; beaucoup, où il en existait, en sont aujourd'hui dépourvues. La région boisée a des limites : elle est maintenant pour nous de neuf cents toises. Il y avait, de mémoire d'homme, sur les Alpes, des forêts, là où il n'y a plus que des glaciers. L'Islande avait autrefois des forêts, ainsi que le prouvent l'histoire, la tradition et plus encore des témoins irrécusables, de vieilles souches, tandis qu'aujourd'hui les arbres y périssent dès qu'ils ont atteint deux pieds de hauteur. » M. Régnier disait, en finissant ce qu'il a publié sur cette partie d'administration publique : « A une époque très-rapprochée, « les Alpes ne seront plus qu'un immense glacier. Le défaut « de bois a changé l'Afrique et plusieurs contrées de l'Asie, « en déserts, en steppes : ce sort attend l'Europe. » A travers sa négligence et son oubli, l'Assemblée constituante laissa échapper une disposition utile dans la loi du 1er décembre 1790 : les art. 8 et 9 du titre III disposent que, suivant les circonstances y énoncées, les terrains plantés en arbres seront exemptés de contributions pendant quinze ou vingt ans.

§—XLVI.

Le crédit, cette machine si puissante des finances modernes, a été le plus grand fléau des peuples : c'est par lui qu'on dévore la postérité.

MAURY.

Vous êtes entourés de ruines, et c'est vous qui les avez faites.

CAZALÈS.

Les grandes propriétés ôtent le courage à ceux qui ont tout et à ceux qui n'ont rien.

BERNARDIN DE SAINT-PIERRE.

Ce qui facilita au consul Néron la conquête de la Numidie, c'est que six personnes seulement possédaient plus de la moitié de la contrée.

PLINE, liv. 18.

Reprenons les principaux décrets de l'Assemblée constituante ; examinons-les sous le double rapport de leur influence sur l'économie sociale, en France, et sur l'agriculture, en appréciant les avantages qu'ils procurèrent au mouvement progressif, et en faisant ressortir les maux qu'ils ont causés, quand ils introduisirent, parmi les cultivateurs, le luxe, la démoralisation. En effet, la suppression des dîmes, celle des droits féodaux, la facilité de se rédimer des droits onéreux, de payer avec des valeurs, chaque jour plus dépréciées, eurent l'immense avantage de libérer la terre, d'en augmenter la valeur, d'activer l'émulation du nouveau propriétaire, d'amener la spéculation sur cette nouvelle source de produits, d'en jeter, en y comprenant les propriétés confisquées par suite de condamnations, environ un tiers de plus dans la circulation. Le colon, le fermier, le propriétaire, furent plus fortement attachés à la propriété; la terre, dans une foule de cas, fut débarrassée des entraves opposées à la libre culture : ajoutez à ces mesures la suppression de la corvée en nature (1), celle des substitutions, souvent regrettables, dont on abusait quelquefois, mais qui, le plus souvent encore, assuraient le repos des familles, empêchaient qu'un dissipateur ne détruisît le bonheur de ses enfants, en réduisant à la misère les descendants d'hommes honorables, les soutiens, la gloire du pays. On peut encore regarder comme un bienfait pour l'agriculture, dont elle a joui à peine quelques années, la suppression de l'impôt sur le sel. Il est rétabli aujourd'hui avec des conditions assez onéreuses, pour que son usage, autrement que comme condiment, soit interdit aux cultivateurs (2). Après avoir

---

(1) La corvée a, depuis, été reconnue nécessaire, et on l'a rétablie comme le seul moyen de faire et d'entretenir les chemins vicinaux.

(2) Une partialité, que nous signalons en faveur de l'industrie, a accordé aux fabricants de soude artificielle, des moyens d'employer le sel. Avec des réserves, on pouvait, en dénaturant le sel, étendre la même faveur à l'agriculture, qui en eût pu donner aux animaux, souvent l'employer comme engrais. On s'est refusé, avec une opiniâtreté que nous n'osons pas caractériser, aux propositions faites à cet égard. L'Est, la Bretagne doubleraient de valeur, si des dispositions favorables amenaient la réalisation de notre vœu.

énuméré ces divers actes législatifs, qui sont les seuls qu'on puisse alléguer comme favorables à l'agriculture, plaçons les maux qu'elle a éprouvés en regard de ces actes de violence législative, soit immédiatement, soit indirectement. La morale fut méconnue : ici, on envahit, on vend à vil prix les biens d'hommes vivants ; plus loin, les terres sur lesquelles repose l'existence d'établissements créés en faveur du pauvre, donnent lieu aux trafics les plus honteux ; on détourne de leur destination sacrée les biens légués pour l'entretien du culte ; l'acquéreur, en vue de la nouvelle proie qui lui est offerte, se croit obligé d'aider les persécuteurs à maltraiter les prêtres dépossédés, à outrer les mesures d'une législation aussi impie qu'injuste : en oublant les principes, l'ambition et l'avidité furent introduites là où auparavant régnait la simplicité des mœurs patriarcales. Les haines, les inimitiés élevées entre les nouveaux possesseurs et les anciens, une odieuse et facile jouissance achetée à vil prix, à moins que le remords, qui ne se tait pas toujours, n'ait aussi une valeur de compensation : voilà les maux qu'ont amenés les décrets de la Constituante. Ils ont jeté dans la société les terribles ferments de la guerre civile, qui n'ont que trop éclaté, ferments que le temps n'éteindra que lentement, et que nous voyons renaître périodiquement.

Deux conséquences funestes de ces mesures, arrachées par la violence et par une précipitation entraînante, se montrèrent dans tout le cours des débats et des délibérations de l'Assemblée constituante : on savait qu'en vendant les biens, on les dilapidait en pure perte pour la restauration des finances ; on savait que l'on créait une taxe pour subvenir aux besoins des pauvres qui, privés des biens affectés à leur soulagement, allaient retomber à la charge de l'état : n'importe, le premier but était atteint, on voulait changer de propriétaires. En armant le délire des nouveaux possesseurs des biens qu'on leur livrait, on faisait taire leurs consciences. Le deuxième but n'était pas atteint : on comprenait que, pour compléter l'œuvre de la révolution, il fallait changer la religion du pays. La philosophie fit tout pour ameuter les populations contre le clergé, pour faire partager aux paisibles laboureurs sa haine contre le sacerdoce, ou bien plutôt contre la morale chrétienne. On savait que , soit que le culte fût maintenu, soit que (ce qui était dans leur pensée) ils en créassent un plus philosophique, il faudrait une dotation nouvelle pour le nouveau clergé. Rien n'arrêta les faiseurs : en échange des ressources réelles et abondantes qu'ils perdaient, on donna aux pauvres une liberté dont ils ne se souciaient guère; on leur présenta en dédommagement le bonheur d'une égalité chimérique, dont on connaissait la valeur ; et les décrets furent portés aux membres du clergé, sous la condition d'un serment qu'on était sûr que leur conscience repoussait. On leur donnait à peine le pain de l'aumône, et bientôt ce faible secours leur fut retiré. Mais le récit de ces grandes infortunes appartient à l'histoire politique : nous nous contenterons de remarquer que, dans cette circonstance, le clergé fut digne de sa sainte et haute mission ; car un fait peu connu, et qui, dans le temps, m'a été garanti par plusieurs membres influents du clergé , c'est que ce corps offrit d'aliéner d'abord pour quatre cents millions, puis pour six cents millions d'immeubles. Le roi offrait l'aliénation de quatre cents millions de domaines : ce qui eût produit un milliard de ressources ; mais non : on voulait dépouiller violemment le clergé, assouvir la haine d'abord, puis l'avidité d'une foule d'hommes qui sont venus sur la scène du monde étaler leur luxe immoral, fruit de leur spoliation : *il importait de satisfaire la haine philosophique contre le clergé* (1). Les lois sur les biens nationaux furent un mal irréparable, parce que les dépravations que les lois encouragent corrompent à jamais les hommes, et les mœurs disparaissent.

Je ne sais pourquoi ces antiques manoirs, dans les mains des nouveaux propriétaires, malgré la magie des souvenirs, sont des demeures froides comme celles de la mort, ces demeures que tant d'illustrations promettaient de faire vivre toujours. Depuis qu'on n'a plus voulu de noms antiques, on a, de toutes parts, voué un culte à l'antiquité des monuments.

Le clergé montra cette héroïque patience qui sait souffrir et se taire, qui meurt plutôt que de transgresser la loi; qui meurt, lorsqu'on lui commande ce que Dieu défend; mais qui, dans toutes les circonstances, obéit, alors même qu'il n'aime pas. Ces pieux lévites perdirent les biens que jadis leurs mains avaient cultivés, que leurs travaux avaient enlevés à la stérilité, qu'ils avaient fécondés de leurs sueurs, ou encore, ceux que la piété leur avait légués et qui étaient le patrimoine du pauvre. En les perdant, ils acquirent ces biens célestes qui ne peuvent être atteints, que la force ne saurait enlever, qui ne craignent ni la rouille ni les

---

(1) Sieyes poursuivit son projet : il voulait consolider la révolution en faisant passer la propriété dans de nouvelles mains; il réalisait son axiome machiavélique : « On n'en finit avec une révolution qu'en dépossédant les propriétaires, et en en créant de nouveaux; » mot profond, que Bergasse a si bien commenté.

vers. La haine même qu'on voulait exciter contre le clergé, ne tarda pas à s'éteindre ; le bandeau tomba des yeux de la multitude, la vénération et l'amour des peuples fut le résultat de leur conduite évangélique (1).

La deuxième conséquence des décrets de la Constituante eut des résultats immédiats sur les destinées du laboureur : les liens du patronage furent rompus, le prolétaire, l'artisan, le cultivateur, furent isolés, laissés à eux-mêmes ou plutôt à leur impuissance de se secourir, de se garantir contre les événements et de se délivrer des chances du malheur : ils vécurent et vivent encore sans appui. L'agriculture a depuis regretté la puissante intervention du patronage ; là où il n'existe pas, la société est sans lien. Dans le malheur, le faible est livré à toute son inaction ; aux jours de la détresse, le pauvre est sans protecteurs, sans défenseurs. Il y a dans cet état de choses une désunion entre les citoyens qui tourne au détriment du prolétaire. Celui-ci est abandonné, sans ressource, à la merci des événements fâcheux qui atteignent les hommes, et surtout ceux qui n'appartiennent à la société que par l'échange de leurs travaux contre les moyens de

---

(1) Ainsi, dans le cinquième siècle, cet évêque de Toulouse, cet Exupère, que saint Jérôme a comparé à la veuve de Sarepta, combattit la mendicité, par le travail ; l'indigence, l'infirmité, par les dons de la charité. Dans un temps de disette, pâle, livide, et victime lui-même du besoin, suivant la magnifique expression de saint Jérôme, *tourmenté par la faim même de ses ouailles* (*fame aliená torquetus*), il accourt dans les temples, il dépouille les autels de leurs plus riches ornements, il enlève ces vases magnifiques qui servent aux saints sacrifices : ils sont échangés contre les objets de première nécessité. Il porta depuis, pendant long-temps, dit encore saint Jérôme, le corps du rédempteur dans un panier d'osier, et son sang, dans une coupe de verre.

subsistance, à la grande famille, que par leur existence.

L'association dont le droit est aujourd'hui si vivement réclamé de tous côtés par le faible, par l'artisan sans appui ; qui est si injustement refusée par les puissants du jour, plus encore par ceux qui, au lieu de se montrer protecteurs du pauvre, du faible, ne veulent être qu'oppresseurs, serait un bien inefficace palliatif. Nous ne doutons pas que, si la société se raffermit sur sa base naturelle, l'institution du patronage ne revive pour les individus qui ne sont comptés pour rien ; pour les cités, dont les intérêts sont chaque jour lâchement sacrifiés ; pour les provinces même, qui semblent ne plus appartenir au corps social que comme tributaires de la capitale, et dont les mandataires méconnaissent les intérêts. Nous ne craignons pas de le répéter, si, d'un côté, la vente des biens nationaux a imprimé une activité nouvelle à une grande quantité d'arpents de terre, parce que le propriétaire direct cultive mieux que le colon PARTIAIRE ou à DENIERS, d'un autre côté, les décrets qui l'ont ordonnée n'ont-ils pas créé la guerre civile qui en fut une terrible conséquence ? Elle a détruit un million d'hommes ; elle a partagé la France en deux grandes portions, les sectateurs des nouveaux principes et les partisans des anciens, les possesseurs des nouveaux biens et ceux qui repoussaient les principes de la révolution et les actes qu'elle amenait. Il n'est pas de hameau qui n'ait été divisé en deux bandes distinctes, et où la discorde civile n'ait eu les plus fâcheux résultats. Ne souhaitons point, hélas, pas même à une nation ennemie, le fatal bonheur d'acheter quelques avantages agricoles à un pareil prix !

L'égalité des partages dans les successions a aussi amené la division des propriétés et partout le morcellement indéfini des champs. Les avantages sont contestables dans beaucoup de cas ; mais, pour être impartial, il convient de mettre sous les yeux du lecteur le tableau des avantages et des inconvénients. On allègue en faveur du morcellement, pour l'état : 1° une augmentation de forces relatives, en raison d'une plus grande population ; 2° une culture plus variée, qui fait que, sur une surface donnée, on obtient plus de produits ; 3° une culture plus soignée, parce que le petit cultivateur, dans son exploitation, rapproche ses moyens de ceux toujours plus parfaits de l'horticulture ; 4° une aisance d'un plus grand nombre d'hommes appartenant aux classes intermédiaires ; 5° on remarque que la grande culture ne peut se développer que dans les terres fertiles, tandis que la petite utilise même les mauvaises terres et tire toujours un grand parti des médiocres ; 6° suivant M. de Stael, la petite culture augmente la richesse : nul doute, si par richesse on entend la masse des produits ; mais, dans la petite culture, le profit sera-t-il supérieur aux dépenses, les frais de culture déduits ? Les arguments contre la division des propriétés ne manquent pas, et des hommes supérieurs les ont proposés. Voici les principaux : 1° la grande culture peut seule permettre les expériences sur une échelle assez étendue pour être concluantes et pour perfectionner les méthodes ; 2° si, pour une même étendue, la grande culture donne moins de produits (ses moyens de culture étant supérieurs), il lui faut moins de frais, moins d'hommes, moins de capitaux, et le taux de la rente est supérieur ; 3° elle seule peut fournir des ressources assurées pour les approvisionnements des grandes cités ; car, dans la petite culture, la plus grande partie des denrées est consommée par les exploitateurs eux-mêmes (1). Le morcellement

(1. Supposons deux surfaces de 100 hectares chacune : la première

tel que nos lois le permettent aurait de graves inconvénients :
il doit et peut être arrêté. Les principaux moyens sont : 1º de
faciliter les échanges, afin de favoriser la réunion des portions
qui se tiennent (1) ; 2º de forcer par la législation, lorsqu'un
seul héritier le requiert, à liciter les portions au-dessous d'un
demi - hectare ou même d'un hectare. Une considération
doit encourager le gouvernement à diminuer les tendances
à la division des propriétés dans leurs dernières limites :
c'est qu'on a remarqué que, dans les terrains de petites cultures, il y a en moins les trois cinquièmes des bêtes à cornes et les quatre cinquièmes des moutons.

La nullité de l'Assemblée législative nous permet le silence : comment l'agriculture aurait-elle pu prospérer? En
considérant la composition de cette assemblée, sur sept
cent quarante - cinq membres, on comptait quatre cents
avocats, soixante - dix prêtres constitutionnels, soixante-
quinze hommes de lettres, et le reste en propriétaires.
Louis XVI, en voyant la composition de l'Assemblée constituante et le compte qui lui avait été rendu de la moralité
de chacun de ses membres, s'était écrié : « Qu'aurait dit
« la nation, si j'avais appelé de ces hommes pour former

---

laissée aux soins d'un seul cultivateur ; la deuxième exploitée en 20 portions de 5 hectares l'une : voici le calcul de l'expérience : Dans le premier cas, l'exploitateur et ses auxiliaires consommeront le treizième des
produits, ou celui de 7 à 8 hectares, tandis que, dans le second cas, chaque cultivateur consommera le prix de 2 à 2 1/2 hectares, sur 5 ou
la moitié, ou, pour une même étendue, 6 ou 7 fois plus.

(1) Les terres sont tellement divisées dans la Franche-Comté, que je
crois qu'un tiers du temps est perdu par le besoin de courir d'un
champ à un autre, pour les façons des terres. Nous y avons trouvé 10
exploitations de 5 hectares, divisés en 12 ou 15 morcellements.

« l'assemblée des Notables? » Qu'eût-il pensé des législateurs de 1792? Qu'eût-il pensé de ceux qui sont devenus
les héritiers de leur incapacité et de leur turbulence?

La terrible Convention, luttant contre l'Europe coalisée,
en proie à l'anarchie ou aux convulsions politiques, décimant la France, se décimant elle-même, eut peu de temps
à consacrer aux intérêts de l'agriculture, qui d'ailleurs sut
si bien, par son utile et constante résistance, par la force
d'inertie, s'opposer aux désastreux résultats qu'aurait eus
pour elle l'exécution de la loi du maximum (1). Le commerce fut ruiné, anéanti, rendu impossible ; les manufactures paralysées, faute de matières premières, et plus encore
par le discrédit croissant des assignats. Elles restèrent inac-
tives ; les finances ne purent résister au choc épouvantable :
l'agriculture seule survécut.

A la suite de tant de désastres, et après que la force des
choses, plus encore que la législation, eut rendu nulle, eut
aboli l'atroce loi, l'agriculture sembla, comme le phénix, renaître de ses cendres. Il y eut une particularité fort remarquable : le prix des blés, qui avait toujours été réglé en argent,
diminua dès que le maximum cessa de lui être appliqué.

Pendant le gouvernement directorial, sous l'empire d'une
constitution assez bien combinée, les triumvirats qui se
succédèrent si rapidement, tout entiers aux intrigues politiques qui les maintenaient pour quelques jours sur leur
piédestal politique, eurent peu de temps à donner à l'agri-

---

(1) Nous ferons une remarque qui n'est pas sans intérêt : les mêmes
législateurs qui abolirent les redevances en volailles, en fruits, lorsque
le papier-monnaie eut perdu sa valeur, crurent devoir décréter que
leurs traitements seraient payés en grains.

culture qui ne fut fatiguée que par le contrecoup des lois financières que Ramel sut si habilement ressusciter, et qui ont influé sur l'agriculture en en arrêtant l'essor. La plus funeste fut le rétablissement de l'octroi de Paris, mesure étendue depuis à toutes les villes de la France. On soumit les vins et plusieurs denrées à un régime productif pour le Trésor, mais vexatoire pour les particuliers. La banqueroute déguisée sous la dénomination de *consolidation de la dette publique*, en la réduisant au tiers nominatif ; la proposition alors ajournée de rétablir l'impôt du sel, furent des mesures qui eurent pour l'agriculture le triste résultat de paralyser son développement, en détournant les capitaux qui s'y portaient.

L'agriculture eut momentanément un protecteur dans François de Neufchâteau. Cet homme si fort de zèle, si faible de talent, paperassier impitoyable, dont la politique vacillante fut si peu courageuse, montra pour cette science une sorte de bon vouloir dont il lui faut savoir gré. Ministre, il entassa dans trois volumes de circulaires, ou plutôt il enregistra tout ce qu'il crut utile pour elle. Ce fut pendant sa double apparition au pouvoir, comme ministre et comme directeur, qu'eut lieu l'introduction des mérinos ; il provoqua la création des prairies artificielles, afin de pourvoir à leur nourriture ; le faux acacia ou robinier, par les conseils de François de Neufchâteau, fut multiplié à l'excès ; la culture du maïs lui est redevable de son extension. Ce fut encore François de Neufchâteau qui conçut la pensée utile qui a servi les manufactures en alimentant l'émulation : cette pensée fut d'établir une exposition des produits de l'industrie.

Deux mesures, que les embarras de l'époque conseillèrent, furent proposées ; une d'elles, exécutée, a eu de bien tristes résultats ; les mandats territoriaux furent mis en circulation; le jour même de leur création, ils perdirent 45 %, et, un an après, ils furent réduits au sort des assignats qui créèrent tant de maux, sans profit pour la chose publique. L'autre conception bâtarde resta toujours en projet : on voulut hypothéquer toutes les propriétés et en faire le gage des mandats. On a, depuis 1830, rêvé la réalisation de cette même mesure, mais le bon sens public a fait, aux deux époques, justice de ces projets désastreux.

§—XLVII

Velum
Scinditur et vitæ ! gloria morte patet
.... Simul exoritur, simul excitat artes.
AUSONE.

L'esprit de calcul a chassé l'esprit de système : il règne peut-être un peu trop à son tour. Chaque époque a son esprit dominant.
BOSSUT.

Il fut poussé par une force irrésistible qui l'entraîna.
Manuscrit.

L'homme qui faisait les rois, qui créait les empires, qui partageait les diverses contrées de l'Europe, comme on divise un manteau, qui donnait les provinces, qui récompensait ses lieutenants par de riches dotations, Napoléon, car l'histoire et la postérité l'ont salué de ce nom , s'il eût tourné son génie vers l'agriculture , eût, d'après l'instinct qui fut son démon familier, été pour elle un autre créateur: il eût vivifié la terre que sa main remua si fortement. Emporté par les nécessités de son destin , ce n'est que dans le résultat de son gouvernement que nous pouvons trouver un rapport entre ce prince et les phases de l'agriculture. Loin de périr ou même de languir pendant les quinze années de sa puissance, on la vit fleurir, parce qu'une administration sage et forte est bienfaisante pour tous , parce que les finances administrées avec régularité , alors même qu'elles imposent des sacrifices , rendent au mouvement le produit de l'impôt; parce que le luxe qu'il sut créer multiplia les besoins et activa la consommation ; parce que l'impulsion forte, imprimée aux manufactures par le blocus continental , força l'industrie à rechercher les produits agricoles pour les exploiter ; parce que la séquestration dans laquelle cette mesure plaça le continent , fit bientôt sentir la rareté des denrées coloniales et des plantes tinctoriales ; la culture du pastel , les nouveaux procédés donnés par la chimie pour fixer les couleurs de nos plantes indigènes , la fabrication du sucre de betteraves , furent le résultat de ces circonstances (1).

Napoléon fut grand par ses victoires, plus grand par son administration , plus grand encore par l'instinct du pouvoir qu'il mania comme il maniait l'épée. Il rappela les Fran-

____

(1) « Napoléon , dit le duc de Gaëte , avait placé des fonds pour la « création de 400 manufactures de betteraves , qui auraient fourni le « sucre d'une partie de la France. Encouragées pendant 4 années, elles « auraient atteint ce but et amené le sucre au prix de celui des Indes. »

çais exilés, leur rendit leurs biens non vendus. C'est ainsi qu'il fut encore utile à l'agriculture en peuplant la campagne d'hommes qui, outre leurs propres lumières, apportèrent, la plupart, les expériences de ce qu'ils avaient vu pratiquer à l'étranger (1).

Nous devons à nos lecteurs, outre notre opinion, faire connaître celle d'un homme qui fut son admirateur passionné, parce qu'il avait, sous l'empire, fait partie de l'administration (2). Cet écrivain se montre à la fois reconnaissant et consciencieux. Quoique la question soit placée sur un autre terrain, elle a son côté vrai : nous abrégeons plus encore que nous ne citons. Le gouvernement impérial, dans l'espace de douze ans, a dépensé près d'un milliard en travaux d'utilité générale, exécutés tant dans la France actuelle que dans la Belgique, la Savoie, la Hollande, le comté de Nice, le Piémont, le Valais, l'Italie et l'Allemagne. Sur ce milliard, trente millions ont été employés à construire

---

(1) Une seule disposition due à son premier aperçu ordinairement si juste, si fécond, fut l'acte qui ordonna le paiement par 12e de l'impôt direct. Par là, sans se douter des conséquences, il doubla l'action du numéraire ; cette remarque aurait besoin de développements, que nous regrettons de ne pouvoir donner.

(2) On trouve dans un ouvrage éminemment remarquable, intitulé : *Politique de Napoléon*, le jugement suivant : « Napoléon dit que l'agriculture, qui est essentiellement nourricière, doit, dans un sol comme celui de la France, être le premier et le plus protégé des arts ; mais les progrès qu'elle peut faire, tendant à amener relativement à ses propres ressources une population surabondante, il faut veiller à ce que cet excédant de population puisse trouver un travail fructueux et des moyens de subsistance. C'est à cet effet, et surtout plus que pour satisfaire les besoins factices des hommes aisés, qu'il convient d'exciter d'encourager l'industrie manufacturière. »

des ponts, à réparer ceux que le temps avait dégradés ; cinquante, à faire ou à rétablir des canaux, à opérer des desséchements; deux cent soixante-sept, à réparer les anciennes
routes, à en ouvrir de nouvelles et à augmenter la sûreté
des ports maritimes.

Les provinces de l'Ouest, ravagées par la guerre civile,
furent l'objet d'une sollicitude toute spéciale. Voulant leur
rendre leur ancienne splendeur, au centre de la Vendée
même, il fonde une ville, *Bourbon-Vendée*, à laquelle il fit
aboutir plusieurs routes nouvelles. Grâce à cette fondation,
à plusieurs autres faveurs, notamment à une somme de
dix millions distribués en secours, les plaies de ce département furent en partie cicatrisées, les églises, les maisons,
les granges, que les fureurs de la guerre avaient détruites,
furent rétablies, et l'agriculture recouvra une prospérité
qu'on n'aurait dû espérer que d'un bien plus long espace de
temps.

§—XLVIII.

Voilà mon dernier déplaisir
D'abandonner la terre au trouble qui l'agite :
C'est un malade que l'on quitte,
Que l'on aime et qu'on n'a pu guérir.

Les Gaulois seraient le premier peuple du monde,
si la concorde régnait parmi eux.

CÉSAR.

Nous renvoyons à une autre section le tableau historique de l'agriculture depuis 1814, car le rapport de l'agriculture avec les temps est le même que celui avec les lieux ; plus nous sommes rapprochés de ce qui est, plus nous devons traiter cette portion de notre travail avec mesure et avec exactitude. Si nous exceptons l'année disetteuse de 1815, pendant les quinze années qu'il nous a été donné de vivre sous les Bourbons, l'agriculture, libre du mouvement de tous ses enfants, les tourna vers le travail ; les capitaux se portèrent sur les biens ruraux, ils en acquirent une grande valeur ; les douceurs de la paix permirent aux propriétaires de se livrer à l'espoir des améliorations : tous leurs soins, les lumières, le secours des arts, et, plus que cela, la protection royale (1), aidèrent l'impulsion. Partout, l'agricul-

-----

(1) L'impôt foncier successivement dégrevé ; la création d'un conseil d'agriculture (1819), le titre de *Société royale* rendu à la Société d'Agriculture ; des voyages entrepris pour obtenir de nouveaux végétaux ; l'exemption de tout droit sur la fabrication ; l'érection de l'école fores-

ture, en France, était en progrès, lorsque la révolution de 1830 apparut. Le temps peut seul nous révéler ses destins à venir, nous dire si l'agiotage dévorant les capitaux réels et fictifs, si un système d'administration, tout entier aux nécessités politiques ou aux combinaisons personnelles des positions nouvelles, ne viendront pas arrêter les améliorations, si des dépenses hors de toute proportion ne tariront pas les ressources du pays, si des levées d'hommes, en temps de paix, supérieures à celles des temps de guerre, ne rendront pas les bras rares, si les impôts ne s'anéantiront pas en raison de leurs excès, si l'augmentation nominale des capitaux et la diminution réelle de la rente, si les hésitations de l'administration n'influeront pas sur les destinées de l'agriculture, qu'on abandonne quand on ne l'opprime pas. Qu'en adviendra-t-il? qu'on ne nous interroge pas:

---

tière de Nanci : voilà les principaux bienfaits de Louis XVIII : Charles X les continua. Que les accents de la reconnaissance de l'agriculture lui parviennent au lieu de son exil ! Il étendit la culture du mûrier ; il consacra 400,000 fr. de sa cassette pour l'acquisition d'actions dans la formation de la ferme-modèle de Grignon; un milliard et demi réparti en 15 années, employé pour la confection des routes, à leur plantation; des sommes très considérables consacrées à l'importation des moutons de Leicester : en 1827, 1828 et 1829, d'autres fonds servirent à acheter des graines d'arbres forestiers d'Amérique : voilà ce que fit Charles X pour l'agriculture. Ne peut-on pas reprocher quelques torts à cette période de quinze années? Nous le dirons avec franchise, il y eut des fautes commises ; mais celles qu'avoue la faiblesse ; par exemple : on craignit de heurter quelques sinécuristes; on n'osa pas faire porter les économies sur leurs traitements. De là, la parcimonie dans la distribution des fonds destinés à l'agriculture ; de là, la suppression de la pépinière du Roule, qui avait rendu de si éminents services; mais jamais, quand on montra le bien à ce prince, sa bonté ne se refusa à le faire.

nous ne pourrions répondre. Nous nous bornerons à émettre pour le pays, ce vœu que formule l'amitié, lorsqu'elle confie un ami à la tombe... QUE LA TERRE TE SOIT LÉGÈRE ! Nous ne manifesterons nos craintes qu'en disant avec le grand Bossuet : « Qu'on ne me demande rien « de l'avenir.... L'avenir se tourne presque toujours bien « autrement que nous ne pensons. . . . Je tremble quand « je mets la main sur l'avenir ».

§ — XLIX.

Il y a une Cérès et une Pomone pour chaque climat.

ESCHERNY.

Je suis déjà loin du but que je me suis proposé, du point d'où je suis parti ; cependant il me reste encore bien des pas à faire pour atteindre le terme où je dois arriver. Agité par cette crainte, je me hâte.

LACROIX.

Il est toujours sage d'observer la Nature, de l'étudier et même de faire des essais avant de se livrer aux travaux en grand. L'expérience est le seul livre utile, le seul où doivent lire les cultivateurs et les administrateurs publics chargés de protéger l'agriculture.

ABEILLE.

En comparant l'agriculture avec les temps, nous avons parcouru les âges depuis celui que des regrets nous ont fait appeler l'âge d'or, jusqu'à l'époque actuelle. Nous avons présenté cet art comme satisfaisant toujours aux besoins de tous, Soixante siècles attestent sa puissance, témoignent de ses bienfaits. L'agriculture a traversé ce long espace en répandant ses dons sur ces séries innombrables d'hommes qui, après avoir végété quelques jours, sont venus tour-à-tour mêler leur poussière à la poussière de la terre qu'il avaient cultivée, pendant leur court passage. Emparons-nous maintenant de cet autre espace, de celui qui fait aujourd'hui notre demeure; de ce point qu'on est convenu d'appeler l'univers, quoiqu'il ne soit au tout, que ce qu'est l'atome par rapport au corps dont il est l'élément. Nous avons successivement, de période en période, recherché les antiques souvenirs, accueilli les traces traditionnelles, rappelé et les efforts et les succès de nos devanciers. Maintenant, adressons-nous à la génération présente et interrogeons les lieux. Appelons-les! Oui, interrogeons-les; ils répondront : leurs habitants diront : « Nous aussi, nous nous courbons vers la terre pour solliciter ses dons; nous aussi, nous présenterons une harmonieuse série de faits qui se heurtent et se coordonnent. Nous prouverons que partout on trouve des hommes qui, comme nous, remplissent la plus haute mission, le plus noble et le plus important des devoirs, celui de nourrir les autres hommes. En fertilisant la terre, nous seuls avons été fidèles à notre destination, qui est le travail et la prière; nous le serons, jusqu'à ce que, purifiés pendant ce temps d'épreuve, nous trouvions éternellement dans le sein de Dieu, notre récompense pour l'avoir, dans le temps, imité sur la terre ».

Qu'il est beau, qu'il est noble, le rôle de l'agriculture !... Elle remplace la Providence. Elle est, comme elle, destinée à apaiser les besoins, à sourire sans cesse au malheur, à vivifier tout, à ne recevoir des semences qu'à la condition de les rendre au centuple, en donnant les moissons. Qui peut douter de sa puissance ? Elle soumet toute la NATURE.... Toute entière elle est à elle. — LE CIEL. — L'agriculture épiant son sourire, sa colère même fait plier les mutations d'en haut à ses desseins ; elle retient la rosée pour la fleur qu'elle chérit ; elle en prolonge le bienfait. — L'EAU, devenue docile à ses lois, se soumet. L'agriculture réserve les trésors de la pluie, enchaîne la fougue du torrent, se rit de ses menaces et l'enferme dans d'utiles canaux ; sa route est tracée et il n'est plus qu'un esclave, qu'un dispensateur de ses dons, un agent de sa puissance ; quant à la TERRE, elle est son domaine. L'agriculture ouvre son sein, et le sol contraint n'a plus de fécondité que pour les végétaux qu'il lui est ordonné de produire. — L'AIR, la LUMIÈRE, la CHALEUR perdent leur indépendance : ces éléments opposés obéissent à un même pouvoir. — Des foyers ménagés. — Des abris industrieux en augmentent, en concentrent, en prolongent, en varient l'action. Ici, un climat factice entretient la température douce d'un printemps perpétuel ; plus loin, une zone brûlante place les végétaux dans les régions intertropicales. La plante, trompée par ces premiers soins, croit avoir retrouvé sa patrie ; mais bientôt une douce langueur, une mélancolie de fleur l'atteint, et son erreur n'ira pas jusqu'à produire des fruits : elle est loin du sol natal , du zéphir qui seul pouvait la féconder. Les fleurs même ont une patrie qu'elles chérissent comme une mère (1).

---

(1) **On a remarqué** que l'époque de la floraison pour les fleurs est celle de leur patrie. L'automne est le printemps de l'autre hémisphère , et les fleurs en conservent le souvenir. On pourrait suivre cette indica-

L'agriculture, pour obtenir ces grands succès, doit, en même temps qu'elle lutte contre les obstacles qui lui sont opposés, ne pas oublier que la nature ne cède ses droits à sa rivale que sous la condition d'obéir aux lois primitives qui lui sont prescrites à elle-même ; elle a ses exigences et ne permet qu'on la surpasse que dans des limites voulues. Ainsi, l'étude des influences géographiques, botaniques, est une de celles qui peut le plus aider la science agricole. Cette connaissance peut seule guider le cultivateur dans ses expériences, et la condition de la végétation artificielle dépend de ses rapprochements avec les conditions de la végétation spontanée : il faut vouloir tout ce qu'on peut, mais pas au-delà. Ainsi, le cultivateur aura toujours devant les yeux ces maximes, que les cultures forcées ne sont obtenues que dans des limites fixes. Il doit donc s'attacher à connaître la nature du terrain, la température moyenne, les résultats météréologiques pour un certain nombre d'années, la nature et la quantité d'engrais et de moyens d'excitation à sa portée, combiner les résultats qu'il veut obtenir avec les cultures environnantes et les moyens de débouchés que lui laisse le plus ou le moins d'éloignement des points centraux de consommation ; mais c'est surtout, outre cette série de conditions générales, les conditions de la géographie agricole et botanique qui doivent toujours être pour ainsi dire sous ses yeux (1) ; savoir :

----

tion quand on veut déterminer la patrie d'un végétal : les arbres qui perdent leurs feuilles, les perdent dans la même saison qu'au sol où ils auraient dû croître.

(1) Nous avons détaché ce morceau, qui est commun à la section des arts et des sciences dans leurs rapports avec l'agriculture. Il se place naturellement ici ; la géographie agricole le réclamait.

le lieu où la plante est née , c'est à demi connaître sa culture.

Cette position agricole n'a pas échappé à la sagesse des agriculteurs chinois. Leur expérience les a éclairés et leur bon sens leur a dicté les deux maximes suivantes : 1° *Appropriez toujours vos moyens de culture à la culture de ceux qui vous environnent. Ils suivent les sillons de leurs pères qui ont vécu avant eux, et puis, tournez autour de vous, voyez ce que la nature fait croître d'elle-même ; le terrain n'aime que les plantes semblables à celles qui croissent sans qu'on les plante* (1) ; 2° cet autre axiome : *Fumez la plante au lieu de fumer la terre : il vous faudra moins d'engrais.*

Les recherches sur l'économie naturelle, dans la distribution des plantes, sont donc un point de vue du plus haut intérêt. L'homme peut modifier les types primitifs , mais ils restent, parce qu'ils tiennent à la nature même du végétal qui, laissé à lui-même, reprendrait bientôt la forme et l'allure qu'il avait avant d'avoir été tourmenté par des exigences capricieuses.

---

(1) Écoutons Bernardin de Saint-Pierre : ses conseils sont une extension de la pensée des Chinois , que nous citons :

« Pour connaître les plantes les plus propres à réussir dans un terrain, « il n'y a qu'à faire attention aux plantes sauvages qui y viennent d'elles-« mêmes , et qui s'y distinguent par leur force et leur multitude. On « leur substituera des plantes domestiques du même genre de fleurs et « de feuilles. Là où naissent des plantes à ombelles, il faut mettre à leur « place celles des nôtres qui ont le plus d'analogie avec elles , par les « feuilles et les fleurs , les racines et les graines , telles que les daucus ; « l'artichaut y remplace utilement le fastueux chardon..... Je suis per-« suadé que, par les rapprochements naturels, on peut tirer de l'utilité « des sables et des rochers les plus arides , car il n'y a pas une espèce de « plante sauvage qui n'ait une espèce comestible. »

L'influence des lieux sur l'agriculture en modifie les pro
duits, la position géographique n'est qu'une des causes e
d'autres viennent combiner leur action. Si, au lieu des cin
zones artificielles que la géographie admet, on partagea
le globe en dix zones australes et dix boréales, il serai
possible, en les déterminant moins par la largeur de l
bande que par la nature de végétation, d'assigner les genre
de plantes qui se plaisent dans chacune d'elles, mais ce
généralités admettraient encore un grand nombre de cau
ses exceptionnelles d'altération : une montagne de plus o
moins d'élévation au-dessus du niveau de la mer, le voi
sinage même de la mer, l'abri d'une grande forêt, sor
des causes locales et font que le plus ou le moins d'éloi
gnement de l'équateur (1) n'est qu'une des causes de m

---

(1) M. Decandole a partagé le globe en zones botaniques entièreme
tranchées, qu'il est, selon lui, impossible de méconnaître. Ainsi,
Nouvelle-Hollande, le cap de Bonne-Espérance, le Sénégal, le bass
de la Méditerranée, l'Europe septentrionale, ont chacun des plant
spéciales qui ont, dans chacune de ces grandes divisions, des cara
tères distincts. Il pense que cette différence tient surtout aux obstac
physiques qui s'opposent à la transmission des semences, qui ne peuve
franchir ni des déserts comme celui de Sahara, ni des mers comme l'
céan, ni des montagnes comme celles de l'Asie. Il répète la remarqu
si souvent reproduite, qu'il y a une identité parfaite entre les fleurs
la Lybie et de l'Espagne, de la Grèce, de l'Égypte, de l'Asie mineur
de la Sicile, de l'Italie et de la Provence. Nous aurons plus d'une fois l'
casion d'étendre cette remarque, mais nous ne craignons pas les redi
dans une considération aussi importante : ainsi, la Hongrie et la Rus
d'Europe ont beaucoup de plantes communes ; il y a analogie entre
flores des États-Unis et celles de l'Écosse et de l'Irlande ; au nord-ou
de l'Amérique et dans le Kamschatka, mêmes végétaux ; même rapp
entre les végétaux de la Chine occidentale et le gouvernement d'Irkou
les plantes de l'Atlas et du Caucase sont les mêmes ; la flore du Jap

dification, et que, pour un lieu donné, il faut en admettre d'autres, soit physiques, soit botaniques.

La température a son action partielle, mais elle est modifiée elle-même par tant d'actions diverses, qu'elle ne peut être conclue avec quelque certitude que pour une seule localité et même pour un seul lieu que d'après l'expérience, en prenant la température moyenne. Citons pour exemple l'Allemagne : l'hiver y est plus froid qu'en Angleterre ; mais parce que la chaleur des étés est plus forte, elle permet la maturité des raisins et de plusieurs fruits en plein air, tandis qu'on ne les obtient en Angleterre que dans des serres. D'un autre côté, les serres en Angleterre produisent des fruits que la rigueur de l'hiver tuerait en Allemagne. C'est donc moins la température moyenne d'une année que celle de la partie de l'année qui comprend l'espace entre l'apparition du fruit et sa parfaite maturité qu'il faut admettre.

---

celle de la Chine, celle de la Cochinchine, ont une grande analogie ; l'affinité des plantes de la Perse, de l'Inde et de l'Asie mineure a été signalée, tandis que, sous les mêmes latitudes, on trouve de la ressemblance entre les grands végétaux du Brésil et des Indes : cependant, pour les deux pays, ils ont des caractères tranchés. Les conditions climatériques donnent, dans l'Egypte et au cap de Bonne-Espérance, des végétaux semblables : le Congo et le Sénégal n'ont leurs analogues que dans la Haute-Egypte. Ces indications prouvent qu'un des ouvrages les plus intéressants pour la botanique serait celui où, tout en caractérisant les ressemblances des végétaux, dues à l'action climatérique des températures, on assignerait les causes de leurs différences.

(1) Nous avons à Paris du raisin et des fruits qui ne peuvent pas réussir en Normandie, parce que, quoique le voisinage de la mer rende cette dernière province moins froide que la capitale, en général, celle-ci a toujours des étés plus chauds et le printemps plus hâtif. Au contraire, on voit des melons en pleine terre à Honfleur.

Le caractère des végétaux , leur tissu plus ou moins lâche surtout dans le cœur, sont les causes qui les rendent plus ou moins sujets à la gelée. En général (1), les arbres à feuilles persistantes , excepté pourtant les résineux, gèlent facilement ; les plantes herbacées dont la tige est annuelle et la racine vivace, résistent mieux au froid que celles dont la tige est vivace (DECANDOLE).

Voici une remarque qui n'a pas échappé aux botanistes modernes, mais qui a été faite , pour la première fois, par Tournefort : il observa sur le mont Ararat, que la végétation éprouvait des modifications en raison de son plus ou moins d'élévation au-dessus du niveau de la mer, il trouva au pied de cette montagne les plantes de l'Asie mineure ; au milieu, celles de la France ; et au sommet, celles de la Laponie (2). Linnée , Haller, Thumberg, Brown , Decandole et surtout Humboldt et Bompland ont mieux caractérisé cette identité de régions qui semble admettre une relation entre la végétation à différentes élévations et celle qu'on trouve en s'éloignant du pôle ou en s'en rapprochant. Je ne sais pas même si quelques botanistes n'ont pas établi la corrélation d'un degré de latitude et de 225 mètres d'élévation, ou 750 pieds (3).

---

(1) M. Desnoyers dit qu'à Cayenne (et depuis, la remarque a été faite pour plusieurs autres contrées équinoxiales), le cœur des arbres les plus durs est mou. Ecoutons-le : « Les bois de la Guiane présentent une particularité qui les distingue : c'est que tous ont le cœur vicié et que le bon bois se trouve près de l'aubier, tandis qu'en Europe c'est tout le contraire ». La cause ne serait-elle pas la nature marécageuse du sol ? Cayenne assaini offrirait des arbres plus sains.

(2) C'est ainsi que croissent , au sommet des Alpes et des Pyrénées , les plantes du Groenland et de la Laponie.

(3) Ainsi la hauteur du Dhawalagery, dans le Hymalaya, est le plus

La nature du sol, l'action de l'eau, celle de la lumière ne doivent pas être négligées dans le calcul de notre estime ; mais une considération qui ne doit pas échapper, est la métamorphose qui s'opère dans le caractère des hommes, lorsque, transplantés sous un autre ciel, ils subissent l'influence continue d'une autre température, épreuve qu'ils ne sauraient éviter : elle modifie tout dans l'homme, ses habitudes, ses passions, son caractère. Je ne sais quel poète d'outre-mer l'a dit : « En Italie, *les idées poétiques reflètent l'azur du beau ciel de cette contrée* ».

Aussi, dans la zone torride, l'agriculture a sa végétation particulière et son mode de culture. Ces jours si brûlants ne permettent pas le travail : ils commandent le repos ; ces nuits si fraîches, si naïves, invitent l'homme au mouvement d'une danse animée. Cette alternative de saison sèche et pluvieuse, cette végétation instantanée, cette sécheresse qui dévore toutes les plantes qui ne peuvent lui résister, cette beauté éternelle et majestueuse des arbres gigantesques, cette tendance des herbes à devenir un arbre sont des miracles de la nature qui laissent peu à faire à l'homme pour obtenir sa nourriture, pour satisfaire ses faciles besoins : aussi le voyons-nous insouciant, indolent, savourer les délices d'une vie oisive et douce. Il semble bercé par le rêve de la vie : il ne se réveille que quand des passions, brûlantes comme l'air qu'il respire, bouillonnent dans son sein, l'arrachent à sa molle inertie, et, avec la violence de la tempête, quand elle lance un

---

haut point du globe, qui a en hauteur le cinq millième de la circonférence de la terre. Le froid, sur son sommet, doit être aussi intense qu'au pôle même : il serait même plus fort, si l'action journalière du soleil ne le tempérait.

esquif contre un rocher, le poussent irrésistiblement vers
des actions héroïques ou vers de hardis forfaits.

Que peut l'agriculture, dans une semblable aggrégation
de circonstances? Dire à l'homme : « Ici une chaleur dévorante absorbe tes forces, anéantit leur emploi, mais, en revanche, une nature attentive t'a donné le palmier, le cocotier
qui peuvent suffire à presque tous tes besoins ; surtout dans
ces mers de sable où quelques oasis épars attestent leur antique fécondité par le contraste de leur stérilité actuelle. Plante
et recueille, le sol fera le reste ». Honneur au palmier ! Grâces immortelles au Dieu qui l'a donné dans ces contrées où
l'homme serait impuissant par son travail à fournir à ses
besoins.

Chaque zone a son caractère de végétation : celle qui com
prend les tropiques offre les plantes les plus énergiques, le
poisons les plus violents, en même temps que ces remède
héroïques dont nous ne connaissons qu'à demi la bienfai
sante destination.

Cultivateurs des zones tempérées, vous, pour qui la terr

---

(1) Le sixième du globe, sous les noms divers de *Steppes*, *Karrous*
D'Jengle, *Llanos* et de *Pampas*, est inculte, quoique plusieurs terrain
soient susceptibles d'être fécondés. Il ne s'agit ici que des déserts pro
prement dits, ou des terres absolument stériles. Le *Sahara* commen
une zone immense, depuis l'Atlantique jusqu'à l'extrémité orientale d
globe, espace de 135 degrés de longitude, à travers l'Afrique septentrional
l'Arabie, la Perse, la Chine et la Mongolie : il n'offre qu'un sable impro
ductif. A quelle époque les eaux avaient-elles ce cours rapide qui y lais
un dépôt de sable? Dès les premiers temps, ils étaient connus, ces dé
serts ; les Romains les avaient nommés *Lybie* et régions des bêtes sa
vages, et ils payaient leurs tributs aux maîtres du monde, en fournissa
ces lions qui ensanglantaient leurs jeux.

ne produit que quand elle est arrosée par vos sueurs, que quand elle est sollicitée par vos efforts. Vous seriez injustes si vous vous plaigniez du sort, vous connaissez seuls les charmes du printemps, de la saison des fleurs et les plaisirs de l'automne dont les fruits réalisent les promesses du printemps. L'hiver et l'été n'ont pour vous que des rigueurs modérées. Où trouver ailleurs que dans les bosquets de l'Asie mineure, que dans les plaines, que sur les montagnes de la Grèce, de l'Espagne et de l'Italie, que dans les champs si bien cultivés de la France et de l'Angleterre, ce luxe de végétation qui, sous mille formes fantastiques, varie les produits de nos parterres et de nos vergers? Pendant l'hiver, la sève sommeille, et les arbres y perdent leur feuillage ; mais, si la nature a ses jours de deuil, elle a aussi ses jours de pompe (1).

Pour les rares habitants des zones voisines des pôles, il n'y a pas, il ne peut pas y avoir d'agriculture ; il n'y a pas d'habitants au delà du 78ᵉ degré de notre hémisphère. L'obliquité des rayons solaires les rend impuissants à fondre cette croûte de glaces qui pénètrent à plus de 100 pieds de profondeur : on trouve pourtant (car la courageuse agriculture ne recule devant aucun obstacle) quelques contrées

---

(1) On a remarqué que la zone torride produit beaucoup d'arbres et peu d'herbes ; que l'herbe de Guinée même s'élève à 12 on 15 pieds ; que le nombre des genres et des espèces des zones tempérées est décuple au moins du nombre des espèces des autres zones ; mais que là, les arbres et les arbustes s'y mêlent et s'y reproduisent avec un grand nombre d'herbes ; qu'à l'exception des pins, des bouleaux et de leurs congénères, les zones glaciales n'ont que des herbes ; enfin, les terres voisines des pôles ne produisent qu'à regret des mousses et des lichens, et seulement dans les lieux que la neige couvre et garantit.

à soixante et à soixante-quatre degrés, où la végétation a ses miracles. Les aurores boréales, qui en sont la cause, reflètent quelque peu de chaleur, et un jour de plusieurs mois. A quelques lieues de Bergen, l'effort de la végétation est si grand qu'en trois jours, la neige se fond et les fleurs s'épanouissent, et en moins de vingt, elles parcourent leur existence éphémère, elles en atteignent le terme.

Cependant la nature a fixé, dans ces climats reculés, le Groenlandais, le Samoïède, l'Esquimaux, le Lapon. Plus heureux que l'Européen des régions tempérées, cet homme, que son sol fertile ne saurait attacher, vivant sur un terrain qu'aucun travail ne peut animer, il l'aime; lui, il ne pourrait changer de patrie, et comme le végétal, il tient à la terre; il meurt dans la cabane où il est né: loin d'elle, il soupire, il languit, il meurt avant le temps (1).

---

(1) Plusieurs voyageurs ont entendu les Lapons ne pas comprendre la possibilité de vivre ailleurs. «Comment pourrions-nous habiter un pays où nous n'aurions ni rennes ni neige? » Heureux Lapons....!

§—L.

Plantæ omnes utrinquè affinitatem monstrant ut territorium in mappd geographicd.

Linnée.

Le courage de l'esprit consiste à avoir une opinion autre que celle qui est adoptée par les hommes en crédit ; le courage du cœur consiste à parler et à agir comme on pense.

Trublet.

La géographie, en adoptant la division arbitraire qui partage le monde en zones, d'après le plus ou le moins d'éloignement de l'équateur, nous a aidés ; mais les divisions botaniques sont moins tranchées, et, pour un lieu donné, il y a plus de causes de modifications qui appellent d'autres considérations : ce sont la station des plantes, leur région et les influences atmosphériques, enfin, la nature du sol. La station peut être appréciée par le croisement des bandes longitudinales, avec les démarcations latitudinales ; la station est toujours horizontale. Cette même plante qui a sa demeure ainsi fixée exige aussi des conditions de placement, en raison de l'élévation du point où elle vient spontanément. Ainsi, la plante aquatique n'aime à développer ses belles et larges fleurs qu'à la surface de eaux ; ainsi, quand un attérissement ôte au palétuvier les eaux salées où il croissait, il meurt.

Cette plante aquatique a le privilége d'un double feuillage, le feuillage inférieur de la plante aquatique, et le feuillage supérieur de la plante terrestre. Cette autre voyageuse s'approche du rivage, parce que ce n'est que sur les bords du fleuve qu'elle peut lancer sa graine qui mûrira pendant la saison de la sécheresse, et que l'inondation entraînera ensuite dans le courant. Quelques plantes amphibies vivent également et sur la terre et dans les eaux ; mais le changement de condition d'existence en amène un dans la forme , dans le port, dans la couleur de la fleur, et la nature de son feuillage est moins glauque, moins glutineuse sur terre. Le végétal aquatique adopte, s'il m'est permis de le dire, la parure de sa nouvelle condition. Toutes les plantes pourtant ne peuvent pas se prêter aux caprices de leur maître : les unes meurent, les autres vivent et végètent avec langueur, et celles même qui résistent, ne peuvent, qu'après des ménagements gradués, perdre leurs types primitifs ; et ce n'est souvent qu'après plusieurs générations qu'elles ont oublié leur origine , pour se prêter aux métamorphoses exigées.

Tandis que la station est horizontale, la région pour une plante est déterminée par la hauteur verticale où elle croît spontanément, au-dessus du niveau de la mer les plantes qui croissent sur les bords , les plantes de la plaine, celles des montagnes , à différentes hauteurs ; voici la classification nouvelle , d'après leur rapport avec les lieux. Cette fixation de région pour une plante est mesurée par la limite inférieure et supérieure : ainsi, les pins ont une région de 2,600 pieds environ, commençant à zéro et finissant au point où l'arbre ne peut plus être arbre forestier, au point où, ne pouvant s'élancer, à peine arbuste, sa sève ne saurait nourrir ses racines, l'air glacé s'oppose à son élévation.

Cette échelle ascensionnelle est assez grande pour admettre des sous-divisions, et à chacune d'elles une espèce de pins semble accorder la préférence.

C'est en présence de ces faits trop peu étudiés que nous devons cultiver, et c'est pour s'en être écarté quelquefois, les avoir méconnus, que souvent des spéculations trop hardies ont trouvé tant de mécomptes : la patrie des plantes ou leur habitation donne lieu au cultivateur d'étudier les goûts de la plante en reproduisant pour elle les habitudes qu'elle aime ; il est assuré que par sa prospérité, la plante le paiera de ses soins.

L'influence du sol amène de plus grands changements dans les plantes. L'examen de ces effets n'a pas encore assez attiré l'attention des savants. De même que les hommes, qu'une nourriture privative et exclusive à toute autre tue ou prédispose à plusieurs maladies (1), ainsi, les plantes exigent que le sol qui les alimente soit mélangé et, à quelques exceptions près, un calcaire pur, un détritus volcanique sans mélange, est infertile. Les plantes maritimes veulent des terrains

---

(1) La crainte de ne pas trouver place ailleurs, nous fait consigner ici quelques documents sur l'alimentation privative, c'est-à-dire d'un aliment pris exclusivement à tout autre mode de nourriture.

On lit dans la *Gazette de Dax* (1746), que la substitution de la culture du maïs à celle du millet, dans toutes les landes, avait amené une notable amélioration dans la santé publique, et que, depuis, on avait vu diminuer très sensiblement le nombre des épileptiques.

On trouve consigné, dans les rapports du traitement fait dans les états de New-York, aux fous maniaques ou à des criminels violents, qu'en nourrissant privativement de maïs ces fous ou ces condamnés, la violence des accès pour les premiers est tempérée, et que, pour les autres, ordinairement le calme est la suite de cette médication.

salés; les légumineuses, des terrains gypseux; les graminées, des silices; mais ces terrains, pour leur entière prospérité, doivent contenir d'autres principes que celui essentiel pourtant de la nature constitutive du terroir. Sans admettre, d'une manière absolue, l'opinion que le *terreau*, ou plus généralement l'*humus*, soit le principe de toute végétation,

---

C'est encore aux Etats-Unis que nous empruntons le renseignement suivant :

Nous copions textuellement ce que nous a dicté M. P...de Ch.: « En Amérique, toute peuplade nourrie principalement de maïs, comprend des hommes moins robustes, suant aux moindres efforts, ayant peu d'énergie, mais des mœurs douces et paisibles.... Décortiqué et rôti, le maïs y est regardé comme plus sain. »

Le sarrazin nous offrira quelques faits qu'il convient d'apprécier. On trouve dans un journal danois, le fait suivant: Si, après une récolte de sarrazin, on lâche dans le champ qui l'a produit un troupeau de porcs, tous ceux qui sont noirs s'y repaissent impunément; les porcs blancs, au contraire, contractent des ulcères aux oreilles; si parfois un porc a une oreille blanche et une noire, la noire reste saine et la blanche est affectée d'un ulcère.

Thaer fut frappé de ce fait. Pour s'assurer du plus ou du moins de foi qu'on y devait ajouter, il nourrit, privativement à toute autre nourriture de sarrazin, deux chevaux, un blanc et un noir : le cheval blanc, après s'être rassasié de sarrazin, fut inondé de sueur, comme il l'eût été après une longue course; le cheval noir, au contraire, éprouva l'effet d'une surexcitation électrique. En lui passant la main sur le dos, il sortait des étincelles de chacun de ses pores, il s'agitait avec impatience.

Dans nos écrivains agricoles français, nous retrouvons ce fait constaté par mainte expérience, que le sarrazin nouveau produit, chez les bêtes à cornes et chez les moutons, une sorte d'ivresse, semblable à celle du vin chez les hommes.

Je suis des recherches dans cette direction, sans conclure, car il ne m'importe que d'appeler l'attention des cultivateurs et de pouvoir en retirer quelques conclusions utiles pour l'hygiène agricole.

nous croyons que celle-ci ne peut se réaliser que dans un terrain composé, que dans un sol admettant plusieurs parties élémentaires dans sa composition, et que cette combinaison peut varier dans des limites données.

Ce qui détruit, dans les plantes, leur principe âcre, et leur permet d'arriver avec une modification qui les fait rechercher pour la nourriture des hommes, est l'addition des engrais et des stimulants à la composition première du sol; c'est une terre nouvelle : c'est ici le lieu de considérer toute la puissance locale du sol. Les sols factices, qui nous donnent des produits par les moyens variés de l'horticulture, nous offrent la preuve du degré de modification où arrive la plante, lorsque, sans détruire en elle le principe de la vie, on change ses conditions naturelles d'existence. Ce n'est que dans un sol préparé, et constamment avec les mêmes conditions de culture, que le *daucus*, le *brassica* des glaciers, les herbes laiteuses, sont parvenus à devenir les légumes savoureux qui, ainsi que les céréales, forment la nourriture de l'homme (1).

Pour faire connaître toute l'influence du sol sur un végétal, toute la puissance des moyens de culture, voyons à quel prix l'homme obtient les produits forcés, soit sous le rapport de la précocité, soit en donnant aux légumes les exorbitantes proportions qui les font quelquefois injustement rechercher (2). Ces prodiges d'horticulture, vous ne

---

(1) Serait-ce une erreur de dire, qu'avec la même quantité de principe âcre, drastique, styptique, etc., comme la culture a augmenté le volume par l'addition surtout d'eau végétative et des éléments des amendements, ce principe est moins actif, plus étendu et plus développé ?

(2) Toutes ces exagérations de formes, ces métamorphoses, ces acci-

les obtiendrez qu'en exagérant les engrais, qu'en stimulant la terre par les sels, dont vous l'imprégnez, quen l'amendant outre mesure par des travaux multipliés, qu'en la soustrayant, par des combinaisons ingénieuses, à l'action atmosphérique, et en donnant à la plante, tantôt une chaleur réfléchie par la réverbération, tantôt la garantissant par un abri nocturne : alors le légume vient avant le temps; sa grosseur démesurée le fait rechercher pour devenir l'honneur de nos tables. Aura-t-il ce parfum exquis, fruit d'une patience, de soins, qui ne peuvent être que l'ouvrage du temps? Le légume aura-t-il parcouru lentement sa carrière, en accumulant chaque jour en lui-même, par un choix paisible, les parties similaires que la nature a placées pour lui dans la terre? Le temps, l'opportunité, la saison : voilà les conditions de la perfection du légume.

Ici les principes généraux reviennent en *mécanique*, en *politique*, en *éducation*, en *agriculture*. En mécanique, l'on perd en force ce que l'on gagne en vîtesse : c'est le principe de la décomposition de la puissance du levier. En politique, les empires se conservent par les moyens mêmes qui les ont élevés (1). En éducation, mieux vaut l'exemple que le précepte. Voilà les lois d'accroissement, de conservation et de décadence des états. De même, hors de certaines limites, la culture fait perdre aux plantes, en qualité, ce qu'elles gagnent en volume, en *obésité*.

Il n'est pas de cultivateurs, de ménagères, qui, en ajou-

---

dents de culture ont souvent été regardés comme des maladies de la plante.

1) *Omnia imperia iisdem artibus servantur, quibus comparantur.*

SALLUSTE.

tant à un légume son certificat d'origine , c'est-à-dire l'indication du lieu où il est pris, ne confirme cette vérité (1).
Quant aux céréales , les fermiers soigneux ne manquent jamais de rechercher les cantons où elles croissent avec le
plus de chances de succès , et peut-être devraient-ils souvent y apporter encore plus de soins et étendre le cercle des
localités d'où ils tirent leurs semences.

Ce serait un utile et important travail , que le résultat
comparatif des influences locales sur une série de blés , d'arbres forestiers , de légumineuses (2). Des voyages agricoles ,
entrepris dans cette direction, auraient à la fois le plus grand
intérêt et la plus extrême utilité, par l'appréciation et la
graduation des différences. Si , outre la nature du terrain ,
on portait son examen sur les diverses conditions détermi-
nées , la science s'éclairerait des leçons de l'expérience, et
l'on porurait, en établissant des données analogues, conclure
et fixer quelques principes de culture autres que ceux d'une
culture routinière.

Nous allons citer deux faits qui, mieux que des préceptes,
feront comprendre notre pensée.

Le premier prouve que le lieu où naît une plante et les
circonstances de son développement peuvent assez influer
sur l'économie animale pour déterminer des maladies : et

---

(1) Témoin la réputation des carottes de Flandre , des haricots de
Soissons, des pêches de Montreuil, des cerises de Montmorency, des
navets de Freneuse , etc.

(2) Qui ne sait que les grains du Midi, plus durs, renferment, sous le
même volume, plus de parties nutritives, que plantés au Nord où, en as-
sumant plus d'eau de végétation, ils acquièrent plus de volume, mais que
cet accroissement n'a lieu que pour un temps donné, et qu'après trois
ou quatre récoltes, ils s'y distinguent peu des grains du pays.

en effet, en portant notre attention sur les faits de cette nature, il serait possible de préparer à nos neveux des chances moins nombreuses de ces maladies endémiques dont
nous sommes encore victimes dans la moitié du globe.

Le second nous prouve qu'avant de vouloir, par une industrie donnée, employer comme matière première les produits d'un végétal ou une partie de ce végétal, il faut le placer
dans une localité et dans une suite de circonstances identiques.

« L'état languissant de l'agriculture dans le Bengale fait
« qu'on y cultive le riz dans des marais trop profonds pour
« pouvoir les dessécher. On le laisse croître dans ces eaux
« stagnantes et empoisonnées ; il y contracte une maladie
« assez semblable à l'ergot du seigle. L'effet de cette altéra-
« tion dans la nature du végétal le rend peu nutritif et le
« prive de la farine qui fait sa propriété comme aliment, et
« les hommes ou les animaux qui se nourrissent de ce grain
« empoisonné en ressentent les effets les plus terribles.. .....
« Nous ne craignons pas de l'affirmer, c'est l'usage de
« ce grain vicié qui occasionne dans l'Inde, à Maurice,
« depuis longues années, le retour de ces maladies endémi-
« ques qui, assez périodiquement, y causent les plus cruels
« ravages (1). »

Le second fait est rapporté en ces termes dans le *Bul-
letin universel* :

« La note de M. Parry sur le terrain le plus convenable
« pour cultiver la paille à tresser nous offre un exemple
« remarquable de l'influence des terrains sur la nature des
« plantes.

---

(1) *Transactions de la Société agriculturale et horticulturale de l'Inde*
t. Ier, sept. 1830.

« Il annonce que la paille de grain semé dans un sol ar-
« gileux est très sujette à être pâle ou tachetée : ce qui est dû
« au fer contenu dans l'argile. Celle qui est récoltée sur une
« terre sableuse est ordinairement rude et cassante, impro-
« pre aux ouvrages en paille, à cause de la silice qu'elle a
« puisée dans le sol, et la paille venue dans un terrain cal-
« caire ou crayeux, tel que la plupart de ceux qui sont aux
« environs de Dunstable, par exemple, a la souplesse et la
« fermeté nécessaires dans la fabrication des pailles tressées
« et l'aspect luisant qui les fait rechercher.

« On conçoit de là, la plus grande importance de con-
« naître les sols convenables, si l'on veut rivaliser avec les
« Italiens dans la préparation de leurs admirables chapeaux
« de paille (1). »

Ah ! si mon œil pouvait voir tous les phénomènes de la
végétation, si la sphère entière des végétaux passait sous
mes regards et déroulait les secrets de leur existence, soit
qu'elle recèle ces couleurs brillantes qui teignent les robes
des rois, soit qu'elle contienne ces vertus énergiques et salutaires qui tantôt portent la vie dans les organes de l'homme,
et qui tantôt l'y ramènent quand ils sont altérés, je pourrais

---

(1) Un des documents les plus précieux pour les progrès agricoles serait celui qui pourrait assigner sur la végétation l'influence du sol, et qui
présenterait une série de faits, observés minutieusement, sur la différence d'un même végétal, placé dans un sol composé varié. Nous le répétons, chaque végétal, outre ses propriétés individuelles, en doit de
spéciales encore aux *circonstances* de son développement : le sol est la
plus puissante..... et pour les autres, Hypocrate l'a dit: *ars longa,
vita brevis.* Ages futurs, que de choses notre ignorance vous laissera-t-
elle à découvrir!.... Montagnes du Jura, votre sel est calcaire.

les grouper et réduire les longues descriptions de détails,
que, compilateur inhabile, je suis obligé de tenter en rap-
pelant ce que d'autres ont dit, ce que d'autres ont vu.

§—LI.

Je voudrais animer des ossements; ils tomberont en
poussière.

EZÉCHIEL.

La sécheresse topographique doit disparaître sous
les couleurs animées des produits de la terre et
de ses divers accidents.

LARENAUDIÈRE.

Chaque plante a un climat et un sol de préférence,
où, loin de dégénérer, elle acquiert des forces nouvelles.

HOME, Gentleman Fermer.

Dans son siècle où les définitions étaient si estimées, le
chancelier Bacon affirmait que rien ne nuit plus au progrès
des sciences qu'une fausse définition. Dans le nôtre, il eût
étendu sa pensée et prononcé anathème encore contre le
fausses nomenclatures bien autrement dangereuses. Je conçois que, pour aider notre faiblesse, les savants aient cherché un organe principal, pivot de leurs systèmes, et qu'autour de ce centre ils aient groupé les fonctions accessoire
propres à chaque sujet qui faisait l'objet de leur examen

Respectons ces rêves d'hommes de génie, comme les appelait notre Cuvier; partons de ces données, mais craignons les erreurs. L'imposition des noms chez les Anciens avait quelque chose de plus rationnel, et si cette spécialité faisait perdre de vue quelques rapprochements, elle laissait à la pensée une image forte, qui retraçait à la fois une sorte d'ensemble qui retraçait une peinture et la vivifiait.

Ce n'est pas les nomenclateurs anciens qui, prenant le nom générique dans l'individualité du *chat*, comme type, y eussent accolé celui du *lion*; ou, pour généraliser ma pensée, jamais un savant ancien n'eût pris un seul organe pour principe nomenclateur, et n'eût imposé à une foule d'êtres, qui n'ont avec lui que la faible ressemblance d'un seul et unique organe, le même nom générique, pour ensuite être forcé de reproduire son nom spécial. La multiplicité des individus a forcé de créer des classes, des genres et mille autres divisions systématiques; mais le lien est là : il les accouple par un seul point comme deux gémeaux de sexe, de caractère divers, qui, en apparence, ne font qu'un individu, parcequ'ils se tiennent par un point. Un troisième, un quatrième réclament une place : un tableau les comprend. En vérité, est-ce là de la science? Je l'admets : qu'on m'accorde aussi que des sciences, où la nomenclature avec ses variations est plus de la moitié du savoir, est une *pauvre* science.

Le monde ancien, dont la géographie a caractérisé les divisions sous les noms d'Asie, d'Afrique et d'Europe, pour les Hébreux (les *passagers*) sur la terre, était divisé d'après le nom que chacun des fils de Noé portait quand il en prit possession : c'était la terre de *Sem*, celle de *Cham* et celle de *Japhet*. Ainsi, la destinée (car les promesses et les menaces de Dieu se sont accomplies) s'attache tout ensemble à la terre et à l'homme qui l'a nommée. Elle est empreinte du caractère du premier homme qui l'a habitée comme sa possession, et la terre aujourd'hui vit de la vie d'autrefois... et nous, NOUS CONTINUONS NOS PÈRES.

Ainsi, la terre du milieu, l'Asie, fut le patrimoine de Sem, de ce patriarche dont les enfants comme lui craignaient Dieu et observaient sa loi. Les Asiatiques dès lors et depuis, à travers les erreurs qui ont dénaturé le culte divin, conservent une piété profonde. Le type de la religion est imprimé dans toutes leurs affections, dans toutes leurs actions. L'Asiatique vit par elle, croit en elle : elle est son besoin, sa seconde nature.

L'Asie, berceau du monde, sera la mère des peuplades qui se répandront de toutes parts, qui rayonneront dans tous les sens, et se glisseront même jusque sous les pôles : partout ils porteront les dogmes primitifs où on les retrouve dénaturés. Cette terre est une terre de prédilection. Les fils de l'Asie se souviennent tous que l'Eden fut placé au milieu de ses quatre grands fleuves sacrés, et que les plantes qu'il produit ont encore quelques-unes des qualités qu'avaient celles du jardin des délices : cette vertu qui imprime à l'ame une sorte de force dont la force corporelle n'est que l'image, est le propre de l'homme de l'Asie. Comptez, si vous le pouvez, les astres attachés à la voûte du firmament ! Eh bien, ses fils y sont plus nombreux, et la terre a assez de fruits pour les nourrir : ils sont plus nombreux que les grains de sable de la mer, et une providence éternelle entretient la vie au milieu de ces fourmillières d'hommes qui couvrent l'Asie, et ils croient tous que les astres doivent recevoir un jour leur ame immortelle. Ils sont enfin plus nombreux que ces myriades d'anges qui, messagers de Dieu, se répandent de toutes parts pour y porter ses ordres. Les rites sacrés règlent le mode de culture ; il y est transmis d'âge en âge, depuis les premiers jours du monde : ils règlent tous les actes de la vie. Patrie du premier né d'entre les hommes, elle a été témoin des plus grands événements. Elle a depuis, parmi les deux autres, conservé son rang de primauté. L'œuvre de la création, œuvre de puissance, l'œuvre de la rédemption, œuvre d'amour, se sont accomplies dans son sein. Elle a vu la réalisation des promesses divines, alors que le christianisme et ses mystères, alors que la parole sainte et ses miracles ont changé les destinées du monde.

Sous le rapport agricole, la terre y est encore fidèle aux promesses premières : elle livre avec de faibles efforts les produits qu'ailleurs l'homme n'obtient que des plus opiniâtres travaux. En Asie, a dit un de ses poètes, notre terre est bénie, et nous n'avons qu'à récolter (1).

L'histoire de l'agriculture en Asie se lie à celle de l'Europe. Ainsi, tout ce que nous cultivons aujourd'hui, ces plantes qui font la base de nos aliments, qui servent sous vingt formes différentes à embellir nos parterres, qui fournissent à tous nos besoins, sont sorties de l'Asie ; et, en voyant cette origine commune, on est tenté de pardonner l'erreur de la reconnaissance, qui les a fait toutes sortir

---

(1) Nous ne donnons, sur l'agriculture de l'Afrique et de l'Asie, que des généralités ; nous ne suivrons pas cette marche pour l'Europe qui aura un article spécial pour chacune de ses grandes divisions politiques. En Afrique, nous ferons exception pour l'Égypte, la Nubie et l'Ethiopie, et puis encore Carthage. Quant à l'Asie, nous offrirons des vues spéciales sur l'Inde et la Chine, et quelques généralités sur le reste des portions de ce grand continent. Il faudrait une plus grande latitude que la nôtre pour pouvoir tout décrire.

d'une patrie commune et se propager ensuite dans le reste de l'univers. Considérée sous ce point de vue, l'Asie serait la métropole de l'Europe, qui n'est qu'une colonie émancipée, et qui doit à la mère-patrie, population, croyances, cultures, arts, civilisation.

Nul doute que le blé, que la vigne, que la plupart de nos fruits, que les arbres des forêts, que les légumes les plus utiles et les plus savoureux ne nous viennent de l'Asie. Les animaux domestiques, qui sont les compagnons de nos travaux, sont tous originaires d'Asie. Les parfums, les épices, les dictames les plus puissants, sont tous dus à cette terre bénie. Le ciel y est si doux, la vie si puissante, la végétation si florissante, qu'elle peut sans cesse produire et rester fertile encore.

La vie la plus heureuse, celle du pasteur, est celle de la plupart de ses habitants. Qui pourrait compter la multitude de troupeaux qui paissent dans les montagnes de l'Asie? Les richesses se comptent par tête de bétail, soit que le colon conduise avec la houlette des milliers de chèvres et de brebis, soit que, cultivateur et commerçant, il élève des troupeaux de chameaux ou de chevaux. Mais, ce qui doit surtout étonner le plus l'inconstant Européen, c'est cette fixité de mœurs et de méthode de culture qui nous fait retrouver dans le Tartare actuel le Scythe qui brava Alexandre; dans les peuples nomades, ces patriarches dont les écritures nous peignent si bien les mœurs simples.

Pourquoi faut-il, lorsque la nature fait tout pour l'homme, qu'il se refuse aux faibles efforts qui pourraient doubler encore le bienfait? La facilité de travailler des terres argileuses, peu compactes et naturellement divisées par le sable, fertilisées d'ailleurs par une chaleur constamment humide et par des efflorescences salines, devrait inviter le colon au travail. L'indolence est le propre de l'Asiatique, et il meurt souvent la victime de sa paresse, quand une intempérie trahit ses espérances de récoltes.

Nous regrettons de ne pouvoir pas rapprocher les animaux des plantes, et prouver que, d'après la sage distribution de la nature, ils sont admirablement placés par elle pour y trouver tous les végétaux qui leur sont nécessaires. Cette sorte de rapprochement nous éloignerait trop de notre but. Voici ceux que l'agriculture y fait concourir à ses travaux : le chameau, la renne, les divers ânes sauvages, les diverses espèces de chevaux, de buffles, de bœufs, surtout ceux à queue de cheval ; les chèvres, celles du Thibet ; les moutons d'origines diverses : voilà ceux d'entre les animaux les plus utiles à l'homme en Asie.

Les plateaux les plus élevés sont ceux de l'Asie : ils sont aussi les plus vastes. Entourées de ceintures de montagnes, ces élévations et ces dépressions successives, sur une échelle assez étendue, offrent le caractère physique le plus important. L'agriculture y varie à l'infini, et semble, par sa variété et l'abondance de ses produits, nous rappeler que long-temps cette terre a produit d'elle-même, a porté des fruits que l'homme aujourd'hui n'obtient que par l'art et des travaux multipliés. L'Asiatique, attentif à la nature parlante, à celle qui produit spontanément, fait partout onduler la cultureselon les caprices du terrain.

Comme la vaste étendue de l'Asie comprend plus des deux tiers du monde habitable, elle est riche de végétation, et chaque genre de plantes y a, pour ainsi dire, son représentant. Les influences climatériques de l'Europe, de l'Afrique, de l'Océanie, y ont leur domaine dans les contrées qui les avoisinent. Ces quatre grandes divisions du globe touchent par quelque point à la terre du milieu.

La région immense connue sous le nom de *Sibérie* renferme une foule de plantes qui appartiennent aux gentianées, aux graminées, aux ombellifères, aux crucifères. L'astragalus est particulier à cette contrée. La végétation du Kamschatka a du rapport avec celle du nord-ouest de l'Amérique ; et celle du mont Atlas, avec la végétation caucasienne.

La flore du Japon et de la Chine , quoique cette dernière soit moins connue , offre de précieux renseignements sur la végétation, dus surtout à Thunberg. La flore du Japon réunit dans sa corbeille un singulier mélange de fleurs et de plantes de l'Inde et de l'Europe. L'agriculture européenne a recueilli l'*olea fragrans*, qui aromatise les thés, et une foule d'*amarillys*, de *sophoras*, de *camellias*, de *spirées*, de *mespilus*, qui font maintenant l'ornement des jardins d'Europe. Les plantes de la Chine et de la Cochinchine se rapprochent de celles du Japon; et, parmi tant de végétaux européens que les missionnaires y ont portés, beaucoup de plantes forment une branche de commerce importante.

Parmi les plantes qui sont particulières au territoire chinois, on remarque surtout le thé et l'anis étoilé, avec lequel on aromatise les liqueurs de table : ces produits font, avec les soies, l'objet principal de leurs exportations.

Les contrées que l'Europe désigne sous le nom d'Orient, l'Arabie , la Perse, ont des végétaux très différents, d'après la nature des terrains où ils croissent; mais, excepté les déserts où le sel s'effleure à la surface, ils ont un grand rapport avec ceux de l'Europe méridionale et du littoral de la Méditerranée. Le cèdre, cependant, a pour patrie le mont

Liban. La montagne, aux jours glorieux de Salomon, a fourni les matériaux de ce temple que ce roi bâtit en l'honneur de Dieu. C'est dans l'Asie, dans l'Yemen encore, que se rencontrent et l'encens, et le café, et plusieurs sortes de mimosa. Le voisinage d'Égypte fait que plusieurs genres sont communs aux deux pays.

Mais le pays le plus favorisé de la nature, celui où la végétation offre le plus de ressources, c'est l'Inde. En la voyant pour la première fois, Alexandre, Aristote, furent frappés d'admiration, accoutumés qu'ils étaient aux brillantes productions de la Grèce. C'est le dépôt le plus précieux, le plus magnifique, des plantes les plus belles, des végétaux les plus utiles. Nous nous étendrons peu sur la flore de l'Inde, voulant consacrer à cette terre éminemment agricole un article spécial; mais nous ne pouvons taire une particularité singulière, qui prouve dans une fleur et sa fidélité à sa patrie, et sa reconnaissance pour celui qui lui prodigue les plus tendres soins, les soins les plus éclairés, en conservant une sorte de piété filiale.

C'est dans les belles contrées du Bengale qu'il faut chercher la patrie de la tulipe: là, elle a un parfum exquis, que le déplacement lui fait perdre. Au lieu de son odeur suave, l'Européen a le bonheur d'avoir des tulipes de couleurs plus vives et plus variées que celles des tulipes du Bengale (1).

______

(1) Ce sont les Portugais qui, vers 1500, ont introduit les tulipes en Europe, et c'est la Hollande qui les a fait prospérer au point d'en faire une branche de commerce.

§—LII.

> Monté sur un nuage léger, l'Éternel entrera dans
> l'Égypte; et il y aura un chemin d'Assur en Égypte
> et de l'Égypte à Assur.
>
> **ISAIE**, 19.

> *Posuisti civitatem in tumulum, et urbem fortem in
> ruinam.*
>
> **ISAIE**, 25.

> Plus nous avançons dans les sciences et plus nous nous
> rapprocherons de l'ancien, et plus nous verrons que
> ce que nous avons long-temps appelé des erreurs
> a un fondement plus réel que nos systèmes.
>
> **LEROI**.

Vis à vis de l'Océanie, entre la mer Pacifique et l'océan
Atlantique, une vaste péninsule se détache du continent de
l'Asie : l'Afrique est son nom. Connue des Anciens, qui, il
y a trois mille ans, en avaient fait le tour, elle n'a été, pendant tout le moyen-âge, connue que de nom, si l'on en excepte pourtant cette portion du littoral baignée par la Méditerranée.

C'est pourtant l'Afrique qui apporta à l'Europe la civilisation, la culture et ses bienfaits, présents qu'elle avait reçus
de l'Asie. Elle a eu ses époques de gloire et de fertilité; et
aujourd'hui elle n'offre, si l'on excepte quelques bandes de
verdure, que des déserts dans ces déserts même. Ce n'est
qu'à des intervalles de plusieurs journées que s'élèvent des

oasis du milieu des sables, comme les îles s'élèvent du milieu des mers.

Elle réunit les deux extrêmes, ceux d'une admirable végétation et ceux d'une insurmontable stérilité ; elle est ou la nourricière des populations, ou la patrie des tigres et des lions. La vigne est là, étendant ses dimensions colossales ; ici, c'est l'*holcus* qui rend quelquefois, sans culture, deux cents pour un ; le baobab, le géant des végétaux, le dattier : voilà le côté riant du tableau. L'autre est celui de la nudité la plus absolue ; à peine quelques arbres épineux, des impénétrables touffes de *mimosa*, des euphorbes, des cactus, des arums, fatiguent l'œil et désespèrent les voyageurs qui parcourent ces horribles contrées, et leurs pointes aiguës arrêtent et contrarient sans cesse leur marche. A peine peuvent-ils errer sur ses bords, et il faut, à de nombreuses caravanes, des années entières pour passer d'une contrée à l'autre.

L'Afrique est la terre de Cham, terre maudite comme lui. Les enfants y seront réprouvés comme leur père. La malédiction s'est élevée jusqu'au ciel, d'où elle est redescendue en pluie de feu, en chaleur desséchante, sur le sol qu'elle a couvert : elle s'y est étendue. Des milliers de générations malheureuses se ressentent encore du crime de leur père ; le signe de réprobation a éternellement marqué et les hommes et la terre qui les soutient. Ils n'ont point de frères parmi les autres habitants de la terre : ils leur sont étrangers. Les hommes ambitieux qui tenteraient d'y pénétrer paieraient de leur tête leur témérité. Ils n'y entreraient que pour y trouver la mort, sous mille formes.

Ses habitants subiront à jamais la honte de l'esclavage ; l'air qu'ils respireront sera de feu, l'eau qu'ils boiront les altérera plus encore ; le sang arrosera toutes les portions des déserts, et ils resteront infertiles, et encore leur faudra-t-il les disputer aux bêtes sauvages.

Une portion de terrain est-elle cultivée, un troupeau d'éléphants l'envahit, et, au lieu d'une riche moisson, le cultivateur ne retrouve que des restes échappés à leur ravage.

Cependant quelques exceptions nous prouvent que la Providence a aussi ses regards de faveur, et le colosse des arbres le *baobab*, *Adansonia digitata*, le *bananier*, le *papayer*, le *tamarinier*, offrent leurs utiles fruits aux habitants des côtes. L'intérieur est absolument inconnu, et toute la partie connue de l'Afrique n'a d'autre méthode de culture que de semer immédiatement avant ou après les pluies, suivant la nature du végétal, et de recueillir, si la récolte est possible, car elle a ses caprices.

L'Afrique est une terre mystérieuse. Son centre, ses fleuves, le système de ses montagnes, tout est inconnu. Un seul lac important y prend le nom de lac de la Mort (*Calouxga-Kaffoua*). La ceinture fétide de quelques monticules qui l'entourent, et d'où coule une source de bitume le plus infect ; le napthe qui s'élève de ses eaux ; l'absence de tout être animé ; la nullité de la végétation que cette atmosphère empoisonnée produit : voilà la description du point central de l'Afrique ; et, dans le reste de ce que nous connaissons, rien ne repousse l'idée que l'Afrique est la portion de la terre la plus inhospitalière, la plus ingrate.

Nous ne connaissons qu'imparfaitement encore, moins bien même que les Anciens, ces contrées, dont le courage de quelques voyageurs, de temps à autre, nous fait apercevoir quelques coins.

La culture de ses montagnes peu élevées, mais partagées, comme notre Jura, en grands plateaux posés l'un sur l'autre, n'a pas, comme lui, une variété due au plus ou au moins d'élévation de ces plateaux; et pour l'Afrique, on pourrait adopter la division hardie qui la présenterait (1) comme formée par deux immenses plateaux, boréal et austral, l'équateur étant la ligne de démarcation. Les vallées de ces montagnes, étayées sans hauteur, sont, à peu d'exceptions près, des déserts. La végétation de son contour est assez bien connue, grace aux travaux de Desfontaines, Dupetit-Thouars, Delisle, Caillaud, Leprieur, Perrotet, Salt, Oudney, Clapperton.

Ici même les notions nous font voir que presque tous les individus plantes sont communs aux terres avoisinantes : ainsi la végétation de la Barbarie et de l'Espagne reproduisent les mêmes plantes; la côte de Babel-Mandeb redonne les plantes de l'Arabie; la physionomie singulière des plantes du cap de Bonne-Espérance fait exception, et cependant on retrouve là une grande partie des végétaux de la terre de Diemen. Vers la pointe australe du cap (2), se groupent des familles de plantes qui envahissent une portion de terre, sans permettre à aucun autre végétal d'y croître. Un autre fait très remarquable, c'est la ressemblance qu'il y a entre la flore égyptienne et celle de la Sénégambie, entre plusieurs plantes de Madagascar et des Indes orientales. Il justifie la

---

(1) Cette division est due à M. Balby, qui a justifié le *génie* observateur que, les premiers, nous avons signalé.

(2) Cette association, cette sympathie de plantes qui aiment à se voir réunies, qui se recherchent, et qu'on trouve toujours groupées ensemble pour vivre d'un même air; parfois l'antipathie de plantes qui se repoussent, qui supportent difficilement le voisinage l'une de l'autre, sont des faits qui mériteraient d'être observés et étudiés.

pensée qu'on a hasardée, que ces rapprochements n'ont lieu que quand les mêmes causes locales climatériques se réunissent.

§—LIII.

> Qu'ils sortent, les hommes puissants de l'Éthiopie ; qu'ils quittent leurs montagnes : qu'ils s'avancent, qu'ils entrent dans l'Égypte. Qu'ils s'avancent, les habitants de Cus et les Lybiens ; ils savent manier l'épée et se couvrir de larges boucliers.
>
> **Jérémie.**

Alors que les sables arides de la Lybie étaient couverts de pieux monastères, alors que le désert renfermait des saints, un vénérable ermite, après le léger repas du soir, se prosterna et pria : le matin, à l'aube du jour, il priait encore et remerciait Dieu de l'avoir visité. Tout-à-coup, le solitaire se lève ; et, cédant à l'inspiration qui lui dit : sors de ta cellule, ceins tes reins et va porter l'Evangile chez des peuples qui ont soif de la parole, il tourne ses regards de tous côtés ; il voit l'ombre d'un palmier *daoum* qui se projetait vers l'Ethiopie. Il saisit cette pensée, suit le présage, et ce fut vers l'Ethiopie qu'il alla exercer sa mission évangélique, dans cette terre où habitent des hommes forts ; dans cette terre qui porta dans l'Egypte, son culte, ses arts, ses sciences, et surtout celles qui servent à entretenir la vie des hommes, et leur apprennent à tirer de la terre les produits les plus riches ; celles encore qui donnent pour bases à la mo-

rale des institutions religieuses avec les formes d'un culte,
des rites, et qui y conforment tous les actes de la vie.

Entrons comme lui dans cette terre; recherchons les traces historiques au berceau de l'histoire même, dans ces
lieux d'où descendirent les colonies qui peuplèrent les deux
rives du Nil, depuis ses sources jusqu'à l'endroit où, après
avoir fertilisé les rives qu'il baigne de ses eaux, il suit alors
la loi commune, et va en porter le tribut à la mer.

Depuis le commencement du xixe siècle, les notions
acquises sur les hiéroglyphes ont révélé plus de faits historiques que tous les écrits des Anciens. L'expédition de Mé-
hémed-Aly et les explorateurs qui suivaient l'armée ont
interrogé les monuments : Caillaud surtout a éclairci pour
nous beaucoup de points obscurs; il a dépassé tous ses devanciers, et il est parvenu jusqu'au 10e degré de latitude.
Burkardt, voyageur éclairé, et Belzoni surtout qui a dé-
gagé le temple d'Esemboul des sables qui le couvraient,
ont rendu à la géographie, aux arts, d'immenses services.

Pour nous, qui plaçons le centre primitif de la civilisation sur l'Ararim, qui en faisons descendre les petits-fils
de Noé se dispersant et allant à l'Orient et à l'Occident,
pour couvrir la terre de peuples nouveaux, nul doute que
l'Ethiopie n'ait reçu ses premiers habitants de l'Inde; que
de proche en proche l'intervalle n'ait été essaimé de colonies
éthiopiennes (1); mais comme c'est de la branche principale

---

(1) Les Anciens, sous le nom d'Ethiopiens, comprirent un grand
nombre de peuples dont la couleur de la peau était plus foncée, ainsi
que le veut l'étymologie du mot *visage brûlé*. On trouve, sous ce nom,
des peuplades indiennes et tous les peuples de l'Afrique qui n'appartiennent ni à la Nigritie, ni à la Lybie, ni à la Mauritanie. L'extension
actuelle du mot *maure* présente le même inconvénient.

qui s'est arrêtée au midi de l'Afrique, qu'est sortie la race égyptienne; c'est à l'Ethiopie proprement dite que nous consacrons nos premiers détails (1).

Hérodote représente les Ethiopiens comme les hommes du monde connu, qui se font le plus remarquer par la majesté de leur taille, par l'énergie de leurs forces corporelles, par la beauté de leurs formes, et surtout par cette longévité extraordinaire qui les fait souvent désigner sous le nom de *macrobiens*.

Si les dieux ont quitté l'Olympe, c'est, dit Homère, un peuple aimé qu'ils vont visiter; c'est chez les Ethiopiens qu'ils vont savourer l'encens brûlé sur leurs autels, recevoir les honneurs des holocaustes qui leur sont offerts.

Quant à la culture, il paraît qu'elle a devancé chez ces peuples, les progrès des autres nations; ainsi, c'est surtout comme cultivateurs qu'ils méritent d'être cités. Les auteurs sacrés nous présentent ce pays comme celui qui donne les plus riches productions; ils font mention des divers objets qu'on pouvait y recueillir; ils nomment les lieux d'extraction, et disent que l'or, les parfums et tous les trésors de la terre étaient tirés de ces contrées, qu'habitaient les Sabéens. Si nous consultons Diodore de Sicile, l'énumération est plus complète encore, et cet auteur judicieux ajoute à leur louange, que cette position d'un pays resserré les rendait heureux, parce qu'ils ne désiraient pas au-delà. Il serait difficile de séparer l'Ethiopie de l'Egypte avant le temps des Pharaons, et même l'alliance qui s'était établie entre ces peuples, fut postérieure à leur dynastie. Jérémie, Isaïe et Ezé-

---

(1) Diodore de Sicile dit positivement que la première colonie qui vint s'établir en Egypte était une colonie éthiopienne.

chiel réunissent ces peuples sous une même dénomination, tantôt de Sabéens, tantôt de fils de Cus, tantôt d'Ethiopiens : « Quand l'Egypte sera détruite, la terre de Cus et de Put « tremblera dans ses fondements ; leurs montagnes ne suffi- « ront plus pour les soustraire à l'épée des Assyriens ». Les parfums, pour embaumer les morts, les bois précieux, l'or, les masses d'ivoire, qui se mêlaient aux ornements des peuples anciens, l'agriculture et le commerce de l'Ethiopie les fournissaient aux Egyptiens, et le surplus de leur consommation se répandait dans la Palestine. La Syrie alimentait le commerce des Phéniciens et des Grecs. Si les fragments historiques conservés ne suffisaient pas pour le prouver, cette longue chaîne de monuments dont les majestueux débris viennent en témoignage depuis Philoë, depuis Eléphantine jusqu'à Méroé, n'est-elle pas encore là pour nous attester qu'avant les Egyptiens, les Ethiopiens avaient des arts et une agriculture ? C'est à Méroé surtout qu'on retrouve les traces de ce mystérieux développement de l'antique civilisation et de l'agriculture primitive, sa compagne.

Eratosthène, ce célèbre bibliothécaire d'Alexandrie, qui, le premier, donna une méthode pour mesurer la terre, ne nous apprend-il pas que l'île de Méroé comprenait des tribus adonnées à l'agriculture ? Quelques-unes formaient une caste de pasteurs ; d'autres se livraient à la chasse, suivant la nature du sol où elles résidaient. Plus on remonte aux temps anciens, plus on voit se confondre les deux pays de l'Ethiopie et de l'Egypte. Thèbes et Méroé fondèrent les colonies de la Basse-Egypte, sans habitants avant elles ; depuis ces temps, on voit tour à tour les Ethiopiens dominer en Egypte, et les Egyptiens soumettre les Ethiopiens. Ces rapports continuels démontrent l'identité des deux peuples.

Ce qui doit surtout frapper dans l'examen commun des peuples Ethiopiens et Egyptiens, c'est la ressemblance de l'art,
la forme identique des constructions, les rangées d'obélis-
ques et les divers systèmes de mythologie, conservés dans
les deux contrées: il n'est pas jusqu'à la conformité des signes hiéroglyphiques qui ne doive éveiller notre attention.
Tout est encore dans de plus grandes proportions en Ethiopie qu'en Egypte: le nombre des monuments pour une ville
de la même importance dépasse celui qu'on rencontre en
Egypte: on voit ainsi que l'Ethiopie a fourni les modèles,
et que l'Egypte n'a fait que reproduire ces types primitifs.
La ressemblance trahit une origine commune. En raison des
montagnes dont le territoire de l'Ethiopie est hérissé, il y a
une foule de peuplades nomades qui élèvent des troupeaux,
et ces peuples, d'après leurs habitudes, étaient plus adon-
nés au commerce, parce que, répandus sur un terrain plus
vaste, la variété des produits se prêtait à de plus fréquents
échanges.

Serait-ce une argumentation sans intérêt, que celle qui,
aux preuves d'identité, tirées de la ressemblance des monuments, de l'unité de style dans l'architecture, viendrait, outre
l'identité des moyens hiéroglyphiques, y joindre celle de la
conformité de langage? On conçoit qu'en Ethiopie, l'immense variété accidentelle des localités a présenté des dissemblances, mais nous ne voulons ne nous arrêter que sur
cette portion des habitants de l'Ethiopie, qui avoisinait le Nil
et qui s'étendit le long des rives de ce fleuve, jusqu'à l'ancienne Memphis (ı). Sans vouloir en donner exclusion aux

---

(1) Que de peuples compris sous le nom d'Ethiopiens! Pour se faire
une idée des diverses colonies qui s'y sont portées, il ne faut que voir

autres tribus d'Ethiopiens, nous croyons qu'il n'y a pas assez de données historiques pour conclure entre elles, celles qui se composent d'Arabes venus de divers pays et les aborigènes. La ligne de démarcation est impossible à tracer.

Il serait facile à établir le parallèle entre les procédés, les mœurs, les doctrines et surtout les méthodes agricoles éthiopiennes et égyptiennes; mais comme la science des Allemands a exploité cette mine avec cet écrasant aplomb que nous ne pouvons qu'admirer, nous rentrons dans notre sujet, en présentant une série de faits sur l'Egypte, propres à intéresser nos lecteurs. Nous devons à l'obligeance de M. Champollion–Figeac de nous avoir aidés par les documents qu'il a mis à notre disposition.

Un voyageur moderne a employé les couleurs les plus vives pour tracer le tableau de cette portion de territoire qu'arrose, en Ethiopie, le Nil avant son entrée dans l'Egypte.

« Pour prendre une idée de la vallée du Nil, figurez-vous
« à droite et à gauche, un désert raboteux, un désert de sa-
« ble rouge et étincelant, sous un soleil de feu, encadré par

---

la différence dans leur alimentation, en raison des localités ; et pour ne raisonner que dans ces vues, on peut se demander, si les mœurs des *Troglodytes*, qui habitent les cavernes, ont quelque rapport avec celles des *Ichthyophages* ou mangeurs de poissons : des *Béjas*, qui vivent de dourrah; des *Bischarries*, qui ne descendent pas des montagnes, et vivent du lait de leurs troupeaux ; des *Schibos* et des *Hazoras*, qui se nourrissent et de viandes et de millet ; des *Struthyophages* ou mangeurs de sauterelles, des *Hylophages* qui se nourissent de bois mis en poudre et réduite en pâte mêlée à du dourrah et à diverses herbes ; des *Dobenhas*, qui vivent d'*éléphants* dont ils salent les chairs ; enfin des *Baasas*, qui mangent les lions et les serpents.

« un horizon bleu, semé de quelques roches brunes ou noi-
« râtres jetées çà et là. Figurez-vous entre cette double ari-
« dité, le Nil, large seulement de quelques centaines de
« toises, ce Nil, ruban d'argent, courant sur une bande
« étroite de verdure, qui lui semble servir de franges. Il est
« capricieux dans sa marche, soit que, resserré entre deux
« murailles, il glisse avec la rapidité du trait, soit que
« plus à l'aise entre deux rives basses, il aime à ralentir sa
« course.

« Mais ce Nil, si pittoresque avec ses rochers de cou-
« leurs variées, laisse une bande cultivée de dourrah, de pal-
« miers et de quelques pâturages sur une rive ; sur l'autre,
« on est puissamment attiré par des temples, des monu-
« ments colossaux. Tous ces monuments, tous ces produits
« de l'art se montrent sur une même rive ; ils doivent une
« partie de leur grandiose à la nudité du sol où ils sont
« placés. »

§—LIV.

Leur masse indestructible a fatigué le temps.
DELISLE.
Il n'est aucun pays pour qui la nature ait fait plus de
miracles que pour l'Égypte.
HÉRODOTE.

A deux cents lieues de la mer, près de l'ancienne Philoë,
près de la moderne Sienne, fille du Nil, l'Égypte doit à ce
fleuve ses terrains, sa fécondité annuelle : aussi, il n'est pas
étonnant que la reconnaissance ait égaré des peuples témoins de tant de bienfaits, leur ait fait regarder le fleuve
comme un dieu qu'il fallait se rendre favorable par des sacrifices ; et, dans les premiers temps de leur existence, on
voit s'établir la fête de l'ouverture des canaux. Une jeune
fille sans tache, conduite pour être égorgée sur les bords du
fleuve, n'avait de tombeau que les eaux rapides qui l'entraînaient dans l'océan : depuis, l'orge, le blé, les fruits,
ont remplacé ce sanglant sacrifice, fatale erreur de ces
peuples, qui adoraient l'instrument de leur bonheur et en
méconnaissaient l'auteur.

Long-temps la Haute-Égypte fut seule cultivée : ce ne fut
que sous les Pharaons, environ deux mille ans avant l'ère
chrétienne, que la Basse-Égypte vit s'introduire les méthodes de culture, dans le *Delta* surtout.

La partie cultivée de l'Égypte n'est qu'une longue vallée que, pendant deux cents lieues, sur une largeur moyenne de trois lieues, baigne le Nil : une double chaîne de montagnes la resserre à droite et à gauche depuis Sienne jusqu'au Caire. Un peu après cette ville, la vallée s'étend ; une des chaînes de montagnes se dirige à l'Est et se termine à la mer Rouge, et l'autre se prolonge au Nord-ouest, jusque dans les déserts de l'ancienne Lybie, et va jusqu'à la Méditerranée. Les deux rives sont parsemées de villes, toutes bâties au-dessus du niveau des plus grandes inondations : on croit voir un archipel quand le fleuve couvre le pays, chaque ville forme une sorte d'île. Pendant l'inondation, les barrages ou digues qui s'élèvent au-dessus des plus hautes eaux sont les voies de communication d'un lieu à un autre : tout le terrain entre ces deux chaînes, tout celui qu'au-dessous du Caire le Nil a formé, est une terre d'alluvion : c'est une suite de couches de sable fin que, chaque année, une couche limoneuse, le plus puissant engrais connu, vient recouvrir.

Que de contrastes ! Les terres les plus fertiles sont bordées de déserts stériles : d'un côté, ce sont des sables qui, si les montagnes ne les défendaient pas, roulés en vagues par les vents, envahiraient bientôt la portion fertile du territoire ; de l'autre, encore des montagnes, dont les parties, en raison de leurs diverses expositions, sont tour à tour couvertes de pâturages ou d'herbes desséchées. Sur ces

---

(1) On est revenu à l'opinion des Anciens qui regardaient la branche connue aujourd'hui sous le nom de fleuve Blanc ou *Bahr-el-Abiad,* comme le Nil, et le fleuve Bleu ou *Bahr-el-Azelk,* comme un affluent : alors les sources du Nil seraient placées dans les montagnes de la Lune.

montagnes, des Arabes nomades, hordes ennemies mènent
paître de nombreux troupeaux; ils sont la terreur du laboureur égyptien, que souvent ils dépouillent, quand ils
lui laissent la vie (1).

Entre le désert et la partie cultivable de l'Egypte, se
dirige une longue suite de tombeaux, de pyramydes, de
temples; là, par milliers, sont placées ces momies qui depuis trois mille ans, reposent dans cette portion de terrain qui leur est consacrée. Religieuse pensée, et digne
du plus sage de tous les peuples, que celle qui les place
entre la mort du désert et le mouvement de la vie sociale et
animée des bourgades et des cités; qui offre cette réunion
de sépultures, ces pyramides, dont quelques-unes, par leur
masse surprenante, étonnent encore, après trois mille ans,
notre admiration.

Chez les anciens, tout était monumental, tout était leçon,
tout parlait au cœur et à l'imagination ; il n'est pas jusqu'au nom de l'Egypte qui n'offre un mystère : pour le
peuple de Dieu ; c'est *Mysraïm*, aujourd'hui *Mysr*, c'est-à-
dire terre dissoute par les eaux ; pour les Grecs, l'Égypte
est la fille du Nil ou la terre de l'aigle, nom donné au Nil
en raison de sa rapide course. Entre les deux branches
principales du Nil, lorsqu'il se sépare un peu au-dessous
du Caire, se trouve une portion de terre d'alluvion, qui
forme une espèce de triangle, et qui, à cause de sa ressemblance avec le Delta grec, en a pris le nom. Cette

---

(1) Les Arabes pasteurs ont toujours été détestés des Égyptiens; cette
haine explique le mépris qu'avaient les Égyptiens pour les Hébreux, peuples pasteurs. La transhumance est pratiquée depuis trois mille ans par ces
peuples qui, suivant les saisons, font voyager leurs troupeaux d'un lieu à un

21

portion de terre, le *Fayoum*, qui s'y rattache par un canal, et la vallée du Nil, sont les seules parties cultivables, et forment une surface d'environ sept mille lieues carrées ou un peu moins d'un quart de celle de la France ; comme il ne pleut jamais dans la Haute-Egypte et très rarement dans le Delta ; on conçoit que sans l'inondation périodique du Nil, ce pays serait infertile comme le sont les déserts qui l'avoisinent (1). Ce fleuve commence à croître au solstice d'été, parvient au maximum de sa crue au commencement de l'automne, et depuis là, jusqu'au mois de juin, suivant décroît pendant neuf mois. Un vaste système d'irrigation pouvait seul offrir à l'Egypte le moyen d'utiliser, et de prolonger le bienfait des eaux du Nil : ce système qui est toute l'agriculture égyptienne mérite quelques détails.

« Deux mois après la crue du Nil, vers le **25** août,
« on coupe les digues qui ont été élevées quelque temps
« auparavant ; des canaux d'irrigation sont dirigés vers
« les deux montagnes qui, dans la Haute-Egypte, forment
« la vallée : les canaux se prolongent parallèlement au
« désert, et couvrent un espace considérable en raison de
« la crue ; une deuxième digue soutenait les eaux, on la
« coupe : un grand espace se couvre toujours parallèle-
« ment au désert, et les eaux se répandent jusqu'à ce
« qu'elles rencontrent un nouveau barrage. Ainsi le sys-
« tème d'irrigation consiste à former, pendant l'inonda-

---

(1) Cette année, à l'une des séances de l'Institut, M. Arago a lu une note du maréchal Raguse, qui annonce que depuis que les plantations ont été faites au nombre de vingt millions d'arbres (*muriers*), par l'ordre du pacha, il y a eu des pluies assez fréquentes dans la Haute-Égypte. Ce fait est une nouvelle preuve de l'important rôle que jouent les forêts dans la distribution des eaux.

« tion sur les deux rives du Nil une suite d'étages qui s'é-
« lèvent les uns au-dessus des autres ; ainsi, tandis que
« la pente de ce fleuve est distribuée, suivant une certaine
« loi de continuité dans toute la longueur de son lit,
« depuis la première cataracte jusqu'à la Méditerranée ;
« cette même pente se trouve distribuée par gradins le
« long des canaux qui traversent successivement les di-
« vers territoires, et qui les bordent.

« Comme au-dessous de Girgé, le Nil devient plus
« large, les terres seraient stériles, si un canal de dériva-
« tion ne resserrait les eaux, il a conservé le nom de canal
« de Joseph, il se prolonge, en suivant toujours la lisière
« du désert de la Libie, jusqu'à la province de Fayoum
« qui, sans ces eaux, serait vouée à une stérilité
« absolue. »

Le vaste bassin compris entre le beau côteau vignoble
de St.-Gilles, et les immenses pâturages de la Crau, est un
véritable *Delta*, de 100 ou 120,000 hectares de surface,
dont la base, comme celle du *Delta* du Nil, est sur la Méditerranée, et dont le sommet aboutit à une ville (1)
(Beaucaire) dont la foire, pour suivre la comparaison, n'est
pas moins importante pour le midi de la France, que les
fameux marchés du Caire le sont pour la Basse-Egypte. Ce
n'est pas le seul rapport qui existe entre les deux *Delta* :
la nature du sol, les produits naturels et quelques procédés présentent de grandes analogies : même salure du terrain, même bésoin d'irrigation ; lacs salés semblables, où
vivent les mêmes oiseaux de rivage, entr'autres, le phéni-
coptère, le plus beau de tous, où l'on pêche les mêmes

______

(1) Cette *quasi*-identité entre *Beaucaire* et *Caire* ne pourrait-elle
pas offrir une induction ?

poissons , principalement le *mulet* ou *muge* : marais qui nourrissent des bœufs et des chevaux sauvages : niveau du Caire, le même par rapport au Nil, que celui de Beaucaire, par rapport au Rhône, même phénomène physique, appelé le mirage, même manière de battre le grain , noreg ou roues, à godets pour arroser dans les deux pays; enfin, par un singulier hasard, il n'est pas jusqu'aux mesures qui n'aient de grands rapports ; le feddân , mesure de superficie égyptienne, équivaut à la salmée de 3 seterées, mesure de semence d'Arles, et l'ardeb (184 litres), mesure de capacité est à peu près la salmée de 3 setiers (18 décalitres) d'Arles.

« L'année rurale égyptienne est partagée en trois pé-
« riodes de chacune 4 mois à peu près égales , les cultu-
« res d'hiver , d'été et d'automne ainsi désignées suivant
« le plus ou moins d'arrosement qu'elles exigent. Des
« réservoirs pratiqués dans les parties basses donnent ,
« au moment des besoins, des eaux qu'on élève d'étage
« en étage, et qui , au moyen de seaux , les font remonter
« plus haut et par gradins. »

Quand les terres cultivables sont à une certaine distance du Nil , alors les Egyptiens ont, comme ils l'ont toujours pratiqué , recours à des arrosemens artificiels, l'eau est tirée du fond d'un puits, au moyen d'une corde sans fin, garnie de pots de terre cuite. « Cette corde s'enroule
« autour d'un treuil que des bœufs , attelés à un manège,
« mettent en mouvement. » Dans le Delta , les puits étant moins profonds, une roue à augets mue par des bœufs, suffit pour élever l'eau à la hauteur du sol. Les monumens anciens, rapprochés des méthodes actuelles, prouvent que l'on pratique aujourd'hui ce qui se faisait dès les premiers temps historiques. L'Egypte, comme l'Inde, comme la

Chine, n'a pas varié dans ces méthodes de cultivation, elles sont immuables. Dans ces contrées, il n'y a que les hommes qui changent, des acteurs nouveaux paraissent sur une même scène, toujours remplie, toujours ancienne; les acteurs qui l'occupent, seuls varient : Est-il surprenant d'après ces données générales, d'après cette constance de mœurs, de méthodes industrielles et agricoles, de périodicité continuelle, que la religion de ces peuples ait consacré la métempsycose ou la transmigration des âmes ?

§ — LV.

> Les souvenirs sont écrits sur le sable de l'Égypte; elle est la terre antique.
>
> PAW.

> Le Delta est un don du Nil.
>
> HÉRODOTE.

> Lorsque le gouvernement égyptien voudra sérieusement s'occuper d'améliorations agricoles, il devra d'abord agrandir et réparer les canaux existans, et en augmenter le nombre. On conserverait ainsi une grande quantité d'eau des inondations; il ne faut pour cela que construire des écluses.
>
> DE CADALVENE et DE BEUVERY.

> Vous ne pouvez ici faire un pas, sans rencontrer un monument. Voyez-vous un obélisque? C'est un tombeau; une caverne souterraine? C'est un tombeau.
>
> INCERTI.

Sans aucun des moyens accessoires qui accompagnent dans nos institutions actuelles, les travaux si peu encouragés de l'agriculture ; sans l'attirail des institutions, des fermes modèles, des comices agricoles; ces faibles ressources qui aident notre médiocrité moderne, l'agriculture en Égypte a fleuri, au point que comme exemple on n'en saurait choisir de meilleur. Pourquoi? Parce que sans effort, ils ont su approprier la culture au climat qu'ils ont reconnu toute l'énergie et la puissance que pouvait offrir cette appropriation : et quand on considère les forces qui ont été employées pour obtenir ces immenses résultats, on ne peut trop admirer la sagesse des anciens qui administraient moins et gouvernaient mieux. Les Égyptiens n'ont pas comme nous, tergiversé pendant des siècles sur les méthodes à suivre, leurs prêtres n'ont eu qu'une pensée. Que peut la terre de l'Égypte? Que demande sa civilisation? ils ont compris les données, et ensuite ont mieux qu'aucun autre peuple résolu le problème. Dans l'Europe moderne, l'expérience des ancêtres est déprisée, et la mode crée chaque jour un système, une méthode.

Rien de plus simple que les instrumens aratoires employés en Egypte : cette simplicité seule décèle leur antiquité. La charrue (1) surtout, se distingue par la facilité

---

(1) Le soc est un simple fer de bêche de huit pouces de long sur cinq de large; le timon, une perche d'environ six pieds de long, à l'extrémité de laquelle est chevillée une perche de trois pieds de longueur. La longueur du joug est de neuf pieds.

M. Costas, dans son mémoire sur l'ancienne agriculture des Égyptiens, nous a donné sur la charrue antique de précieux détails que nous consignons ici : « A Eleuthia on a trouvé des grottes dont deux sont ornées « de peintures très belles, représentant des scènes champêtres peintes avec « des couleurs si vives, que le temps ne les a que médiocrement altérées. « On voit dans l'un de ces tableaux un laboureur travaillant avec une houe « composée de deux pièces inégales assemblées par leur extrémité, de ma- « nière à faire un angle aigu. La plus courte sert de manche; l'autre, ai- « guisée, forme le bec qui façonne la terre. Deux houes liées à un timon, « conduites par un seul homme, ont donné l'idée de la première charrue. « Car la houe telle que nous venons de la décrire, modifiée, devient char-

du travail et des résultats opérés avec des appareils aussi peu compliqués ; cette charrue à la vérité ne peut convenir qu'à une terre aussi légère que celle d'Egypte, qui peut s'ouvrir avec un faible effort. Au reste, pour peindre, par un seul trait, les moyens agricoles des Egyptiens, il suffit de rappeler que dans les tableaux d'Eleuthias on voit le laboureur placé devant ses bœufs attelés ; il marche pour les guider. Aujourd'hui, c'est avec une semblable nonchalance que le fellah tient, d'une seule main, la cheville supérieure qui traverse les deux montans du bras de la charrue ; il ne s'occupe qu'à la diriger, de manière que le sillon soit droit et que le soc reporte les terres également à droite et à gauche : tant le soc pénètre facilement dans cette masse de sable fin : point de herse ; pour aplanir la terre, on fait passer dessus un tronc de palmier, transversalement traîné par un bœuf ; aux deux extrémités de la pièce, est attachée une corde lâche formant un angle aigu, au sommet de l'angle, est fixée une autre corde pour atteler le bœuf.

Après la disparition des eaux, les terres étaient mêlées entre elles ; ce fut donc pour les Egyptiens une nécessité de mesurer de nouveau les terrains rendus à la

---

« rue : le bec fait la fonction du soc ; le manche a été allongé en timon ;
« auprès du sommet de l'angle, on a fiché une pièce de bois sur laquelle
« pèse un homme pour enfoncer le soc ; deux hommes sont placés au timon pour donner la direction. Par suite, au lieu d'hommes, on a substitué des animaux ; un trou annulaire servant à donner la direction par la
« pression. Nous savons donc, continue M. Costas, quelle fut l'origine de
« la charrue ; nous connaissons par quelles transformations une simple houe
« devient l'instrument qui, encore aujourd'hui, est le plus important de
« ceux qu'emploie l'agriculture. Quel est donc le peuple auquel le peuple
« romain doit le bienfait de la charrue ? Ce sont les Égyptiens, à moins
« que l'honneur n'en soit déféré aux Éthiopiens. »

culture : de là , naquirent la géodesie, et l'arpentage , ou l'art de partager les terres, ou plus généralement encore la *géométrie*, dont le nom même retrace l'origine. Nous sommes encore redevables à ce peuple de la coutume de désigner le partage de la terre par une double expression appliquée à une portion du champ : considérée d'abord, par l'espace de temps qu'on est à l'ensemencer, et ensuite, par la quantité de semence qu'il faut lui consacrer. Ainsi, si nous avons chez nous les mesures locales de *journal*, de *journée*, chez les anciens de *jugera* , pour désigner la portion de terrain qu'un attelage de bœuf peut labourer en un jour : si dans d'autres contrées, nous donnons à une portion de champ les noms de *septier*, *muid*, *boisselées*, pour marquer l'espace de terrain qui exige cette quantité de semence, cette appellation double se retrouve chez les anciens Egyptiens : elle est tantôt en raison du temps, tantôt de la quantité de leur mesure principale de superficie. L'*aroure*, etait la quantité de terre cultivable en un jour par deux bœufs, et cette mesure répond au cinquième de notre arpent, ou 2,500 pieds carrés.

En Egypte, le fléau pour battre le blé était inconnu : c'était par le dépiquage, qu'on obtenait l'extraction du grain hors de l'épi; cette méthode offrait encore l'avantage de briser les pailles, et de les préparer pour la nourriture du bétail : dans beaucoup de villages, on employaitle *Norey*, sorte de châssis horizontal, auquel sont fixées des roues en fer ; ces roues sont adaptées à des essieux mobiles; on étend sur l'aire les gerbes déliées, et les bœufs, en y passant à diverses reprises, au moyen des roues en fer dont le norey est armé, brisent la paille.

Le dépiquage était en usage chez les Hébreux. La maxime de Moïse : *Non alligabis os bovis triturantis;* vous

ne lierez pas la gueule du bœuf qui dépique le blé. Et,
comme les Hébreux ont emprunté leurs usages des Egyptiens, surtout en agriculture, on peut inférer de là que
la méthode du dépiquage remonte aux temps les plus reculés. Varron et Collumelle décrivent la méthode égyptienne.

Si une terre qui offre de si riches espérances, des élémens si grands de prospérité, n'était pas travaillée par
des causes incessantes de dégradation, il serait impossible d'assigner le terme de ses succès; mais, comme dans
tout le globe, l'Europe exceptée, l'agriculture de cette
contrée a dégénéré; elle n'est plus que l'ombre d'elle-
même. Il est aisé, pour peu qu'on veuille étudier l'histoire de l'agriculture égyptienne, de se convaincre qu'elle
ne recueille pas aujourd'hui le tiers de ce qu'elle produisait. La faute en est aux gouvernemens imprévoyans qui,
depuis dix siècles, ont pesé sur ce malheureux pays. Une
cause encore de l'insouciance du fellah, ou laboureur
égyptien, c'est l'incertitude de recueillir pour lui-même
les biens qu'il aurait sollicités de la terre, et que celle-ci
aurait accordés à ses vœux, à ses travaux. Le gouvernement ne voit, dans une riche moisson, que l'occasion
d'une vexation plus grande, qu'une proie plus riche; et
la demande du 5ᵉ légal est toujours dépassée par un fisc
avide et oppresseur; si le cultivateur parvient à soustraire une portion de sa récolte à la voracité des gouverneurs, l'Arabe qui borde les déserts, qui périodiquement
exige des tributs, enlève les produits sauvés de la rapa-
cité du fisc et rend la condition du *fellah* tellement précaire, que le découragement ne lui permet aucun effort,
et qu'il ne cultive, que pour ne pas irriter plus fortement
encore ses tyrans, et éprouver de nouvelles avanies.

Le fellah se nourrit de riz, de concombres, d'oignons, rarement de viande. Ces alimens, peu substantiels le laissent dans un état de débilitation tel que, sans exagération, l'on peut dire qu'il faut trois Egyptiens pour un travail auquel un seul Européen pourrait suffire.

Quel remède pourrait-on apporter à tant de maux? qui pourrait ranimer cette terre, sur laquelle il serait si facile de rappeler de nouveau tant d'élémens de prospérité, que l'agriculture seule pourrait faire revivre? La philosophie a ses rêves; le despotisme les siens; mais on sait que la première dessèche: tout en elle, jusqu'à son souffle, est stérilisant; ses décevantes théories, ses doctrines abusives détruisent et ne mettent rien à la place. Le second anéantit alors qu'il crée; ses miracles, produits de la force brutale, sont obtenus par le malheur des générations sur qui il pèse; la religion peut, seule, féconder la terre d'Egypte, ramener les bénédictions sur ce sol, et le bonheur parmi les hommes. Qu'elle fasse entendre sa voix, et ces hommes seront ranimés, et les travaux qui, jadis la fertilisaient, répandront sur elle la sueur qui féconde; il y a, nous aimons à le croire, une ère de prospérité à espérer pour l'Egypte; elle a reçu l'enfance du Dieu Homme, l'a soustrait au sacrifice avant le temps; il se ressouviendra de cette hospitalité, et il la rapellera à la vie.

Il faudrait, pour rendre à l'agriculture égyptienne son ancienne splendeur, récréer la propriété, modérer graduellement l'action stérilisante de la fiscalité et des avanies, placer une administration qui, sous un gouvernement paternel, conseillerait au lieu de contraindre, et qui même, en prescrivant les mesures utiles, ne heurterait qu'avec précaution les coutumes qui font partie de la vie morale des peuples ; il faudrait faire revivre en Égypte une institution propre à l'Orient, et qui est pour ces contrées une garantie de stabilité ; on comprend que nous voulons parler du rappel des castes : tout pays qui les a conservées, s'est garanti du contact des autres nations, s'est conservé *lui*, et même sous un joug étranger, il a été fidèle à lui-même ; il y a dans cette mesure législative, qui laisse au hasard de la naissance, le soin de régler les rangs de la société, un gage de bonheur, puisqu'elle détruit l'ambition et en restreint les conséquences aux puissans de la terre.

Considérons maintenant la culture en Egypte, dans ses rapports avec les produits qu'elle obtient, *le blé*. Sa culture diffère de la méthode européenne ; mais sa récolte surtout, présente des dissemblances ; telle est la puissance de la fertilité des terrains, que le rapport du produit donne 14 à 15 pour un, et qu'à la suite de la moisson, on obtient une récolte intermédiaire.

Les moissonneurs et les autres ouvriers sont payés en blé ; c'est aussi en blé, que s'acquittent toutes les contributions que supporte la terre (1) ; c'est ce blé qui, exporté, forme le principal revenu du gouvernement.

Partout, en Ethiopie, en Egypte, aujourd'hui, comme il y a deux mille ans, la moisson se fait à la faucille ; on remarque dans des peintures anciennes que les faucilles sont représentées dentelées, comme le sont nos scies.

Après le blé, *le dourah, holcus, sorghum* est l'objet de

---

(1) En Chine et dans tous les pays essentiellement agricoles, c'est en nature que se perçoit l'impôt ; partout où il en est autrement, il y a un mouvement commercial plus grand, agricole moindre ; il y a surtout moins de bonheur individuel. Le bonheur, il faut l'avouer, est en raison inverse de la civilisation.

la culture le plus général de l'Egypte ; c'est la base de la
nourriture des fellahs ; la culture du dourah est plus pénible que celle du blé , mais comme il rend plus et qu'on
obtient deux récoltes annuelles , on apprécie le motif de
la préférence.

Le maïs , que nous appelons blé de Turquie, y est cultivé sous le nom de dourah de Syrie ; il est moins répandu
et inconnu dans le Delta , qui en raison de la facilité de
l'arrosement, s'adonne à la culture du riz ; le produit varie
de 52 à 12 pour 1 ; il y a une pratique particulière à
l'Egypte, c'est la transplantation du riz qui s'opère ordinairement en juillet : on arrache la moitié environ des tiges , et on les transporte dans un champ voisin où l'on a
fait de petites fosses, propres à recevoir les tiges nouvelles;
plantées en mars, c'est au milieu de juillet, que l'on pro-
cède à cette opération , qui permet encore une culture
intermédiaire.

L'orge est une plante la plus généralement cultivée en Egypte , c'est elle qui, après deux cultures
de dourah, vient ordinairement offrir une troisième récolte;
le produit varie de 18 à 8 pour 1, l'orge n'est employé
que pour la nourriture des chevaux et des ânes , il remplace l'avoine.

Les lentilles, les fèves , les lupins, les pois chiches,
sont cultivés dans plusieurs parties de l'Egypte ; mais
subsidiairement aux céréales. Les lupins sont tirés en frappant les tiges desséchées avec des bâtons, usage que les
peintures d'Eleuthias nous apprennent avoir toujours été
en vigueur dans l'Egypte et dans tous les pays Orientaux
qui l'avoisinent.

L'oignon est en Egypte , l'objet d'une culture très étendue, on le plante en semis d'abord, on le transplante ensuite ;

il exige de fréquens et de journaliers arrosemens. Son produit est très considérable, le regret des Israélites, de ne le pas trouver dans le désert, est le fondement de sa réputation populaire ; il est cependant plus gros que celui d'Europe et assez doux pour être mangé cru, c'est un aliment sain, quoique peu substantiel ; les concombres, dont il y a un bon nombre de variétés, les pastèques, les melons, plusieurs sortes de haricots, ont en Egypte, une saveur qui les fait rechercher.

Outre les plantes alimentaires, on cultive en Egypte plusieurs *sortes de plantes fourragères*, le treffle, le fenu grec, la gesse : le treffle donne trois coupes par an ; mais la fourragère spéciale à ce pays est le treffle appelé *barsim*.

Plusieurs plantes oléagineuses, telles que le *sezame*, le colza, la laitue, entrent dans la rotation d'assolement.

Les *plantes tinctoriales* ne sont pas négligées : savoir le carthame, l'indigo, la gaude : mais la sorte de culture qui réussit le mieux, *c'est celle des textiles* ; le chanvre, le lin, le coton surtout, fournissent matière à quelques exportations assez considérables. Autrefois, on cultivait le coton de Salonique ; aujourd'hui, grâce à un Français, M. Jumel, qui, en 1820, y apporta des plantes et des graines du Brésil, c'est ce coton que l'on récolte, et le seul qu'on voie se présenter maintenant sur les marchés.

Au reste, l'Egypte, cette terre modèle, nous offre les renseignemens les plus variés : elle a, la première, appris à l'Europe la méthode d'irrigation, l'art de distribuer les eaux artificiellement ; aucune contrée ne peut mieux montrer la puissance de l'agriculture en faveur d'un pays qui en connaît l'importance. Quelle terre autre que l'Egypte peut, en neuf mois, avoir trois récoltes, montrer les légumes aussi vigoureux et d'une saveur si exquise. M. de Volney a vu un melon acquérir une circonférence de vingt-quatre pouces en vingt-quatre heures.

Une culture dont l'importance n'est peut-être pas assez sentie en Egypte, ou qui plutôt n'est encore qu'à son enfance, c'est celle du sucre : ici, si l'industrie qui a créé la prospérité des Antilles venait réformer la nonchalante méthode égyptienne, les produits abondans qu'on obtiendrait, donneraient lieu à un immense développement commercial, tout le sol de l'Egypte se prêterait à la culture du sucre, et cette culture n'est, pour ainsi dire, qu'en essai concentrée dans le Delta et dans les territoires d'*Akmyn* et de *Farchout*. Les arrosemens continuels, la récolte, sont les seuls soins donnés à ce roseau ; la plantation des cannes est annuelle, les souches restées sont les jets qu'on emploie pour renouveler les plantations. Quant à la fabrication du sucre, les procédés sont si informes qu'on croit devoir les omettre. Une culture orientale, parce que la rose y peut développer tout son parfum, est celle des rosiers ; c'est dans le Fayoum seul qu'on donne à cette culture quelqu'attention : c'est cette province qui, seule, produit toute l'eau de roses que le commerce tire d'Egypte(1). Médineh, avec trente ou quarante appareils de distillation d'une extrême simplicité, se livre seule à cette exploitation. Le premier produit d'une distillation, jeté sur des fleurs nouvelles, donne une eau bien supérieure à celle du

---

(1) Les Romains aimèrent passionément les roses, ils durent aux Égyptiens ce goût et les usages auxquels ils les destinèrent. Cléopatre avait pour son amant et pour elle formé dans la salle même du festin un lit de feuilles de roses épais d'une coudée. C'étaient sur des roses que Néron, qu'Héliogabale cherchaient un repos que leur refusait leur conscience : Néron en consomma dans un seul souper pour 4,000,000 de sesterces.

commerce ; enfin , une troisième distillation , sur des roses nouvelles, livre presqu'à regret une eau d'une qualité si exquise et si chère , que les souverains seuls sont en possession de l'acquérir. Le mois de mai , est en Egypte comme en France, le mois où les roses parfument l'air des environs de Médineh, et procurent cette douce ivresse qui, suivant l'expression d'un poète arabe, y amène l'atmosphère du paradis terrestre.

Je ne sais où j'ai lu qu'une princesse voulant fortifier la passion de son royal amant, imagina pour lui un bain de roses : elle fit remplir un réservoir de son jardin, de roses et d'eau ; l'action du soleil fit surnager sur l'eau une immense quantité de petites gouttes d'huile , et l'essence se concentra bientôt. On voulut, dans l'erreur où l'on était sur la nature de cette matière, la recueillir pour nettoyer le bassin ; l'odeur délicieuse qui s'en exhala, donna l'idée d'imiter la nature , et de concentrer l'essence de roses par des procédés artificiels.

Le dattier, la providence des contrées chaudes de l'ancien continent, est cultivé en grand dans toute l'Egypte, depuis Syenne jusqu'à la Méditerranée ; mais surtout, autour de Memphis, on rencontre des forêts de dattiers. Ce sont ceux plantés en si grand nombre dans le Delta qui donnent à cette province un aspect si riant, qui vous ravit en abordant dans la patrie de Sésostris, la patrie des vieux souvenirs. C'est à l'ingénieux esprit d'observation qui a fait découvrir aux Egyptiens le secret de tous les arts, qu'on doit la fécondation des arbres uni sexuels. Ils cueillent un paquet de fleurs mâles, ils les placent dans un régime (1) de fleurs femelles, et obtiennent ces fruits, si

_____

(1) C'est la partie qui porte les fleurs et plus tard donne des fruits.

doux, qu'après même leur dessication; nous les **estimons** assez pour en faire l'honneur de nos tables.

Le dattier, comme tous les palmiers, livre toutes ses parties à l'homme qui les plie à des usages économiques, feuilles, fleurs, écorce, bois, tout vient en aide à ses besoins.

Les feuilles sont acerbes, mais quelques assaisonnemens permettent de les manger en salade; celles latérales, macérées dans l'eau, se prêtent à la fabrication des tapis, et on en fait aussi de petits meubles; ici, elles se courbent et se tressent en corbeilles. Placez cette plante dans des couches de paille, elle s'étiole, et donne divers petits meubles charmans : le spath, les fils qui en sortent, la base des pétioles, servent à fabriquer des cordes. La moelle des jeunes pieds est un manger délicat : l'on retire du tronc, par incision, une délicieuse liqueur rafraîchissante, connue sous le nom si doux de *lait de palmier*, et quelquefois *de vin de palmier*; enfin, la propriété qu'a le vieux bois de brûler lentement le fait rechercher pour la construction.

Nous nous sommes long-temps arrêtés sur la terre d'Egypte, elle a toujours tant d'attraits pour la France, l'union des deux contrées est dans les besoins réciproques; elle est commandée par la position naturelle. Cette intimité, cette liaison si désirable sera, n'en doutons pas, une des prospérités qui sont réservées à la France, qu'elle nous livre aujourd'hui les leçons de sa vieille expérience pour la fécondation des terres par l'irrigation. Que son histoire, ses monumens, en nous conduisant dans cette terre si merveilleuse nous apprennent ce qu'était une contrée tout agricole. l'Egypte a vu, au milieu d'elle, les enfans de la France, elle en regrette le souvenir; elle vient d'envoyer quelques-uns de ses fils étudier nos arts, emprunter ce que notre industrie a d'utile. Elle va rouvrir avec l'Inde ces chemins, ces routes, parcourues si souvent par les anciens. La régularité des vents, la sûreté de la navigation d'Egypte en Inde; et de l'Inde en Egypte, qui permettent, en moins de cinq mois, de faire un trajet qui demande près de deux années, en doublant le cap des tempêtes, tout nous convie à l'alliance de l'Egypte, et nous fait former des vœux pour le jour fortuné où ce rêve de prospérité sera réalisé (1). Comme peuple, aucun n'a été plus heureux que les anciens Egyptiens; parce que dès l'origine de leur existence, leur sagesse a conçu, et a adopté la meilleure forme de gouvernement qui puisse faire le bonheur des masses, surtout en Orient. La forme, où le pouvoir absolu, par son alliance avec une théocratie sage, se trouve par là même tempéré, et obtient le plus grand degré de force avec la moindre dépense de moyens : la théocratie déclare ce que Dieu veut, en s'appuyant de cette volonté qui est la loi : en déléguant au prince le droit de soutenir la loi par l'épée, on conçoit pour le prince, la nécessité d'y obéir et de commander en son nom : pour les peuples, la facilité et le penchant à l'obéissance, puisque celui qui commande a autorité, et qu'il ne commande que dans l'intérêt de tous.

---

(1) Les entreprises des Portugais au XV⁰ siècle, ont ouvert la route par mer de l'Inde ; au XIX⁰ siècle, l'occupation momentanée de l'Egypte par les Français, la conquête d'Alger, ont renouvelé la pensée que l'Afrique, l'Égypte surtout, pouvaient amener une ère de prospérité commerciale. La pensée germe, et nous entrevoyons le jour où elle pourra produire ses fruits. L'Inde elle-même s'appartiendra, et ne sera plus l'esclave de la Grande-Bretagne. L'Égypte et elle vivront d'une vie commune; la communauté d'intérêts unira ces deux peuples si puissans, s'ils obéissent aux lois de leur existence, si faibles, s'ils les méconnaissent.

Chez les Égyptiens, tout était en harmonie, parce que tout découlait d'une source commune *l'agriculture*. La religion et ses mystères s'y rapportaient, le sacerdoce n'avait pour membres que des hommes qui se glorifiaient d'être les pasteurs des peuples, les règlemens civils ne regardaient que les intérêts civils, et leur nécessité était tellement démontrée, que les peuples en acceptaient le joug. C'était au ciel même qu'ils obéissaient.

Le commerce ne se faisait que par l'échange des produits agricoles, contre ce que l'Égypte ne possédait pas, et qui entrait dans les besoin de la vie commune. L'industrie, les métaux exceptés, ne s'exerçait que sur les productions de la terre. Pendant le temps que le Nil couvre la terre, l'Égyptien fait des nattes, des tapis, utilise toutes les parties du dattier pour obtenir des cordages, des corbeilles, pour préparer, par la distillation, des liqueurs fermentées : ces arts simples sont agricoles.

Ainsi, sous le rapport des intérêts matériels, tout était admirablement entendu en Egypte. Comme peuple commerçant, son territoire, est le centre des caravanes, un grand entrepôt du commerce d'Orient. Les marchandises y affluaient par mer, les Indes venaient, avec de nombreuses flottes, y déposer leur riches étoffes et leurs parfums, et ces énergiques substances qui, depuis l'enfance des sociétés, sont la base de la matière médicale. L'Ethiopie, chaque année, faisait descendre tout ce que la minéralogie a rencontré de plus utile; le fer, l'acier, le bronze; ils ont transmis, depuis quatre mille ans, les procédés métallurgiques qu'a exercés l'industrie des Egyptiens : l'art peut y ajouter des procédés plus hâtifs : mais il ajoutera peu à la perfection des détails obtenue par une courageuse patience et un instinct surhumain.

A quelqu'antiquité que l'on remonte , on voit les Phéniciens, courtiers antiques, apporter à Memphis, à Naucratis,
les productions de l'Orient et de l'Occident ; les Ethiopiens,
leur fournir , l'or , le fer , le cuivre , les drogues , l'ivoire,
les parfums ; l'Inde, ses épiceries, ses perles et ses pierres
précieuses ; la plupart de ces diverses marchandises étaient
destinées à l'exportation et d'utiles intermédiaires. Les Carthaginois , les Grecs, les Phéniciens les échangeaient
contre leurs huiles, leurs étoffes et des esclaves. Les livres
saints nous donnent à cet égard des renseignemens , les
seuls que nous ayons , et qui, par leur précision, sont ce
que nous connaissons de plus utile pour l'histoire des premiers temps.

Le Nil, laisse à peine au laboureur d'Egypte , d'autres
soins à prendre de ses terres que l'ensemencement , l'arrosement et la récolte. Les hommes , comme nous l'avons
dit, y sont moins robustes qu'en France, et pourtant, telle
est la facilité du travail dans ces terres légères , que deux
bœufs et leurs conducteurs , en trois jours y labourent un
espace de terrain qui emploierait dans nos provinces plus
de quatre jours ; mais en Egypte , la charrue ne fait qu'ef-
fleurer la terre, tandis qu'il nous faut creuser de profonds sillons.

Il est impossible d'augmenter la fécondité des terres
d'Egypte, mais une distribution mieux entendue des eaux
pourra, à l'aide d'un système d'irrigation mieux combiné ,
doubler l'étendue des terres cultivées ; rendez le fellah
sûr qu'il cultive pour lui, et bientôt il saura doubler les
produits du sol.

Tout est à faire en Egypte, pour obtenir avec quelques
siècles ces miracles de puissance que nous voyons si clairement exprimés dans les anciens historiens, et surtout

comprend le désert *de Sahara* et la Barbarie qui forme l'ancienne Numidie et la Mauritanie ; le grand désert de *Sahara* portait, chez les anciens géographes, le nom de désert de la Libye intérieure, il est une prolongation de *la mer de sable* qui, pendant près de deux mille lieues, couvre une partie de l'Asie et traverse l'Afrique : depuis le désert de l'Arabie jusqu'au cap Blanc, ces terres ont cessé, avant les temps historiques, d'être couvertes d'arbrisseaux et de plantes

On y voit pourtant éparses quelques contrées assez fertiles et peuplées. Ces oasis, comme *les îles*, forment des contrastes frappans : ici, tout ce que la nature a de plus sauvage, un pays où les tigres, les panthères, les lions, les hyènes, se disputent une proie rare : là, un coin de terre d'une extrême fécondité qui étale le luxe d'une végétation puissante : plus loin, une montagne de sel inépuisable qui en fournit abondamment à la Nigritie et à tous les royaumes de l'intérieur ; c'est le point le plus important du commerce entre les maures et les nègres. Toutes les parties du désert ont d'abondantes salines ; ce minéral se trouve quelquefois à fleur de terre au milieu des déserts : quelquefois, on rencontre des lacs d'eau fortement salée, les eaux se dessèchent et pendant l'été l'on ramasse le sel avec facilité. La saison ramène les pluies qui attirent de nouvelles couches de sel ; ainsi, le natron d'Égypte, les salines au milieu des sables épars dans le grand désert, et ce sel qui s'y reproduit à mesure qu'on l'enlève prouvent évidemment que ces contrées ont fait partie des mers. Pline, Strabon parlent du retrait instantané des eaux maritimes ; Strabon même en place l'époque au temps où la rupture des eaux dans le bassin de la Méditerranée forma le détroit à l'endroit où furent placées les colonnes d'Hercule.

Au rapport des voyageurs Brisson et Saunier (1) qui ont été plusieurs années esclaves dans le désert; quelquefois le sel est aggloméré en montagne de 30 à 40 pieds de hauteur et par bandes de plusieurs lieues; cependant, dans d'autres localités, les maures sont obligés de creuser la terre pour trouver le sel et de l'extraire par des procédés d'exploitation assez réguliers; les maures vont le porter dans la Nigritie où ils l'échangent ainsi que la gomme contre des dents d'ivoire, de la poudre d'or et d'autres marchandises et surtout des esclaves. Depuis une trentaine d'années, ils ont importé le *dró*, céréale très précieuse puisqu'elle vient dans les sables les plus arides sans presque de culture (2). Le peu de terres que cultivent les maures est ensemencée de maïs, de blé, de millet, de *dró* et dans les endroits humides de dourha. Comme ce désert est ouvert à tous les vents excepté celui du nord, le vent, comme dans la Lybie, y fait tourbillonner le sable, l'élève à une grande hauteur, le distend et le disperse en nuage; on a vu de ces trombes de sable s'avancer en colonnes emporter et transporter au loin, ou bien engloutir et les tentes des Arabes et leurs malencontreux habitans : la caravane qui traverse ces contrées où la trombe s'avance, trouve son tombeau au milieu des sables amoncelés.

---

(1) Saunier parle dans ses voyages des truffes abondantes qu'on trouve dans le Sahara. Hommes politiques, ne vous contentez pas d'Alger et de ses dépendances, allez au-delà des monts, et vous y trouverez les truffes qui, mieux que les lauriers, doivent déterminer une conquête. Avec elles, combien d'élémens de succès sont assurés.

(2) Nulle substance n'est plus productive que le *dró* dans la Nigritie. Abrité du midi, il donne 5 a 400 pour 1 ; à Tunis, où il a été transporté depuis vingt-cinq ans : son produit est 80 à 100 pour un, dans nos départemens méridionaux les essais ont varié de 50 à 60 pour 1. (Voir l'Appendice III.)

Quelques tribus cependant, tels que les Mouselmines, s'adonnent à la culture, ils retiennent pour l'irrigation, pendant le temps des pluies, les eaux, font quelques arrosemens et surtout un mélange d'argile, de sel et d'herbes: ils emploient ce mélange comme engrais : nous ne sommes pas comme l'Arabe du désert qui croit que son pays est la limite du monde et nous ne dirons pas avec lui le monde se borne *à la maison de mon père* (1).

Il nous faut maintenant parcourir les lieux qui entourent notre glorieuse conquête de l'Algérie ; mais c'est plutôt de ce qu'elle fut, et par conséquent de ce qu'elle pourrait être que nous aurons à parler : quant à l'abaissement, à la honteuse oisiveté à laquelle l'ont condamnée les tergiversions, une législation sans force, une administration qui, si elle n'est pas contraire, est bien peu en harmonie avec les besoins et les principes qui fondent le bonheur et la gloire des colonies ; cachons nos larmes, détournons nos regards de ce tableau affligeant, un auteur ancien appelait la partie de l'Afrique, occupée par les Carthaginois *speciositas orbis totius*, le jardin du monde entier. Que leur reste-t-il de cette splendeur ? où sont ces jardins si vantés, ces champs couverts de moissons, qui faisaient de l'Afrique la ressource des approvisionnemens de l'Ita-

---

(1) Avant d'entrer dans le Sahara, nous aurions dû mentionner et le Fezan et le Darfour ; mais les premiers, qui sont les *Garamantes* des anciens, ne sont pas plus avancés aujourd'hui en agriculture qu'au temps d'Hérodote. Ils emploient, comme le disait ce père de l'histoire, les engrais minéraux et animaux mélangés, et s'adonnent surtout à la culture des bestiaux, dont ils préparent habilement les peaux. Quoique le Darfour soit un royaume très puissant, on n'a aucun renseignement sur sa culture : on sait seulement que le blé et le dourah se partagent l'honneur de former la principale nourriture des habitans. L'impôt se paie en nature ; il est du dixième de toutes espèces de récoltes.

lic et qui portaient à Rome, cette multitude de fruits précieux, le luxe et l'ornement des tables romaines?

Hereen l'a remarqué avant nous, les anciens savaient
coloniser avec plus de bonheur, avec des succès plus assurés que ne le font les modernes. Ce n'étaient pas des
aventuriers qu'ils jetaient sur une plage déserte, ce n'é-
taient point des criminels qu'ils retenaient avec des fers
plus fortement rivés que ceux de l'esclavage, qu'ils trans-
plantaient à quelque mille lieues de leur patrie, c'étaient
des enfans dont ils voulaient assurer le bonheur, en créant
pour eux une seconde patrie.

Les Egyptiens furent une colonie d'Ethiopiens, les Phéniciens établirent Carthage, et celle-ci sema des essaims
sur le territoire qu'elle occupait, en transporta dans les
îles de la Méditérranée; sur plusieurs points de la côte
d'Espagne; les liens qui attachent une mère à ses enfans,
ceux qui unissent les frères entr'eux, firent des colonies
d'utiles auxiliaires de la métropole. Il y avait échange de
services continuels.

Alors un esprit différent présidait à l'établissement des
colonies, en se rendant dans les lieux qui les devaient recevoir; les nouveaux habitans mettaient ce lieu sous la
protection des dieux qu'ils invoquaient, rien n'était
changé pour eux; ils retrouvaient les mêmes mœurs, les
mêmes institutions politiques, les mêmes rites religieux,
tout leur rappelait leur patrie, *et dulces reminiscitur
Argos.*

Les Carthaginois surtout, donnèrent les soins les plus
minutieux à l'établissement de leurs colonies, eux seuls,
peut-être, comprirent la véritable théorie de la richesse
publique, en créant des colonies rurales; car, comme le
dit Aristote, aucun peuple, mieux que les Carthaginois

ne sut plus heureusement placer sur son piedestal la fortune
publique , « Ils versèrent sans cesse dans les champs le
« surcroît de leur population, ils les dirigèrent vers des
« terrains incultes, leur fournirent des instrumens aratoi-
« res et tout ce qui peut contribuer dans la profession d'a-
« griculteur au bonheur et à l'aisance ; il termine en s'é-
« criant : voilà le véritable caractère d'un gouvernement
« sage, il vient au secours du malheur et force les
« mendians eux-mêmes au travail (1).

« Ils couvrirent, ainsi de villes toute la Lybie et surtout
« l'Agèrie, ils dominaient sur l'atlas, et les tribus qui
« étaient au-delà, étaient sous sa puissance : un de leurs
« premiers citoyens. Magon, le plus habile écrivain géo-
« ponique qu'ait eu l'antiquité, a parcouru l'Afrique. »

Magon y étudia, en traversant le grand désert, les lieux
où il était possible de porter des hommes et de les y établir comme cultivateurs. Au reste, Agathocles que les
tyrans modernes singent mal, en cachant sous des dehors populaires les ambitieuses pensées d'une domination absolue qu'il avoua franchement et qu'il maintint.
Agathocles, dis-je, ce grand homme (2) fut le seul qui
comprit la démocratie et ses moyens de puissance, quand
il vainquit les Carthaginois sur leur propre territoire, il

---

(1) Le periple d'Hannon qui, mille ans avant J.-C., parcourut l'Afrique et mit trois ans à en faire le tour, prouve que cette partie du monde
était plus connue aux Carthaginois qu'à nous.

(2) En donnant à Agathocles le nom de grand homme, nous ne préten-
dons pas justifier ni son usurpation ni les crimes qui l'y maintinrent pendant vingt-huit ans; il eut le courage de sa position et sut que quand
l'autorité part du peuple, le despotisme doit retenir les traces de son origine, et il ameuta les petits contre les grands et il suivit l'impulsion première.

y trouva deux cents cités, centres de colonies agricoles ;
il les détruisit et s'écria, en privant Carthage de ces auxiliaires : « j'ai fait plus qu'en triomphant de leurs généraux. »
Quand Régulus, au rapport du judicieux Polybe, alla
porter la guerre en Afrique, il y ravagea le territoire de
Carthage ; il brûla une grande quantité de maisons de
campagne, détruisit pour plusieurs années tout espoir de
récoltes, s'empara de tous les bestiaux qui garnissaient
les fermes, et envoya à Rome plus de vingt mille esclaves : au reste, quoiqu'on ait l'habitude de parler plus du
commerce de Carthage que de son agriculture, c'était
surtout à cette dernière branche de l'économie sociale
qu'elle devait ses principales richesses et sa force.

Les habitans les plus distingués, les membres du sénat, les hauts fonctionnaires étaient tous occupés du soin
de faire valoir leurs propriétés rurales. C'est encore Polybe qui nous apprend que la classe des laboureurs était
préférée à celle des marchands, et cette estime y mainte-
nait la plupart des hommes qui s'y adonnaient. C'était de
leurs terres que les particuliers retiraient leurs revenus ;
et l'état, pour augmenter le prix de ces denrées, pour faciliter les colons et fixer la masse des capitaux aux exploitations rurales, recevaient les tributs des provinces en
blés, en vins, en approvisionnemens suivant la nature des
cultures. Partout où, par une marche contraire, on exige
le tribut en argent, l'agriculture souffre.

Rien, de ce qui peut favoriser la prospérité agricole, n'é-
tait négligé par le gouvernement de Carthage et par le
zèle de ses premiers citoyens. Dès qu'ils surent que le po-
lythéisme grec avait créé un culte à Cérès, ils s'empres-
sèrent de l'adopter ; mais ils comprirent encore que l'agriculture, mère de l'industrie et du commerce, peut et doit

toujours les aider. Aussi les tissus, les métaux, les divers emplois des matières dont se sert l'agriculture, étaient l'objet des plus grands soins et de l'autorité et des particuliers qui pouvaient s'occuper d'industrie. Carthage était l'entrepôt de tous ces produits : la contrée qui cultivait, par exemple, l'olivier, était sûre d'y trouver en échange et les approvisionnemens en comestibles, et ceux en étoffes, et les manufactures qui les tissaient, étaient placées près des lins, du chanvre, de la laine qu'elles récoltent. On ne centralisait pas l'industrie.

En citant Carthage, en annonçant par quelle voie elle est parvenue en 782 ans d'existence à changer toute la côte septentrionale de l'Afrique, et à la rendre le pays modèle, soit qu'on l'examine sous le point de vue agricole, soit comme prospérité intérieure qui mérita tous les éloges de l'antiquité ; nous avons en vue notre propre pays : la leçon, nous le présumons, ne sera pas reçue, et l'amour-propre administratif voudra improviser une réalisation magique, et improvisée ; elle échouera parce que l'imprévoyance ne veut voir que succès, alors même, qu'elle prend des mesures contraires à son but.

L'Afrique, dont l'invasion des maures a détruit l'agriculture, n'offre plus à notre examen aucun point que nous puissions traiter ; et nos possessions le long du Sénégal sont si peu importantes, qu'elles excitent plutôt notre regret de voir chaque année des sommes consacrées à une chimérique colonie sans intérêt, soit qu'on la considère comme point de défense militaire, soit qu'on l'envisage d'après le très minime mouvement qu'elle donne aux affaires commerciales et industrielles : on a pris d'inutiles soins pour porter à Podhor et le long du Sénégal, des cultivateurs, et y faire venir l'indigo, le coton, et plusieurs des productions intertropicales, et il est désormais prouvé qu'à l'exception des faibles gains qu'on retire de la traite de la gomme, de la poudre d'or, et quelques plantes médicinales, la possession de Saint-Louis et des divers établissemens qui en dépendent, l'occupation du Sénégal est plus à charge qu'à profit.

Nous ne parlerons pas de la Nigritie, des Deux-Guinées, du littoral de la côte orientale de l'Afrique, ni des îles qui sont placées entre l'Afrique et la mer des Indes : à peine si l'on pourrait recueillir quelques faits qui pussent intéresser l'agriculture (1). Une contrée pourra, peut-être un jour, mériter les regards de la science rurale, si sous la domination des Anglais elle est mieux administrée que sous la domination hollandaise. On voit que nous voulons parler de la Cafrerie et des terres qui sont autour de la pointe australe de l'Afrique, la Cafrerie (2), le pays

----

(1) Les faibles résultats obtenus par l'établissement trois fois renversé de Sierra-Leone, l'impossibilité de peupler la colonie d'Européens qui ne peuvent y vivre, celle d'y attirer les nègres qui préfèrent leur état misérable aux travaux qui leur seraient imposés, rendent chimériques les illusions de la philanthropie qui a fondé Sierra-Leone. Les tentatives des Américains, quoique faites avec des conditions meilleures de succès, sont encore dans un état de délabrement qui paraît ne pouvoir que s'accroître.

(2) Nul pays dans le monde n'offre une plus grande richesse de productions végétales que le cap de Bonne-Espérance. En l'appelant, comme le font les horticulteurs, la patrie des bruyères, on se montre peu reconnaissant. Cette dénomination n'appartient qu'aux terres légères et sablonneuses qui sont autour du Cap, et qui sont épuisées. Dans l'intérieur, elles sont fertiles et ont assez régulièrement dix pieds de profondeur et plus quelquefois. — Voici deux faits qui viennent à l'appui de cette assertion : Le millet s'y élève de sept à huit pieds, et les autres céréales à proportion. Le second fait, c'est que le cap doit aux Français protestans réfugiés la culture de la vigne qui produit le vin de Constance si estimé en Europe.

des Hottentots, des Jages et des tribus peu connues qui l'habitent.

L'intérieur de l'Afrique, les côtes de Mozambique, le Mozambique, le Zanguebar, sont des contrées où le nom d'agriculture ne saurait convenir aux moyens simples qui suffisent aux nègres de ces contrées pour obtenir les alimens qui leur sont nécessaires.

L'on a remarqué une grande ressemblance entre les deux extrémités de l'Afrique, l'Egypte ou le Nord, et le Midi ou la pointe du Cap; même latitude, même climat, même gisement des montagnes; les eaux dans les deux pays sont salines, et le natron y naît par efflorescence. Les pluies y sont également rares, et les terres, dans les deux contrées, sont légères et sablonneuses, et peuvent rivaliser de nature; mais celles d'Egypte sont arrosées par le Nil, et la péninsule Nord n'a pas de fleuve fécondateur.

Le caractère du nègre sera toujours opposé aux habitudes de la civilisation: un arbre l'abrite de l'ardeur du soleil et le nourrit de ses fruits; une cabane, des plantes, des racines lui suffisent; l'or, son pays le produit et il est pour lui sans prix, s'il faut travailler et perdre son repos.

En un mot, un voyageur l'a dit, dans mille ans, rien là ne sera changé, et sans désir et sans ambition, le nègre sera ce qu'il est aujourd'hui, l'homme le plus rapproché de la nature, avec les vertus et les vices qui sont l'apanage des hommes sauvages, il aura alors comme aujourd'hui la nonchalance du temps présent; il aura la faiblesse qui le livre aux fers, et l'insouciance qui les rive. Il n'y a que la religion, et la religion chrétienne, dont la puissante voix puisse faire comprendre au nègre une nécessité pour lui de chercher une condition meilleure, et le persuader de la trouver dans le travail.

Cet état déplorable de l'Afrique agricole contraste trop avec l'idée que les anciens, Hérodote surtout, avaient de cette contrée d'Afrique. Cet écrivain grec, cité par Varron et Columelle, recommandait à ses compatriotes d'imiter les Africains. « Qui, mieux que les Africains, disait-« il, sait adapter les plantes aux terres et les terres aux « plantes, de manière à obtenir les produits les plus ri-« ches? La nature, ajoutait-il, n'est nulle part uniforme; « les engrais naturels et artificiels ont des vertus différen-« tes, suivant leur composition; l'expérience apprend au « cultivateur l'art de les approprier, de manière à obte-« nir des terres les ressources qu'elles recèlent : les Afri-« cains seuls ont étudié le puissant effet des engrais; de-« puis, ils l'ont oublié pour toujours. »

<h2 style="text-align:center">§ — LVII.</h2>

L'Asie, la pépinière des nations, où fut fabriquée la première charrue, d'où sont sorties les premières lances.

JORNANDÉS.

L'une des montagnes de l'Inde que je parcourais avait la tête couronnée des neiges de l'hiver, portait l'automne sur son dos, tandis que l'été dormait à ses pieds.

CHANSON ARABE.

Les peuples de l'Asie ont vieilli, et cependant il n'est pas besoin que la barbarie vienne les rajeunir.

CHABRIT.

Qui bêche se courbe et s'arrête, qui laboure marche.

IN ŒP.

L'Asie cinq fois plus grande en superficie que l'Europe, en diffère essentiellement et par sa constitution géologique, et par le caractère de ses habitans, par les mœurs des peuples, et surtout par les procédés de son agriculture. Sous ce rapport, il n'est aucun phénomène, dont elle ne présente et le problème et la solution ; sa charpente osseuse est telle , qu'elle semble destinée à soutenir le monde ; et l'invariabilité des mœurs de ses habitans , annonce que là, le mouvement initial une fois imprimé , elle l'a suivi avec cette constance d'autant plus remarquable qu'elle est plus opposée à la légèreté Européenne.

En Asie , nous le ferons remarquer , souvent une chose est aujourd'hui parce qu'elle était hier, elle était hier parce que depuis plusieurs milliers d'années elle a subsisté. Pour les habitans de ces régions, les variations y sont, pour ainsi dire, impossibles. Comme condition géologique de l'agriculture, on remarque que d'un plateau qui s'élève dans son centre, l'on voit les revers former de vastes terrasses, le sol descend successivement, et à chaque étage présente une végétation variée ; cet immense plateau , cette large bande est coupée par des montagnes qui accidentent encore le terrain , les végétaux , les animaux et les conditions des hommes qui y végètent aussi suivent cette influence de leur position.

La terre , sous le rapport agricole , se divise en deux terrasses principales ; l'une orientale et l'autre occidentale ; la première forme le plateau du Thibet, et les vastes et improductifs déserts du Gobi ; le plateau est égal du double de l'Europe ; l'autre terrasse est aussi un plateau moins élevé, qui a tout le luxe oriental et une végétation animée ; il embrasse l'Yeman et la Perse , et toutes les pentes qui conduisent aux basses terres ; l'inclinaison est suspendue par de larges étages , arrosés par des fleuves qui, avant d'aller féconder les plaines qui bordent l'Océan, y répandent leurs eaux fécondantes, en se dirigeant au Nord , au sud , à l'ouest , à l'est ; avec cette admirable pensée que leur système doit tout fertiliser. L'Asie fut le berceau de l'homme, son premier séjour; après quarante siècles elle paraît être encore la mère du genre humain. C'est en Asie qu'a commencé la civilisation; l'agriculture, et toutes les sciences nées des besoins, sont venues d'Asie; de là elles se sont étendues sur tout le globe et l'ont entouré comme une atmosphère.

En Asie, on rencontre tous les contrastes, les froids rigoureux des régions polaires, et les brûlantes chaleurs des contrées tropicales. Tous les moyens d'existence que peut invoquer la nécessité, l'Asie les fournit; la végétation est si variée qu'aucune autre partie du monde ne peut montrer une plante qui n'ait son analogue en Asie. Le type des animaux domestiques est en Asie, et aujourd'hui encore elle est en possession d'étonner et d'humilier notre orgueil par la masse des moyens qu'elle peut déployer.

Les principaux traits qui caractérisent l'agriculture sont ceux qui partout déterminent ses succès : force des habitans, facilité de culture, variété des végétaux, inclinaison des sols, combinaison des élémens propres à la végétation, universalité des moyens d'irrigations, terrains dont la propriété est *hydrophore*; tout ce qui est élément de prospérité en agriculture, l'Asie le renferme; aussi est-ce dans cette partie du monde qu'elle y a fait les premiers et les plus constans progrès. Veut-on une preuve qu'elle est la première contrée qui ait été cultivée, c'est qu'on y cultive à des hauteurs où toute végétation est impossible en Europe : à neuf mille pieds d'élévation sur l'Himalaga (1) on cultive du blé, et en Europe, à cette hauteur, toute

____

(1) On le coupe en vert pour fourrage.

24

végétation cesse, à onze mille pieds la même montagne produit des arbrisseaux, et à douze mille des pins rabougris, il est vrai, mais qui servent au chauffage; nulle autre contrée du monde n'a pu établir à cette hauteur une cabane et y montrer quelques chétives mousses.

Tous les caractères de la cultivation asiatique tiennent beaucoup à la climatologie; elle réunit tous les contrastes, elle a tous les genres d'agriculture voulus par la position des lieux, tantôt montueux, tantôt planes : quelquefois abrités, quelquefois ouverts à l'action des vents : les vallées veulent un mode de culture qui serait pernicieux pour les pics élevés.

Le système de la végétation naturelle indique le genre de culture qu'il faut suivre pour un lieu donné, les conditions de la végétation artificielle sont ainsi réglées par la qualité du terrain, par l'élévation au-dessus du pole, par sa position abritée ou accessible aux vents. On pourrait établir une foule de régions agricoles, mais nous les réduirons à trois zônes qui partageront le terrritoire asiatique en terrains du nord, du centre et du midi.

Si nous supposons du pole comme centre trois arcs de cercle, le premier s'arrêtant au cinquantième degré de latitude, le second au trentième, le troisième au cinquième. La première zône sera la septentrionale qui comprend deux régions, la Sibérienne et la région Tartare. L'âpreté d'un froid qu'il n'est pas rare dans les parties habitées de voir dépasser trente-cinq degrés, ne permet que peu d'efforts à l'industrie agricole, quelques arbres, les bouleaux, les melezes y croissent; dans la partie qui s'avance vers le 45ᵐᵉ degré, des forêts de sapins immenses forment les ressources du sybérien du *Kamchadale*: de golis Rhodendrons, des gentiannes et diverses sortes de rhubarbes, quelques champs plantés en blés, en avoine et en orge, sont toute la culture des septentrionaux asiatiques entre le cinquantième et cinquante-sixième degré de latitude; la deuxième région est la région Tartare, son agriculture est plus riche, mais c'est surtout leurs troupeaux qui exigent et reçoivent leurs soins, la flore botanique et agricole n'est pas très étendue, les pins et les sapins y sont plus robustes et plus élevés, l'aspect est moins triste, et la verdure vient pendant les courts étés déployer ses présens, les crucifères y prospèrent, les céréales sont plus abondantes les légumes plus savoureux et plus nombreux, et commencent à mériter par leurs produits les soins du cultivateur.

Nous allons maintenant entrer dans la zône agricole centrale, nous atteignons le nord de la Perse qui se prolonge jusqu'à la grande chaîne de l'Himalaga. On a comparé avec raison cette portion de l'Asie aux pays septentrionaux de la France, et au midi de l'Allemagne; même caractère de végétation; le Thibet, le royaume de Cachemire, la Mongolie, la Boukarie, Cachemire, le nord de la Chine et de la Perse appartiennent à cette zône. La végétation y est plus vive, l'oranger, l'amandier et les fruits d'Europe viennent animer le tableau, quand les plaines peuvent avoir à la fois, et la chaleur du soleil et une témpérérature humide, le tabac, la mane et l'opium y offrent aussi par leurs produits des objets d'échange et de commerce. Le salep, le coton, toutes les céréales cultivées en Europe le sont dans cette contrée qui, sous un gouvernement moins oppresseur que celui que seul suit le mahométisme, serait une des plus riches et des plus heureuses du globe.

Si dans ces contrées le défaut de bois ne s'opposait pas aux progrès de l'agriculture, la Mongolie et la Tartarie pourraient donner les plus beaux produits. Leurs steppes s'étendent jusqu'à la mer pacifique ; ils sont arrosés par une multitude de ruisseaux et par plusieurs rivières qui les traversent. Ces terres restant toujours en pâturage, sont couvertes d'innombrables troupeaux. Dans les prairies, l'herbe y croît plus haute que le chameau, que le cheval, que le bœuf, qui s'y nourrissent. Il n'y a de séparation de propriété que de peuple à peuple, et toute la portion de terrain que possède une tribu, appartient à tous ; chaque tartare a le droit de transporter où il le veut et ses tentes et ses troupeaux. Le nord de l'Inde et de la Chine offre sous le point de vue botanique une grande ressemblance avec la Boukarie, le Thibet et la Mongolie, mais comme nous ne nous proposons pas de nous étendre sur ces deux contrées nous les passerons ici sous silence. Tous les animaux domestiques semblent être originaires de l'Asie, les espèces y sont de beaucoup supérieures à celles des autres contrées, le cheval et l'âne y sont plus généreux, les bœufs, le buffle et tous les animaux congenères atteignent une plus grande hauteur que dans nos climats, le chameau, le dromadaire, l'éléphant, sont particuliers aux régions asiatiques : là seulement, ils servent aux besoin de l'homme; au reste, sur quinze cents espèces de quadrupèdes connues, cinq cents sont particuliers à l'Asie, six cents sont communes à l'Asie et autres parties du monde ; ainsi comme on le voit, elle comprend à elle seule plus de deux tiers des espèces qui vivent sur le globe.

Il nous faudrait maintenant pour compléter ce que nous avons à dire, parcourir les iles qui, au midi, se sont dans les premiers temps, séparées du continent (1) ; ces nombreux archipels qui, dans un rayon de moins de cinq cents lieues, entourent l'Inde ou élèvent leur sommet dans les mers pacifiques de la Chine, ou qui se trouvent entre les presqu'isles qui découpent le littoral du midi. Plusieurs de ces isles égalent en grandeur quelques-uns de nos royaumes d'Europe. L'archipel de la Sonde (2), Java, Sumatra les célèbes, Formose, le Japon, les Molucques, les Philippines, Ceylan, sont le centre des épiceries, des parfums et de toutes les productions énergiques que la thérapeutique emploie pour l'homme malade, ou que les arts empruntent pour offrir au luxe sa parure et ses jouissances.

L'Orient, quand on étudie, ses mœurs et ses lois, présente dans tous les états une uniformité qui indique l'origine commune ; on n'y voit pas une diversité de combinaisons gouvernementales ; partout, le gouvernement est propriétaire de tout le territoire et les possesseurs sont de simples usufruitiers, sous la condition plus ou moins oppressive d'énormes tributs. Il ne faut au prince aucun autre titre que sa volonté ; il possède sans titres et sans droits ; le souverain n'a pas moins de pouvoir sur les personnes que sur les choses. Tous les sujets sont corvéables, et les corvées sont si mal dirigées que souvent on a vu, pendant deux mois, dix mille hommes occupés à porter à

---

(1) Ce sentiment ne nous est pas particulier, et l'opinion que toutes les iles ont été séparées du continent dont elles faisaient partie est commun à beaucoup de géologues.

(2) L'archipel de la Sonde compte plus de mille petites iles toutes remarquables par le luxe de leur végétation, par le nombre et la variété de leurs produits.

dos des marchandises encombrantes à une distance de vingt lieues.

On tirerait une conclusion fausse, si l'on pensait que l'ingénieuse Europe n'a rien à redouter de l'agriculture de l'asie ; la multitude d'hommes qui y pullulent, le bas prix de la main-d'œuvre, la vigueur du sol qui, après 4000 ans est plus fertile que le nôtre, y rendent pour les asiatiques la concurrence facile ; le riz, le coton, le café, le sucre, malgré cinq mille lieues qu'il faut parcourir, seront toujours en possession de se présenter à des prix inférieurs à ceux où nous ne pouvons les obtenir ; l'agriculture apporte son café sur notre marché et sur ceux d'Amérique : Ceylan, Java, Bornéo, Trincanon, en envoient des masses énormes, le sucre tend à prendre le même élan, le sucre brut est dans l'Inde, à moins de 15 frans les cent kilogrammes, et la mélasse y est si peu estimée qu'elle entre dans la composition des cimens pour bâtir ; à la Cochinchine, le sucre est à moitié prix de celui de l'Inde et quand elle aura amélioré ses moyens d'extraction du sucre ; elle sera sans concurrence. Long-temps, les Hollandais ont fait primitivement le commerce des épiceries, des Moluques, de Java et de toutes les îles voisines ; mais aujourd'hui, il est partagé par plusieurs nations rivales, cette concurrence est d'autant plus fatale que le goût a changé et qu'on en fait aujourd'hui une bien moindre consommation. Elle est prochaine, l'époque où la production conduira à l'avilissement des denrées, et ensuite à l'abandon de travaux qui, par leurs produits ne pourront plus payer les frais qu'ils auront occasionés.

L'Arabie, cette contrée que disputent à l'homme les tigres, les lions, les léopards, les hyènes, devrait paraître sans intérêt pour l'agriculture ; mais ce pays qui a été le berceau de toutes les religions , a sous la puissance si ancienne des Nabathéens (1) révélé quelques faits agricoles. Une école agricole a produit plusieurs livres fameux , celui de Fagrit , en vers, et celui qu'a imité ou plutôt traduit *Ebhn-Alavan*.

Le poème repasse méthodiquement en revue tous les procédés de l'art nourricier ; un chapitre singulier traite des saveurs particulières que chaque nature de terre donne à la même plante. Ailleurs, Fagrit fait un dénombrement assez étendu des qualités de chaque plante ; plusieurs aujourd'hui nous sont inconnues, l'exactitude de la description de celles ordinaires, les vertus qu'il leur attribue peuvent faire regretter de n'avoir pas sur toutes les autres assez de notions précises. Sous l'empire des califes, quand les arts et la poésie surtout , brillaient de tout leur éclat dans l'heureuse région de l'Yemen, l'agriculture

-----

(1) Les Nabathéens , peuplade sortie de la Babylonie à plusieurs reprises , firent la guerre aux Arabes et les soumirent. L'auteur de l'agriculture nabathéenne représente Babylone comme ville florissante ; il mentionne Ninive et dit que Babylone était le centre des sciences et des arts de l'orient ; d'après cela il paraît qu'il vivait antérieurement à Cyrus ; il écrivit son traité en caldéen , et Ebhn-al-Avan le traduisit en arabe. Ce livre a toujours joui de la plus haute considération dans l'orient ; on y trouve une foule de recherches sur les sciences, entre autres il donne un moyen de reconnaître si l'eau est à une profondeur plus ou moins grande et les règles du forage des puits. D'après M. Quatremère, il paraît que cet ouvrage avait six livres ; toutes les matières agricoles y étaient traitées avec profondeur et détails ; il embrasse toutes les branches de l'économie rurale. Malheureusement il ne reste que deux livres, dont le premier est consacré à un calendrier agronomique où l'auteur indique pour chaque mois les travaux à suivre ; il traite ensuite des différentes cultures propres à chaque terre. On trouve répandues dans ce livre des notions précieuses sur toutes les plantes et le mode de culture qu'elles exigent, à l'exception des idées superstitieuses qu'il faut pardonner à un livre écrit il y a trois mille ans , tout y est sagement pensé et montre les profondes connaissances de l'auteur.

aussi avait sa part de la protection accordée à toutes ses sciences.

De tout temps, l'Arabie a été la terre qui a produit les parfums les plus exquis ; les fleurs les plus belles et les richesses du désert, par leur excellence, peuvent entrer en parallèle avec celles des terres cultivées ; mais le café excepté, l'Arabe n'a que la peine de recueillir.

De toutes les productions la plus estimable, c'est le café, qui a pris le nom de Moka, parce que c'est à 50 lieues de cette ville que se trouve le pays qui le produit, c'est sur les montagnes de Kankisi que commence sa culture : on le plante sur la pointe des montagnes, on partage les montagnes en terrasses soutenues artificiellement ; le terrain est économisé avec le plus grand soin ; pour le ménager plus encore, on plante en bas des pépinières et on ne replante sur place, le café, qu'à 3 ans. La province d'Eden est celle ou la récolte est la plus abondante, celle d'*Outma*, produit le plus estimé ; (1) de Moka ; la culture du café s'est répandue dans tout l'univrs, les établissemens en Europe ne l'ont reçue que vers la fin du 17me siècle et au commencement du 18me.

On remarquera qu'aucun exemple ne prouve mieux l'influence du climat et du sol que le café ; tous les cafés ont été successivement donnés par des pieds pris dans l'Yemen, et quand on voit la diversité de goût, de forme, de couleur, que la transplantation a apportée dans la qualité, on en infère que nous sommes encore bien éloignés de comprendre même les faits les plus ordinaires de la végétation.

---

(1) On sarcle, on bine le café, mais on ne l'effeuille ; on ne l'étête, on ne le taille jamais.

Nous trouvons dans une statistique anglaise sur la consommation du café , un document que nous insérons ici.

Il se consomme en Europe 87,000,000 de livres de café , il est démontré qu'une lieue carrée commune de France de 2,282 toises comprend 31,000,000 de pieds de cafiers : ainsi il faudrait trente-quatre lieues carrés de terrain pour fournir la consommation enropéenne de café; il faudrait pour cultiver ces 34 lieues , 78,000 cultivateurs , soit 90,000 , mettons la valeur du café au prix de 1 fr. 4 c. , c'est un rapport de 1,200 fr. par hectare, c'est donc un revenu cinq fois plus grand que celui en blé , estimé 240 fr. par hectare , voici le tableau de la consommation que chaque état européen fait de café (1).

France 22,000,000.

Angleterre 15,000,000.

Etats du Nord 15,000,000.

Suisse , Allemagne 4,000,000.

Turquie , Grèce 5,000,000.

Espagne , Portugal , Italie 5,000,000.

Pays-Bas 21,000,000.

Total 87,000,000.

La Chaldée, la Syrie , l'Egypte et l'Arabie , quoique contrées voisines, ont eu des destinées bien différentes ; a Chaldée, après avoir allumé le flambeau des sciences, créé, l'astronomie, a perdu sa fertilité : de même, le territoire qui se confond aujourd'hui avec le désert; l'Egypte a vu crouler cent fois les trônes qu'avaient élevés lesdyna -

---

(1) L'usage du café a commencé à Venise en 1615, à Paris en 1644, à Londres en 1652; il a été planté par les Hollandais en 1696; cette même année,on en envoya deux pieds à Paris : il fut cultivé à Bourbon en 1717, à Saint-Domingue vers 1720, a la Martinique en 1727.

ties qui s'en sont emparé. La Syrie , la Palestine où
Dieu s'est si souvent révélé , n'est aujourd'hui qu'une contrée demi-barbare ; mais il n'en est pas ainsi de l'Arabie ;
le peuple qui l'habite a , depuis cinquante siècles, été invariable dans ses mœurs. Il a conservé son costume , son
amour de l'indépendance ; ses enfans, avec indifférence
ont vu les monarchies de l'Egypte et de la Chaldée, crouler les unes sur les autres ; les chars des princes conquérans
ont roulé sur les bords de sable du désert : quand ils y ont
pénétré, ils ont été engloutis : à peine, si l'Arabe a connu
les noms de Sésostris et d'Alexandre , le trône des rois
persaus s'est plusieurs fois renversé et l'Arabe ne s'est
pas ressenti de sa chute ; pendant un espace assez long ,
quelques-uns de ses compatriotes ont eu la manie des conquêtes , peu d'Arabes ont suivi le torrent ; le plus grand
nombre a continué dans les sables brûlans du désert , de
vivre pauvre et libre , plutôt que de courber sa tête sous
le joug, ou de tendre ses mains aux chaînes dorées.

On a long-temps disputé sur la question de savoir quel
est le premier peuple qui dompta les chevaux. Xenophon
attribue cet honneur aux Perses; les médailles gauloises
les plus anciennes représentent une tête de cheval, mais
sans vouloir prétendre disputer la palme en faveur de l'Arabie, dirai-je pourtant, Job qui vécut long-temps avant Moïse
et qui fut peut-être contemporain d'Abraham, nous représente le cheval arabe plein d'ardeur *fervens* , frappant la
terre du pied , la dévorant dans son impatience , *fremens
sorbet terram* , le son de trompette enflamme son courage
et le fait hennir , *ubi audierit buccinum*; cette peinture
du cheval antique est la fidèle image du cheval *dzelfeou* ou
oel maky ou enfin *oel-nagdi* , races dont les individus sont
si recherchés, qu'au milieu du désert ils sont souvent
payés cinquante et soixante mille francs : un cheval

est la fortune du désert ; on a souvent exalté la reconnaissance de l'arabe pour son cheval, ce sentiment est porté au plus haut degré. Il y a entre ce noble animal et le maître qui le soigne une réciprocité d'attachement telle, que l'amitié est un terme qui ne le peint qu'à demi.

Aucune contrée n'a plus été tourmentée par des revers, bouleversée par la multitude des conquérans qui l'ont tour à tour opprimée, que la Syrie. La terre de Cham fut maudite comme lui, un ciel pur, un climat propre aux plus riches cultures, tout semble être malheur pour elle, la beauté de ses plaines l'ont vingt fois rendue le théâtre de ces batailles immenses qui décident du sort des nations. Si la svelte gazelle, si douce, si inoffensive, se cache à l'abri de ses montagnes, si le chameau aide l'habitant dans ses transports ; le chacal, l'once, la panthère, l'hyène est le fléau des troupeaux, les pâturages les plus beaux sont inutiles. L'état misérable où est la Syrie aujourd'dui ne rappelle en rien les magnifiques descriptions que les anciens ont faite de son horticulture, et l'on conçoit à peine, dans l'état de dégradation où elle est qu'elle ait pu mériter l'eloge d'un géoponique latin : *praeter cœteras terras Syria in hortis est speciosissima*, la Syrie alors était le jardin de la terre.

Le mont Liban n'a plus, suivant Labillardière, que sept de ces cèdres qui furent, il y a trois mille ans, contemporains de Salomon, aucun autre rejeton alentour ne paraît devoir en repeupler la race, et leur immortalite s'éteint ; les dimensions gygantesques auxquelles parvient le cèdre (1), sa longevité, la propriété qu'a son

____

(1) On a mesuré, en 1698, un cèdre qui avait quarante pieds de circonférence, le diamètre de son feuillage soixante dix pieds : à la hauteur de

bois d'éloigner les insectes, le firent rechercher; il avait, pour les anciens qui vénéraient les morts, un titre précieux aux hommages des hommes, celui de conserver les corps, aussi fut-il l'arbe qui servait de tombeau aux rois de la terre, et en Chine il conserve ce privilège.

Les dattiers, les palmiers, les doûms, les dactylas y sont communs et très beaux. Le persea des Grecs ou le *halck* de Arabes a disparu de la Syrie et de l'Egypte, il fut célèbre dans l'antiquité, il est aujourd'hui l'objet des regrets des poètes orientaux, on a supposé son identité avec l'*avocatier* des Antilles, ce qui a fait donner à ce dernier le nom de ***Laurus Persea*** on a encore cru que le persea qui a disparu depuis mille ans de ces contrées était *le sebestier*. Les anciens naturalistes disaient que cet arbre était originaire de Perse, que son fruit d'amer était devenu doux par la culture, on lui attribuait des vertus médicales qui le doivent faire regretter.

Nous emprunterons à M. de Volney, cet historien, à la fois, si énergique et si judicieux, le morceau où il décrit l'état de l'agriculture dans la Syrie.

« Dans ces contrées, l'art de la culture est dans un
« état déplorable, faute d'aisance, le laboureur manque
« d'instrumens ou n'en a que de mauvais. La charrue
« n'est souvent qu'une branche d'arbre coupée sous la
« bifurcation, et conduite sans roues, on laboure avec
« des ânes et des vaches, et rarement avec des bœufs;
« ils annoncent trop d'aisance, aussi la viande de cet
« animal est très rare, en Syrie elle est toujours mai-

---

vingt pieds, le tronc se partageait en trois branches égales à de très gros
arbres.

« gre et mauvaise comme dans tous les pays chauds ;
« dans les cantons ouverts aux Arabes il faut toujours
« semer, le fusil à la main ; à peine le blé jaunit qu'on
« le coupe pour le cacher dans les *matmourres* ou ca-
» vernes souterraines, on en retire si peu que l'on ne
« sème que ce qu'il faut pour vivre, en un mot ,
« on borne l'industrie à satifaire les premiers be-
« soins. »

Nous terminerons notre esquisse sur l'Asie, esquisse
bien imparfaite par la Palestine, contrée jadis si fertile, contrée où Dieu voulut naître et mourir. Cette
terre promise au peuple élu que les juifs ont si magnifiquement célébrée , cette terre qu'ils regardaient
comme le centre du monde *umbilicus terræ* (*Ezechiel*) ,
située entre l'Europe , l'Asie et l'Afrique, semble être
placée au milieu de la terre habitable.

On ne peut pas donner le nom d'agriculture aux
moyens précaires qu'emploient aujourd'hui les malheureux habitans de la Palestine , il y a dans cette contrée,
qui compte à peine aujourd'hui un million d'habitans ,
de si riches souvenirs qu'on ne peut trop gémir sur le
sort de ce pays. Il y eut autrefois une armée qui résista
long-temps aux légions romaines , conduites par Pompée
lui-même , vainqueur de l'Orient. Quand Titus assiégea
Jérusalem, deux cent mille combattans défendaient ses
murs, et plus du double d'habitans périrent dans ce
mémorable siège : **M.** de Volney, qu'on ne peut pas trop
appeler en témoignage , va nous retracer le portrait de
son agriculture actuelle.

« La Palestine tout entière , de la mer aux monta-
« gnes offre une plaine presque unie , sans rivières, sans
« ruisseaux pendant l'été ; mais arrosée par quelques

« torrens pendant l'hiver, malgré cette arridité, le sol
« n'est pas impropre à la culture, on peut même dire qu'il
« est fécond, car lorsque les pluies d'hiver ne manquent
« pas, toutes les productions viennent avec abondance :
« la terre qui est noire et grasse conserve assez d'humi-
« dité pour porter les grains et les légumes à leur per-
« fection pendant l'été; on y sème plus qu'ailleurs du
« doura, du sezame, des pasteques, des haricots, des
« lentilles et des fèves, l'on y plante aussi du coton, de
« l'orge et du froment; mais, quoique ce dernier soit plus
« estimé, on le cultive moins, parce qu'il provoque trop
« l'avarice des Turcs et les rapines des Arabes. »

Écoutons enfin M. de Châteaubriand, les mêmes lieux,
les mêmes faits ont assombri les couleurs du tableau qu'il
fait des contrées que, comme M. de Volney, il a parcourues
et décrites avec cette chaleur de style qui est le caractère
propre de son talent.

« Jamais le soleil ne se lève que couvert de vapeurs
« sanglantes, sinistre présage d'un jour malheureux; ja-
« mais il ne se couche que des taches rougeâtres ne me-
« nacent d'un aussi triste lendemain, toujours le mal
« présent est aigri par l'affreuse certitude du mal qui
« doit le suivre.

« Sous ces rayons brûlans, la fleur tombe desséchée,
« la feuille pâlit, l'herbe languit altérée, la terre s'ou-
« vre et les sources tarrissent, tout éprouve la colère
« céleste, et les nues stériles, répandues dans les airs
« n'y sont plus que des vapeurs enflammées, le ciel sem-
« ble une noire fournaise, les yeux ne trouvent plus où
« se reposer, le zéphir se tait enchaîné dans ses grottes
« obscures, l'air est immobile, quelquefois seulement, la
« brûlante haleine d'un vent qui souffle du côté du rivage
« maure, l'agite et l'enflamme encore davantage.

« Les ombres de la nuit sont embrasées de la chaleur
« du jour, son voile est allumé du feu des comètes et
« chargé d'exhalaisons funestes, ô terre malheureuse! le
« ciel te refuse la rosée; les herbes et les fleurs mourantes
« attendent en vain les pleurs de l'aurore.

. . . .

. . . .

« Le Siloë, qui, toujours pur, leur avait offert le tré-
« sor de ses ondes, appauvri maintenant, roule lente-
« ment sur des sables qu'il mouille à peine; quelle res-
« source, hélas! L'Eridan débordé, le Gange, le Nil
« même, lorsqu'il franchit ses rives et couvre l'Egypte de
« ses eaux fécondes, suffiraient à peine à leurs désirs.

« Le coursier, jadis si fier, languit auprès d'une herbe
« aride et sans saveur; ses pieds chancellent, sa tête su-
« perbe tombe négligeamment penchée; il ne sent plus
« l'aiguillon de la gloire, il ne se souvient plus des pal-
« mes qu'il a cueillies; ces riches dépouilles, dont il était
« autrefois si orgueilleux, ne sont plus pour lui qu'un
« odieux et vil fardeau. Le chien fidèle oublie son maître
« et son asile; il languit étendu sur la poussière, et, tou-
« jours haletant, il cherche en vain à calmer le feu dont
« il est embrasé; l'air lourd et brûlant pèse sur les
« poumons qu'il devait rafraîchir. »

§ — LVIII.

> De tous les peuples qui couvrent la surface du globe, le plus digne de fixer l'attention est celui qui dès les premiers âges, établi sur les bords du Gange, s'y fait voir encore sous des traits qui n'ont pas changé.......
>
> Que sur les pas d'Alexandre on s'avance vers l'Orient, qu'on traverse le cours impétueux du *Sind*, le peuple que les Grecs y trouvèrent est debout encore.
>
> *Histoire de l'Inde*, par Marlès, prospectus.

Lisez chez les écrivains de l'antiquité ce qu'ils ont écrit des Indiens, sur leurs mœurs, sur leurs habitudes, sur leurs principes politiques et religieux, sur leurs préjugés, leurs erreurs, rapprochez ces documens précieux de ce que les voyageurs vous disent de l'Inde moderne, et vous verrez par la ressemblance des faits, des opinions, une fixité, une constance qui vous étonneront : ce sont les mêmes âmes qui animent des corps différens d'âge en âge.

Au milieu des révolutions qui ont agité ces contrées, elles ont résisté à tous les chocs, elles ont survécu à leurs vainqueurs, elles sont demeurées les mêmes, quand leurs conquérans venaient y engloutir des phalanges victorieuses. L'Indien est resté Indien, et la poussière même de l'oppresseur et de l'opprimé ne se sont pas mêlées. Jamais l'Européen et l'Indien n'ont bu dans la même coupe : jamais la même urne n'a réuni leurs cendres. Pour des Européens qui rêvent une perfectibilité indéfinie, qui se bercent sans cesse du désir chimérique d'un meilleur avenir, il est difficile de comprendre l'opiniâtreté des Indiens, leur ténacité à suivre leurs traditions, à conserver le même esprit, le même jugement dictant l'opinion, et qui dans les actions d'un peuple, l'un des plus nombreux de la terre, est pour les nations qui croient à la perfectibilité de l'espèce humaine croissant successivement, qui ont foi aux progrès de la civilisation, qui en rêvent le projet, et préparent l'impossibilité de son exécution par le soin qu'ils prennent de semer d'écueils, ou de révolutions la route; pour eux, ces données sur l'Inde, doivent paraître hors de vraisemblance. Mais, écoutons ceux qui ont vu, et qui ont rapporté ce qu'ils ont vu. Ceux-ci ont cru parce qu'ils ont vu; croyons parce qu'ils ont dit ce qui est vrai.

« L'espérance d'un meilleur avenir et la crainte de voir « leurs maux agravés sont des sentimens qu'une dure « expérience a appris aux Indiens à méconnaître... Leurs « principes, leur caractère, leurs mœurs, un attache« ment sans bornes et inaltérable à leurs antiques usa« ges, opposeront toujours d'invincibles obstacles à toute « amélioration considérable... Sous la puissance brahmi« nique. les Indiens détestaient le gouvernement et res« pectaient les gouvernans; sous la puissance européenne « ils haissent et méprisent au fond les gouvernans, et « chérissent et respectent le gouvernement (1). »

Ce qu'a dit dans un ouvrage le sage missionnaire, M. l'abbé Dubois, n'est pas moins frappant et pourrait être corroboré par le récit et le jugement de tous ceux qui ont peint les presqu'îles en deçà et au-delà du Gange; mais nous n'apprécierons ce premier renseignement que par l'opinion de M. Anquetil Duperron, et celle non moins concluante de M. le comte d'Hogendorp.

« Vous me demandez comment des peuples aussi doux,

---

(1) Cet ouvrage dont les Anglais ont voulu obtenir la publication est, d'après leur témoignage même, ce qui a été écrit de plus vrai sur l'Inde: l'auteur a voulu qu'il parût en France.

« aussi paisibles que les Indiens, peuvent forcer à l'huma-
« nité et au respect par le pouvoir seul de leurs coutumes.
« Ecoutez le récit suivant, et vous concluerez comme moi
« qu'on peut vaincre un tel peuple, mais jamais l'arracher à
« coutumes. A Bénarès, on voulut imposer une nouvelle
« taxe sur les maisons : deux jours après l'édit, et avant
« que les magistrats en fussent informés, trois cent mille
« indigènes, avertis par des circulaires, se trouvèrent
« réunis dans la grande plaine voisine de cette cité; ils
« avaient quitté leurs domiciles, leurs champs, leurs tra-
« vaux; ils étaient rassemblés, la tête baissée, les bras
« croisés. Ils déclarèrent vouloir rester là et y mourir, s'il
« le fallait, immobiles et muets, jusqu'à ce que leurs
« griefs fussent redressés. Il fallut que l'autorité fît droit
« à ce mode de réclamation d'espèce nouvelle. » N'est-il
pas permis à un tel peuple de sourire dédaigneusement
aux propositions d'abjurer ses préjugés, de revêtir nos
formes sociales, et leur réponse banale n'est-elle pas aussi
judicieuse que vraie : « Pourquoi quitterais-je mon désert
« pour ta ville ? Compare les plus belles colonnes de tes
« palais avec la majesté de mes palmiers, qui, outre le
« plaisir de la vue, outre leur ombre hospitalière, four-
« nissent à tous nos besoins; les temples à l'européenne
« ont-ils le pouvoir d'inspirer une vénération aussi grande,
« un respect aussi religieux, que ce bois écarté où le so-
« leil ne peut pénétrer; où la méditation peut s'élever
« au-dessus des mondes, que cet antre demi-sauvage, que
« cette grotte profonde qu'ont creusée les fils de Brahma
« pour y cacher les objets de leur vénération? »

En parlant à de tels hommes, ne diriez-vous pas avec
M. Anquetil Duperron? « Quand je parlais aux Marattes,
« ces hommes qui tirent toute leur puissance de la con-

« fiance qu'ils ont dans leur force et dans leur courage,
« quand je pratiquais les Indiens, quand je recevais leurs
« soins hospitaliers, il me semblait vivre et converser avec
« des hommes du premier âge. »

Si comme peuple, la nation indienne présente des caractères indestructibles et particuliers qui la différencie du reste de la terre, l'individu de cette nation n'est pas moins digne d'appeler toute la sévérité de l'examen du philosophe qui veut étudier les hommes, qu'admirable par la foi qu'il a en ses doctrines, quelqu'absurdes qu'elles soient, nous allons par un dernier trait faire connaître le caractère indien.

Dans un pays où l'habitant ne se nourrit que de riz, quand la pluie manque, la récolte manque aussi, et la sécheresse a pour effet, non-seulement *la disette*, mais encore *ces famines épouvantables* qui sont heureusement inconnues dans l'Europe. Si l'Indien était prévoyant, d'utiles saignées, des réservoirs placés sur les bords des fleuves, pourraient éviter les suites désastreuses de ce fléau; mais les doctrines absolues de ce peuple, son insouciance, le dogme de la fatalité qui domine tous leurs jugemens, les fait se confier au hasard, et la disette les trouve sans provisions, sans approvisionnemens, mais avec une résignation et une patience supérieures au mal, ou qui en amortit l'effet.

Dans la dernière disette qui eut lieu en 1812, quelques années après la possession anglaise (1), toutes les horreurs qui peuvent affliger une nation, vinrent fondre sur le pays qu'arrose le Gange. Les hommes parcouraient

---

(1) Non pas la première, car celle par les traités date de 1765, mais celle par la spoliations qui ont mis les Indes sous le joug anglais.

les campagnes, cherchant de quoi se nourrir pour quelques heures seulement; et dans leur misérables excursions, ils mouraient par milliers sans se plaindre, ils surent, car leur patience et leur résignation ne se démentirent pas, mourir et se taire sans être violens, sans formuler leurs murmures en insurrections.

Au milieu des angoisses de la faim, ils furent fidèles à la loi : elle leur défendait de manger des mets apprêtés par des étrangers et même par des membres des castes différentes de la leur; pas un Indien ne transgressa le précepte, ne s'assit à la table, souvent somptueuse, des Européens, ne partagea leur repas.

Les Anglais aussi furent fidèles à leurs traditions, à l'esprit d'avidité qui est leur pensée première et le mobile de toutes leurs combinaisons. Par un calcul homicide, calcul qu'ils justifient toujours quand l'or est le solde de compte, par l'astuce de cette association de marchands, on vit le riz augmenter d'heure en heure... Les Indiens expiraient par milliers, mais sans avoir méconnu la loi et sa terrible exigence (1).

La peste suivit la famine. Ceux que la faim avait épargnés, victimes du nouveau fléau, succombèrent par milliers; les enfans résistèrent seuls... leurs mères s'étaient privées d'alimens pour les soutenir quelques heures de plus.

Le bois pour brûler les cadavres devint rare, et les Anglais trouvèrent là encore un nouveau sujet de spéculation; l'art de spéculer sur chaque calamité leur fit élever bientôt le prix du bois à six fois sa valeur ordinaire, quand la consommation était triplée par une courageuse résolution

---

(1) Bombay fut la contrée de l'Inde qui eut le moins à souffrir, car dans cette résidence on maintint la liberté d'importation et d'exportation.

pour ne pas priver les morts des honneurs du bûcher, quand le bois manqua tout-à-fait, l'Indien sacrifia sa propre habitation, démolit sa maison, et en consacra les débris à remplir ce pieux devoir.

Enfin, pour comble de tant de calamités, des bancs de sauterelles qui avaient un quart de lieue de front, cent-soixante-dix pieds de profondeur, traversèrent l'Indoustan : on vit quelquefois jusqu'à cinq bancs de ces terribles insectes qui se disputaient le droit de ravager la même contrée; ils la dépouillèrent de toute verdure. Elles étaient parties de la Syrie et avaient, pendant l'année 1812, tellement infesté tout l'Orient qu'on y perdit l'espoir de rien récolter.

Après tant d'auteurs qui ont écrit sur l'Inde et ont eu le précieux avantage de peindre ces délicieuses contrées, où Dieu lui-même avait placé nos premiers parens, il nous siérait mal d'essayer de reproduire ces tableaux. Pour ne pas cependant laisser à nos lecteurs quelques doutes sur ce que nous leur dirons de la puissance végétative des champs indiens, nous allons reproduire en l'abrégeant ce qu'en a dit M. Marlès, le judicieux auteur de *l'Histoire de l'Inde*.

« La nature y est toujours féconde, et le sol, sans
« presque aucune culture, se couvre de moissons éternel-
« les; la fleur se pare de couleurs brillantes comme le
« soleil qui la chauffe ; dans les forêts, les arbres élèvent
« jusqu'aux nuages des voûtes immenses de verdure... Le
« Sind, comme le Nil, a son Delta : celui du Sind, ma-
« récage stérile que l'on pourrait féconder, est quatre
« fois égal en superficie à celui du Nil. Le Gange, appelé
« par les indiens *Poudda* (1), prend sa source dans les

(1) En sanskrit, pied.

« montagnes du Thibet ; il reçoit plus de soixante rivières
« égales et plusieurs supérieures à celle du Rhin. A qua-
« tre-vingt lieues de la mer, le Gange se partage en deux
« bras. Nul fleuve de l'ancien continent n'égale le Gange,
« ni par le volume, ni par l'étendue de ses eaux, ni enfin
« par la longueur de sa course : nul n'a de plus beaux ri-
« vages, ne traverse des contrées plus fertiles. C'est vé-
« ritablement sur les bords du Gange que la nature se
« montre dans tout son éclat, dans toute sa variété ; sur
« un espace de plus de six cents lieux, l'œil ne voit que
« de riants bosquets, de vastes prairies, des jardins parfu-
« més, des hameaux pittoresques, des cités populeuses,
« des sites ravissans.

« Nulle contrée n'a une terre végétale plus profonde,
« souvent de plus de soixante pieds. Ce sol si puissant, les
« Hindous le savent cultiver, féconder et souvent en aug-
« menter la végétation par une agriculture sage et ap-
« propriée. La constance des saisons permet de regarder
« les récoltes comme assurées ; quand un laboureur con-
« fie son grain à la terre, il sait ce que la terre lui ren-
« dra. »

Tous les auteurs qui ont écrit sur l'Inde, s'accordent à
représenter ce beau pays sous le même point de vue.
Mais quant à l'habileté et à l'activité de l'agriculteur hindous, il faut admettre, outre les exceptions, ce trait distinctif de toutes les nations qui habitent des contrées intertropicales, la chaleur du climat, l'usage fréquent des
épices, du bétel, de l'opium, le genre d'alimens qui, par
religion, fait rejeter toute nourriture animale, sont des
causes délétères qui influent sur leur tempérament et
leur constitution physique, et ne leur permettraient pas
d'offrir, comme les Européens, dans l'ensemble et dans

l'exécution de leurs travaux, cette force, cette ardeur
que déploient les peuples septentrionaux.

D'ailleurs, pour l'Inde, comme pour tous les pays où la
terre est fertile, où le climat humide offre une heureuse
aptitude à la végétation, ces conditions repoussent l'industrie, qui ne s'éveille, qui ne se développe jamais autant, que lorsqu'elle est stimulée par les obstacles, pressée par l'aiguillon du besoin, par la force de la nécessité.
Au reste, pour l'agriculture comme pour les arts, comme
pour les sciences, le progrès d'amélioration est sinon impossible, au moins rare et difficile. Nous l'avons déjà dit :
dans l'Inde, rien depuis 3,000 ans n'a varié, et les méthodes de cultivation sont ce qu'elles étaient alors qu'A-
lexandre s'en empara. En y entrant, il admira la sagesse
des gymnosophistes, et conçut le projet d'acclimater les
mœurs grecques parmi ces peuples, dont l'inertie déjoua
ses projets de réforme. Il s'écria : j'ouvrirai, je change-
rai cette terre, *hanc ego aperiam terram*, et après un
court séjour, du milieu de ces peuples paisibles, il alla
à Babylone, porter sa tourmentante ambition, à Babylone
où il trouva la mort. Il laissa l'Inde ce qu'elle était, et
pour les hommes et pour les choses.

Dans une telle contrée, les sciences sont stationnaires;
elles sont transmises sans aucune variation. Il n'entre pas
dans notre plan de donner sur l'agriculture de l'Inde des
notions étendues; les matériaux ont échappé à nos recherches, et nous ne pouvons qu'offrir quelques documens
sur cet art.

La fertilité du sol indien ne demande, pour donner les
plus riches produits, que de médiocres travaux. D'ailleurs
il serait impossible d'exiger plus de la faiblesse de ses
habitans. Le riz est d'une culture facile et est l'objet le

plus important de tous ceux que l'on obtient ; une fois les moyens d'arrosement établis et le grain confié à la terre, il ne faut que des travaux interrompus pour obtenir jusqu'à 30 et 40 pour 1 de la semence; d'ailleurs, cette plante n'offre pas de méthode autre que celle suivie en Chine, en Europe et en Amérique. Cependant, pour éviter de fumer les terres qui servent aux rizières, les cultivateurs mettent pendant les chaleurs le feu aux plantes parasites qui y pullulent : les cendres suppléent à l'engrais; la plus grande partie des plantes parasites périt, ainsi que la multitude d'insectes qui auraient pu détruire la récolte. Le laboureur sillonne légèrement la terre à la charrue. La mythologie indienne regarde cet instrument de labour comme un présent de Brahma, et elle est l'objet de leur reconnaissance. Elle porte un soc de seize pouces, et s'élargit vers le talon ; à l'extrémité de la charrue, est un cercle de fer armé de pointes du même métal, et qui sert à briser les mottes que la charrue a soulevées.

L'art avec lequel les Hindous font dériver les eaux, les recueillent, les répandent avec une sage économie, est très remarquable. La terre, sensible aux efforts du laboureur, répond à ses vœux ; souvent trois récoltes en un an et toujours cinq en deux ans, sont la récompense des soins donnés à la culture.

Mais comme la récolte est faite avec une sorte d'apathie trop naturelle à ces heureux habitans, ils sont peu attentifs à prévenir l'ergot du riz qui, comme celui du seigle, produit de terribles effets sur l'économie animale, et plusieurs médecins habiles regardent cette sorte de riz comme la source des maladies endémiques qui, périodiquement, envahissent et engloutissent des peuplades entières, même à Madagascar et à l'île de France.

Après la culture du riz, celle du coton est l'objet principal de l'agriculture indienne. Dans les années ordinaires, le produit de ces deux denrées suffit, non-seulement, à la consommation du pays, mais encore à un commerce intérieur et extérieur assez étendu; car ce sont les Indiens qui sont en possession de fournir du riz à une grande partie de l'Orient, à l'île de Madagascar, à l'Ile de France; et du coton à plus de la moitié du globe.

L'Inde, outre les fruits d'Europe qui s'y acclimatent aisément, en a qui lui sont particuliers. Tous les arbres qui les produisent donnent deux à trois récoltes par an, et il n'est pas rare d'en voir qui, pendant toute l'année, sont couverts à la fois et de fleurs et de fruits, en raison du climat qui leur est si favorable; ils ont une saveur et un goût qu'on ne trouve pas aux fruits d'Europe. Dans l'Inde, l'une des branches la plus importante de l'agriculture, l'arboriculture, est bien simple : la nature a doué cet heureux climat de toutes sortes d'arbres à fruits: de ceux qui, comme le *sapan* ou *vartangui*, s'emploient dans les teintures (1); le *cadou* ou *cadoucaye*, nom indien d'un arbre qui, outre son emploi en teinture, fournit le myrobolan de l'Inde; c'est le nom donné à son fruit par les anciens droguistes (2); le *porchi*, bois compacte dont on se sert en menuiserie, comme de notre orme ou de notre noyer.

---

(1) Le bois du Brésil sur la côte de Fernambouc est préférable au sapan; il est plus riche en matière colorante; il a comme le sapan le nom de bois d'Inde.

(2) Le cadoucaye, quand il est vert, est appelé *pindjou cadou*; dans cet état, il donne à la teinture une nuance plus faible; les Indiens donnent le nom de *cadou pou* à une sorte de noix de galle produite par des insectes; une préparation du cadou est un remède contre les coliques si violentes et si fréquentes sur la côte de Malabar.

Tous les palmiers réussissent dans l'Inde comme dans la Syrie, leur patrie. Enfin, les forêts offrent une foule d'arbres dont les propriétés sont à peine connues. Dans l'Inde, le Myssour surtout, il ne faut, en un mot, que planter une graine, le sol donne un arbre (1).

L'horticulture, quoiqu'elle laisse beaucoup à désirer, est de toutes les parties de la culture indienne, celle qui est la plus avancée; mais les ressources de l'art sont peu invoquées, les changemens de méthodes presque impossi-

---

(1) L'arboriculture ne demande aucun soin de culture et d'entretien, l'Indien n'a que la peine d'abattre ces géans des forêts qui, en raison des qualités précieuses qu'ils ont, font un des principaux articles de leur commerce; on estime qu'il forme plus d'un quart de leurs exportations en Europe et dans les royaumes divers de l'Asie. La botanique agricole, très variée, fournirait une très longue liste de végétaux inconnus; nous nous bornerons à donner les noms de ceux qui sont en possession d'alimenter nore industrie.

Le genre cæsalpinia cristata, de Linnée, fournit le sapan qu'on appelle encore brési.let il, est comme le fernambouc employé en teinture, mais il donne un rouge plus pâle, il est dur et compacte, d'un travail facile et très souvent employé en ébénisterie.

Le bois de caillatour est aussi une espèce de cæsalpinia; il est employé en teinture pour donner le rouge marron.

Le condori appartient à la famille des légumineuses: on l'emploie dans les ouvrages de tour et de marqueterie, sous le nom de bois d'aigle ou d'aloès; on importe une grande quantité d'arbres qui servent à l'ébénisterie et dans la parfumerie, à cause de la propriété qu'ils ont de répandre en brûlant une odeur assez semblable à celle du benjoin.

L'ampel, sorte de bambou qui, fendu en feuilles minces, fournit de charmans ouvrages de vannerie; les Orientaux en font des plumes à écrire.

Le santal rouge, qui sert si utilement dans la teinture rouge des Indes, et le santal citrin, qui est le cœur du santal rouge et le santal blanc sonnaubier, et ses diverses parties, ont chacune un effet particulier dans la teinture; enfin le teck, le plus précieux et le plus répandu des arbres de l'Inde, qui a le privilège d'être le meilleur des bois pour les constructions maritimes; son amertume le rend inaccessible aux vers; nous ne ferons que rappeler les noms des bois de corne fétide ou *caca*, le barixile, le neghas.

bles. Ce que l'expérience des premiers agriculteurs leur a fait rencontrer, est aujourd'hui encore, après deux mille ans, suivi par les Indiens, nos contemporains. Un peuple qui ne mange rien de ce qui a eu, ou peut avoir vie, auquel, dans son régime diététique, le lait, le beurre, les œufs sont interdits, qui est borné aux végétaux pour toutes ressources alimentaires, a dû porter à leur culture quelques soins particuliers; aussi, parmi les herbes qui croissent sans culture, en est-il un grand nombre dont ils usent comme aliment.

Un des faits généraux les plus remarquables, signalé d'abord, il y a plus d'un siècle par les jésuites missionnaires, reconnu vrai depuis par tous ceux qui ont habité l'Inde, c'est la tendance des fruits d'Europe à devenir amers. Cette tendance est surtout très prononcée dans les environs de Calcutta, elle n'a pu encore, malgré tous les efforts de l'art, être corrigée qu'imparfaitement. Mais une des causes locales qui neutralisent le plus les soins et découragent les espérances, c'est la climature : le partage annuel des saisons en temps secs et humides, est un obstacle qui rend très souvent les améliorations impossibles pour la pomologie; car ces amélorations dépendent plus encore de la nature du terrain et de l'action du climat, que des travaux de l'horticulture. Les annales anglaises, les journaux imprimés dans l'Inde annoncent pourtant de grandes améliorations. Nous nous sommes entretenus avec des voyageurs qui, en accordant quelques progrès insensibles, nous ont affirmé que, malgré ces améliorations, la culture, aux Indes, est au-dessous de ce qu'elle était en Europe avant 1600.

Une des causes, peut-être, qui contribue le plus à rendre stationnaire l'agriculture indienne, c'est la division de sa population en castes (1). On sait qu'il y en a quatre : les *brahmes*, les *rajas*, les *veissias* et les *sudras*; ou les *prêtres*, les *militaires*, les *négocians* et les *artisans*. Les sudras, qui est la caste la moins estimée, se subdivise en autant de parties et de subdivisions qu'il y a de professions. Parmi celles-ci, aucune classe n'est plus estimée que celle des laboureurs; mais la loi politique ayant inscrit le cultivateur dans la dernière caste, l'agriculture n'est plus qu'un métier vil et peu honorable.

La création religieuse et politique à la fois, qui sépara et classa les diverses professions chez les Egyptiens et les Indiens, attacha pour chacune d'elles des avantages et des prérogatives qui leur faisaient aimer et respecter leur origine, et leur ôtait l'impossibilité et le désir d'en sortir (2).

Si les laboureurs se soumettent aux trois castes supérieures, ils ont le droit et la prérogative d'être la première subdivision des sudras, et aucun membre appartenant à cette profession, ne pourrait, sans déroger, sans être exclu de la société et réduit à la misérable condition de *paria*, manger avec un Indien de la même caste, mais exerçant une profession inférieure à celle de laboureur, qui est la première chez les *sudras*.

On peut blâmer l'institution qui, au moment de la naissance d'un enfant, s'empare de sa vie entière, fixe invariablement sa destinée, et l'attache à la profession de son père. Cependant cette loi, ce règlement qui classe les

----

(1) Mot tiré du portugais.

(2) L'auteur du système politique et religieux des Indiens, suppose que les brahmes sont sortis de la tête de Brahma, les rajas, ou militaires, de ses bras, les veissias de son ventre, et les sudras de ses pieds; ceux-ci sont condamnés à être travailleurs ou négocians.

peuples, qui, parque les membres de la société, éteint l'ambition, étouffe et fait taire les passions. L'origine des castes se perd dans la nuit des temps ; mais nous croyons le partage des peuples en classes particulières, d'institution divine. Dieu veut-il établir son peuple dans la terre qu'il lui a promise, il ordonne à son serviteur Moïse de diviser son peuple en tribus, d'assigner à chacune d'elles un lieu spécial, de les classer d'après la règle qu'il avait trouvée établie en Egypte. L'héritage ne passait pas d'une tribu à une autre tribu ; les biens de la tribu étaient affectés d'après le partage primitif, entre les diverses familles qu'elle comprenait. (Nombres, ch. 35 et 36.)

La classification indienne est plus rigoureuse que celle qui fut prescrite aux Juifs, et quelque pesant que fût le joug judaïque, il n'excluait point les alliances de tribu à tribu, de famille à familles ; il permettait de suivre ou son goût propre, ou les volontés paternelles dans le choix d'une profession.

Ce qui a pu contribuer au maintien des traditions, à cette fixité de mœurs qui nous surprend chez les Indiens, c'est la multiplicité des prescriptions religieuses et sociales, dont il n'était pas légalement permis de s'écarter, les coutumes qui enchaînaient les actions et dont on ne pouvait s'écarter sans encourir les censures religieuses des brahmes, censures qui sont plus terribles que la mort même. La religion brahminique, par la force des institutions, s'empare de l'homme, s'identifie avec lui, et est plus fortement adhérente que la robe de Nissus, qu'on ne pouvait arracher sans enlever les chairs du héros qui en avait reçu le fatal présent.

Au reste, en donnant ici une haute importance à la force des institutions sociales et religieuses, nous suivons l'avis de *Montesquiou*, *qui regarde avec raison comme une des causes de la perpétuité et de la constance des coutumes chez les brachmes, la multitude des pratiques dont elle est chargée*, et qu'on ne peut omettre sans excommunication.

La classe des sudras se partage encore d'après leurs plus ou moins de capitaux. On trouve dans les annales statistiques de l'Inde, l'indication et le tableau de la population partagée en huit classes, d'après le plus ou moins de capitaux.

La caste des sudras forme les 5/6 de la population ; ils peuvent être partagés en huit classes.

	Maximum.		Minimum.	Rapport à la population, représentée par 100/100e.	
1re	120 fcs.	à	0 fcs.	45	
2e	600	à	120	30	
3e	1200	à	600	10	
4e	2400	à	1200	7 1/2	
5e	4500	à	2400	4	Sur 100
6e	11000	à	4500	2	
7e	24000	à	11000	1	
8e	48000	à	24000	1 1/2	

Ce tableau suffit par la seule inspection, pour détruire le préjugé qui fait regarder l'Inde comme un pays riche. Cette contrée, pour un homme dont la fortune pourrait rivaliser avec l'aristocratie européenne, compte cent mille pauvres dont la misère surpasse celle des Anglais, qui est pourtant la plus hideuse d'Europe,

L'effrayante description de la chaumière indienne, le tableau qu'elle fait de la misère des parias, de l'opprobre et de l'abaissement où ils sont descendus, n'a rien d'exagéré. Ouvrez les mémoires des missionnaires, qui seuls, par ce zèle religieux que le catholicisme seul peut commander et soutenir, ont pénétré dans ces dégoûtans et horribles antres de la misère, et vous y verrez des détails

qui font frissonner d'horreur, et dont le spectacle se renouvelle à chaque pas. Le plus modéré de tous répond ainsi à une dame charitable qui consacrait d'abondantes aumônes pour l'œuvre des missions (1) : « Vous me de-
« mandez d'abord si l'on voit ici, comme en Europe, des
« distinctions de rang. Oui, madame; comme il y a par-
« tout des montagnes et des vallées, des fleuves et des
« ruisseaux, partout, et aux Indes plus qu'ailleurs, on
« voit des riches et des pauvres, des gens d'une haute
« naissance et d'autres dont la naissance est vile et obs-
« cure. Pour ce qui est des pauvres, ils y sont en très
« grand nombre. Une infinité de malheureux sont morts
« de faim depuis quatre ou cinq ans; d'autres ont été con-
« traints de vendre leurs propres enfans, et de se vendre
« eux-mêmes afin de pouvoir vivre. Il y en a qui travail-
« lent toute la journée comme des forçats, et qui gagnent
« à peine ce qui suffit précisément pour subsister ce
« jour-là même, eux et leurs familles. On voit une mul-
« titude de veuves qui n'ont pour tout fonds qu'une es-
« pèce de rouet à filer : on en voit plusieurs autres, tant
« hommes que femmes, dont l'indigence est telle, qu'ils
« n'ont pour se couvrir qu'un méchant morceau de toile
« tout en lambeaux, et qui n'ont pas même une natte pour
« se coucher. Les maisons des paysans d'Europe sont des
« palais, en comparaison des misérables taudis où la plu-
« part de nos Indiens sont logés. Trois ou quatre pots de
« terre sont tous les meubles de leurs cabanes. Plusieurs
« de nos chrétiens passent les années entières sans venir
« à l'église, faute d'avoir la petite provision de riz ou

------

(1) Lettre du père Bourzès à madame la comtesse de Soudé; lettre édifiante, *mémoire de l'Inde*

« de millet nécessaire pour vivre durant le voyage. »

Telle est la position des sudras appartenant à la classe des laboureurs, c'est-à-dire, la position des plus riches de cette caste, qui, comme nous l'avons dit plus haut, forme à elle seule les 5|6 de la population indienne.

L'imprévoyance, caractère des peuples dont la civilisation tient au type religieux, qui, à l'exception des observances rigoureuses d'une foule de pratiques minutieuses, leur laisse sur tous les grands intérêts sociaux et privés, une apathie qui ne se comprend pas dans notre Europe, où nous vivons, autant dans le présent que dans l'avenir.

Nous allons terminer par un exposé rapide des évènemens qui ont caractérisé, après les conquêtes des Européens, l'esprit qui a présidé à la politique depuis 400 ans.

Après avoir franchi le cap de Bonne-Espérance, les Portugais tournèrent toutes leurs vues sur l'Inde, et pendant plus d'un siècle, quoique la puissance la plus faible de l'Europe, cette nation soumit et maintint sa domination, sans rencontrer aucun obstacle. Mais une bulle du pape, dont l'autorité dans ces temps était incontestable, les mettait en possession de toutes les contrées qu'ils pourraient prendre sur les peuples païens et infidèles. A l'abri de ce titre, ils demeurèrent paisibles dominateurs de cette grande partie de l'Asie, jusqu'à ce que la révolte des Pays-Bas eût fait perdre à Philippe II ces provinces. Les Hollandais alors se dirigèrent vers l'Inde, et y établirent une puissance rivale. Les Anglais, après le schisme de Henri VIII, voulurent aussi commercer dans ces riches contrées. Stephens, l'intrépide Dracke, Cavendish surtout, en 1588, ouvrirent aux Anglais la route des Indes-Orientales. Les prises faites sur les Espagnols et les Portugais éveillèrent la cupidité des Anglais. Ils appréciaient

toutes les ressources en or , en riches marchandises et en
épices que leur pourrait procurer leur commerce avec les
Indiens. Mais l'époque qui peut être regardée, comme
ayant eu le plus d'influence sur les destinées commerciales de la Grande-Bretagne , ce fut l'établissement d'une
compagnie privilégiée , autorisée à exercer le monopole
du commerce de l'Inde. La charte en fut octroyée en 1599
par la reine Élisabeth.

Nous ne suivrons pas toutes les phases heureuses ou
malheureuses qui successivement entourèrent le berceau de
la compagnie des Indes , et qui ensuite la conduisirent par
la main à la fortune la plus inouïe et la plus prodigieuse
que jamais ait pu espérer une association de marchands.
Mais une circonstance que nous croyons devoir signaler ,
est, sous le règne de Charles II , en 1668, l'introduction
du thé, aujourd'hui l'une des branches la plus productive
des revenus de la couronne et des importations de la compagnie.

C'est de 1766 que date la puissance militaire des
Anglais, et leurs possessions dans l'Inde , et le traité qui
alors les déclara possesseurs du Bengale, de Babar et d'O-
rissa, a été le premier échelon de leur puissance. Tout le
monde connaît les scandaleuses fortunes faites sous la fa-
meuse administration d'Hastings, le résultat du bill proposé par Fox , admis par les communes , rejeté par les
lords , et qui amena la destitution du ministre. Ce fut dans
ces circonstances que Pitt fut placé à la tête des affaires.
Ce serait encore nous écarter de notre but, que de suivre
les succès de cette compagine contre Hyder-Aly et contre
Tippoo-Saëb.

Cependant , malgré tout l'éclat de tant de succès, malgré les trésors de Seringapattnam , malgré la riche proie

trouvée dans Delhi, cette antique capitale du Mogol, les dettes surpassèrent les profits, et les dépenses d'administration étaient supérieures aux recettes que la compagnie obtenait. En 1814, frappé de ces graves inconvéniens, le gouvernement, en laissant la puissance et la suzeraineté du territoire à la compagnie, crut que la liberté de commerce dans l'Inde, pouvait seule remédier à cette situation. L'affranchissement du commerce augmenta le mouvement commercial, mais il n'offrit pas tous les avantages que le gouvernement anglais en avait espérés. Les dettes, les embarras de la compagnie furent les mêmes, peut-être plus grands encore. Jamais exemple plus mémorable n'a été donné pour démentir l'axiôme que le mouvement du commerce est sa vie, et prouver que les gains sont en proportion ou de la production, ou des mouvemens imprimés au trafic.   -

Aujourd'hui, les pouvoirs de la compagnie sont resserrés dans les limites politiques ; elle administre, elle gouverne, elle perçoit à son profit des impôts dont la plus grande partie sont employés pour les frais qu'entraîne l'administration, le luxe. Le besoin qui fait entretenir une armée permanente de 225,000 hommes, dont 40,000 Européens, absorbe tous les produits et réduit à un état presque négatif le profit, pour l'Angleterre et sa prospérité, le développement de forces et d'activité qu'elle effectue dans l'Inde.

Quant à l'agriculture, le bon sens des gouverneurs leur a fait penser que, si l'on peut attendre quelques moyens de prospérité, c'est du sol et non du commerce qu'il les faut espérer ; que celui-ci est dans cette situation ; le commerce maintenu et même AMÉLIORÉ, ne peut qu'être d'un faible poids pour le bien-être de la mère-patrie ; que

PERDU, il n'y a plus d'ANGLETERRE, qu'ainsi ce commerce n'a d'avantage pour la Grande-Bretagne, que de masquer son inutile insuffisance, et peut-être de retarder l'*anéantissement* de ce pays. La position des particuliers est meilleure, et pourtant les hommes qui y prospèrent sont dans le rapport de 1 sur 20 (1).

Au moment même où nous écrivons, un fait grave révèle la manière différente dont l'agriculture et l'industrie influent sur un peuple. Les Américains et les Indiens sont plus que le reste du monde la population consommatrice des manufactures de Liverpool et de Manchester; mais cette industrie, en exagérant pour l'Amérique l'activité de ses productions, n'a pu vendre qu'en accordant des délais, et en livrant contre des remises américaines à longs termes.

---

(1) Il faut cependant rendre justice à l'administration de la compagnie anglaise des Indes orientales; depuis qu'elle n'est plus occupée d'intérêts, elle tourne ses efforts vers l'agriculture; la culture du sucre, du coton, de l'opium, des plantes tinctoriales et textiles; étendre l'instruction, l'encourager, distribuer avec sagesse des sociétés scientifiques et littéraires, s'occuper des recherches sur les monumens antiques et l'étude des langues vivantes, les lois, de la jurisprudence, recueillir les connaissances physiques et chimiques mises au niveau des connaissances européennes, sont un véritable bienfait pour l'Inde, si c'est un bien pour elle de nous ressembler.

Au reste, ces institutions ne répondent à aucune des sympathies indiennes; écoutons Malcolm.

« L'administration a trop de rouages, ils se nuisent en fonctionnant en « sens inverse les uns des autres; le mouvement est trop compliqué, les « ressorts trop nombreux; les pouvoirs mal distribués se nuisent, se contra- « rient, se paralysent; chaque localité sous divers prétextes, et dans des « circonstances spéciales se peut soustraire à la prépondérante autorité du « gouverneur-général sans une action plus concentrée du pouvoir; Il n'y « aura bientôt plus de moyens au gouvernement britannique de conserver « ses possessions de l'Indoustan. »

La difficulté d'escompter à Londres a encombré la place de valeurs exagérées : celle de la réalisation sans cesse croissante, a paru avoir la menace d'une crise commerciale qui pouvait étouffer et l'industrie et le commerce. Les secours des banques de New-Yorck et de Londres ont fait échapper pour cette fois à un danger presque inévitable ; mais que de motifs de crainte de voir le péril se remontrer avec toute la recrudescence d'une fièvre qui doit être funeste au malade qu'elle a épargné une première fois. Supposons que la crise eut été complète et eut acquis tout le développement qu'elle peut avoir. Liverpool et Manchester ruinées eussent entraîné pour le commerce et l'industrie une perte entière ; toute la terre d'Angleterre eut été comme sillonnée par la foudre ; tout l'échafaudage du crédit anglais renversé, n'eut laissé à un peuple au désespoir que la force de s'entre-déchirer et celle de maudire le système d'ambition qui l'a déçue si long-temps et qui l'anéantit.

Il est impossible que la facile possession de l'Inde ne tente pas quelqu'ambition. La défaite des forces britanniques est mathématiquement calculable, et en perdant la puissance, elle est privée de la consommation des peuples, qui, forcément aujourd'hui, reçoivent des produits en coton manufacturés, que pendant des siècles ils ont été en possession de fournir à l'Europe et à l'Asie.

Pendant que la Grande-Bretagne subira la nécessité que la cruauté et le délire de sa politique lui auront imposée ; pendant qu'elle flottera incertaine entre les accès et les emportemens révolutionnaires dont elle sera le jouet, l'Amérique, vu son immense territoire, cultivera autour d'elle les principaux moyens d'aisance qu'elle peut espérer, et moyennant l'échange du surplus de ses produits

agricoles, se procurera ceux qui lui manquent. Pour elle,
l'agriculture est tout, et avec elle, elle résoudra le problème de procurer à ses enfans le plus de bien possible,
en évitant les maux attachés à la manie de l'industrialisme
qui tourmente la civilisation européenne. — Quant à l'Inde, elle n'échappera au machiavélique despotisme qui
pèse sur elle, que pour subir les capricieuses volontés de
nouveaux maîtres; mais son apathie, mais son fatalisme;
mais sa métempsycose qui lui montre au-delà de la vie une
incorporation, une transformation, une vie nouvelle; mais
sa patience et sa courageuse résignation lui resteront, et
dans mille ans encore, peut-être, malgré la domination
d'un jour de l'Angleterre, malgré ses efforts éphémères
et infructueux, elle sera ce qu'elle a toujours été, une
nation vaincue qui est supérieure à ses maîtres, qui conserve ses doctrines erronées, malgré les efforts employés
pour l'arracher à elle-même et à ses préjugés. Les doctrines, dans l'Inde, s'identifient, s'éternisent avec les peuples : les temps n'y peuvent rien.

§ — LIX.

Nous allons pénétrer dans la Chine agricole comme dans une forêt épaisse, où, parmi les ronces et les arbustes piquans nous découvrons, par intervalles, ces troncs à demi-rongés qui portent l'empreinte des premiers siècles du monde, et ces arbres chenus que la faulx du temps a respectés, et sur lesquels nous pouvons encore supputer le nombre d'années qu'ils ont vécu.

Mémoires de la Chine, t. 2.

La population est si pressée en Chine, qu'on a eu raison de dire que c'est une ville de 1500 lieues de circuit.

AMIOT.

Les hommes, dit un sage philosophe chinois, n'ont pas formé des sociétés pour disputer et controverser, mais pour s'entr'aider à se procurer leurs besoins..... Le plébicisme de la médecine qui semblerait le plus à la portée du plus grand nombre serait funeste. Il en est du corps politique de l'empire comme du corps humain, les pieds et les mains ne doivent pas voir.

HIN-LIEN, philosophe chinois.

Les nations arrivent et passent, les noms retentissent et se perdent, les fortunes brillent et s'éteignent, les empires se fondent et disparaissent ; c'est un jeu rapide et perpétuel de cette fortune qui, comme l'a dit le Dante dans de beau vers, déplace d'intervalle en intervalle les grandeurs de la terre, les transporte d'une race à l'autre, malgré les impuissantes résistances des volontés humaines, et fait qu'une nation commande et qu'une autre succombe, conformément à des décrets aussi mystérieusement cachés que le serpent sous l'herbe.

IMITATION DU DANTE.

En lisant le magnifique alinéa où, M. de la Tour-du-Pin, pour s'opposer aux hommes qui, comme nous, croient à l'impossibilité de créer, pour le monde entier, une civilisation croissante, une marche progressive, un

bonheur d'autant plus grand que les lumières sont plus répandues ; nous nous sommes trouvés surpris de voir dans
l'exposé des doctrines , qu'il prétend réfuter , l'expression
même de nos sentimens les plus intimes ; nous les avons
appuyés de l'autorité de l'histoire en montrant l'Inde stationnaire, tant sous le rapport matériel qu'intellectuel ;
une autre nation de l'Orient, la Chine , va nous venir en
aide et prouver que , par la force de ses mœurs , elle est
parvenue au même degré de stabilité , au même but, celui
de façonner les hommes qui, tour à tour , pèsent sur son
sol , de manière que la fusion de leurs mœurs avec des
coutumes étrangères fût impossible ; et les habitans de
ce vaste royaume , grâces aux institutions fortes de leurs
premiers fondateurs , sont aujourd'hui ce qu'étaient leurs
ancêtres, il y a trois mille ans. Les hommes ont passé, les
générations, se sont succédées , tandis que ce peuple, contemporain des Egyptiens du temps de Sésostris , que
cette nation qui florissait lorsque Babylone imposait des
lois à l'Asie occidentale , est demeurée de bout. Elle a vu
tomber tous les colosses de la terre , et , comme l'Inde ,
elle a échappé à toutes les révolutions morales qui ont
cherché à renverser ses institutions. Il y a pourtant eu ,
entre les Indiens et les Chinois, cette différence que les
Indiens , plus indifférens aux occupations diverses des
conquérans qui ont envahi l'Inde, ont , au milieu d'eux
laissé leurs dominateurs s'agiter sans résistance, sans cette
servilité qui flétrit les nations vaincues , assurés de leur
survivre , ils se sont tenus en arrière et se sont dit :
encore un jour et nos tyrans ne seront plus.

Les Chinois n'ont pas été moins habiles dans leurs
maximes de conduite , ils ont forcé leurs maîtres à adopter
les doctrines religieuses et politiques de leurs sujets, les

ont contraints à continuer les rois qu'ils venaient de sub-
juguer ; les Tartares ont toujours, comme les Romains,
laissé aux peuples qu'ils ont soumis *leurs dieux et leurs
mœurs*; ils ont plus qu'eux pris leurs mœurs et leurs rits. La
puissance de leurs institutions, il faut le reconnaître , est
au-dessus de celle que procurent les armes ; cette puissance
morale adhère chez eux si opiniâtrement aux hommes ,
elle est tellement en harmonie avec la nature du peuple
qui s'y soumet, qu'elle rend impossible toute perfection ;
car les lois chinoises répondent à tous les besoins, s'har-
monisent tellement avec toutes les passions nobles qu'elles
rendent tout changement impossible , tout progrès chimérique. Là, le corps social est pour toujours ce qu'il fut,
y a quarante siècles. Lisons maintenant le paragraphe
annoncé plus haut, nous y répondrons par l'histoire de
l'agriculture chinoise qui est, pour eux, l'élément de tout
l'édifice social et politique de ce vaste et puissant empire.
Force, religion, mœurs, science, en Chine, tout dépend
d'une direction agricole, tout est agriculture.

« Ouvrez le annales des nations, et vous les verrez
« toutes se former d'abord, passer ensuite à travers une
« barbarie momentanée, jeter un éclat plus ou moins vif
« dans leur maturité ; puis en vieillissant pâlir, entrer
« dans une inévitable décadence; enfin tomber en disso-
« lution. Si, lorsque vous regardez dans le passé, vous ne
« pouvez découvrir un seul peuple qui ait échappé à
« cette loi, vous voilà forcé de conclure que les peuples
« de l'avenir passeront par les mêmes phases, c'est-à-
« dire, perdront sur leur déclin tous les résultats des
« conquêtes physiques et morales de leur virilité. »

« Où en est maintenant l'Asie? elle qui tint le sceptre
« du monde quand il sortit du berceau; qu'est devenue

« cette Grèce si vivace, si magnifiquement douée ? Nom-
« mez les artistes, nommez les poètes ou les grands
« hommes qui fleurissent aujoud'hui sur cette terre si
« riche autrefois d'héroïsme, d'art et de poésie; sur
« quelle nation subjuguée, Rome, la toute puissante, fait-
« elle peser aujourd'hui l'ignominie de ses faisceaux?
« quel roi va chanceler sur son trône au bruit des foudres
« du Vatican? qui parle de Gênes? qui s'occupe de Venise?
« ces antiques dominatrices des mers. Voyez-les perdre
« dans leur décadence tout ce qu'ils avaient acquis durant
« le cours de leur période ascendante, et puis venez nous
« parler de progrès. »

Quand dans l'âge présent le mysticisme a substitué ses
obscurités aux théories de l'athéisme, il a voulu consoler
son siècle des douleurs présentes par l'espoir d'un avenir
améliorateur, les législateurs de l'Asie, ceux de la Chine
surtout, ont mieux conçu la sainteté de leur mission.
Ils n'ont pas seulement compris leur siècle, mais les
siècles futurs. Ils ont pétri leurs peuples, les ont façonnés
à leurs lois. Il n'ont pas voulu jeter les fondemens d'une
législation spéciale, ils ont isolé leurs peuples, et puis
ils leur ont donné des lois qu'ils ont identifiées avec les
hommes qui les devaient exécuter. Ainsi les lois con-
venaient aux peuples, et les peuples aux mœurs.

« Soit dispersés, soit rassemblés en corps de nation,
« les Asiatiques sont ce qu'ils étaient, il y a quarante
« siècles, le Guèbre suit les pratiques de Zoroastre, le
« culte actuel de Brahma est la doctrine des Brahmes
« anciens; mais le Guèbre est séparé, dispersé et quel-
« ques hommes de cette antique religion vivent comme
« isolés au milieu des autres nations; mais l'Inde a été
« vingt fois conquise et vingt peuples se sont venu joindre

« au peuple primitif. — La Chine offre un tout autre
« spectacle, cet empire, depuis quatre mille ans, est
« resté ce qu'il était, tout a été bouleversé sur la terre, il
« est resté debout. Ailleurs tout est débris, tout montre
« des ravages, des décombres ; cet empire seul est de-
« meuré intact, on dirait, en voyant les faibles muta-
« tions qu'il a éprouvées, que sont sort soit attaché à
« celui du globe et qu'il ne doit périr qu'avec lui (1).

Vingt fois la Chine a changé de maîtres, et c'est elle
pourtant qui a imposé aux nouveaux dominateurs l'empreinte de ses coutumes, le type de ses mœurs ; ils ont
suivi les lois de leurs sujets, qui, à leur tour, soumirent
les vainqueurs ; mais, ce n'est qu'après avoir essayé de
lui imposer les leurs. — On n'a que des conjectures sur
les commencemens de l'empire chinois, sur l'origine de
ses habitans, le père Amyot pense que ce fut des plaines
de Sennaar que partit la colonie qui, la première, peupla la
Chine. Les traditions nous apprennent que les premiers
habitans ne rencontrèrent que des bois qu'ils abattirent
d'abord ; des forêts qu'ils brûlèrent ; en faisant ensuite
servir les cendres comme engrais. On regarde généralement en Chine comme probable l'opinion qu'avant les
temps historiques les Chinois aborigènes s'adonnaient
au pâturage et qu'ils tenaient leurs troupeaux dans l'été
sur les revers des montagnes d'où, ils descendaient ensuite
dans les plaines, pendant l'hiver.

La méthode de cultiver les terres ne prévalut, en
Chine, que lorsque le lait et la chair des troupeaux ne
suffirent plus au besoin de de la population, ou bien quand
un peuple cultivateur s'empara du pays.

---

(1) Garat.

Ce point de départ de l'agriculture qui fut la vie pastorale, comparé avec le préjugé qui flétrit l'état de pasteur, seulement pour les provinces qui ne sont pas vosines de la muraille de la Chine, ne peut s'expliquer que par la haine que les Chinois ont pour les étrangers, et l'horreur qu'ils professent pour les mœurs de ces peuples nomades qui viennent si souvent troubler leur tranquillité.

Ce qui doit frapper les Européens d'étonnement, c'est de retrouver dans le Chi-King, l'un de leurs plus anciens livres classiques, la mention des usages qui, aujourd'hui, forment l'ensemble des mœurs de la nation. Dès ces temps reculés on voit figurer parmi les instrumens aratoires le semoir qui a tant de peine à se naturaliser en Europe, et alors il n'était, comme aujourd'hui, employé que pour les terres légères, les terres fortes étaient semées à la volée et à la main.

Douze cents ans avant l'ère chretienne, les terres étaient partagées en trois cercles concentriques; l'habitation formait le centre; autour, suivant l'importance de la propriété, régnait un cercle, plus ou moins grand, cultivé avec les cinq grains; ces champs labourés étaient entourés par une bande circulaire, destinée à la culture des légumes; enfin, le dernier cercle, qui était le plus grand et renfermait les deux autres, était consacré à la nourriture des bestiaux et formait des pâturages (1).

Il n'est pas du ressort de notre ouvrage de porter nos regards sur les premiers empereurs de la Chine, de cher-

---

(1) Les Chinois ont plusieurs espèces de bêtes à laine inconnues en Europe; quelques-unes à queue plate, d'autres à queue de cheval, une est assez forte pour être employée à traîner les fardeaux comme nos mulets; elle a une bosse sur le dos.

cher à pénétrer dans les obscurités de son histoire, afin
de démêler la vérité au milieu des traditions fabuleuses de
ses annales primitives; faut-il, remontant à 2,400 ans
avant l'ère chrétienne, regarder Fo-Hi comme celui qui
civilisa les Chinois, leur donna des lois, imposa des noms
aux familles, créa les signes symboliques qui peignaient la
pensée.

Son successeur, Chin-Mong, enseigna-t-il le premier
les lois du labourage, fut-il le créateur de la médecine,
donna-t-il ces anciennes prescriptions qui portent son
nom; enfin, fut-il l'inventeur du commerce en établissant
les marchés publics, en réglant les transactions commerciales?

Hoang-Ti partagea l'année en saisons, en mois, créa le
calendrier, apprit à ses sujets les règles de l'architecture,
de l'art militaire; sut distinguer la chenille qui produit le
ver à soie, fit le premier filer son produit, inventa l'art
de teindre et de tisser, soumit les bœufs à la charrue, et
les sut employer pour les transports, et par conséquent,
fut le premier bienfaiteur de l'agriculture. Omettant les
faits intermédiaires entre *Fo-Hi* et *Yu*, nous ne com-
mencerons à partir que du règne de ce dernier contemporain d'Abraham.

Une importante question pour les archéologues orienta-
listes, serait sans attrait pour nous, c'est celle de savoir
si les Chinois sont une colonie d'Egyptiens (1), de Chal-

---

(1) Voici l'opinion du missionnaire de la Chine, le célèbre père Amiot,
sur la question de savoir si les Chinois sont une colonie d'Égyptiens.

« J'appelle caractéristique d'une nation les marques auxquelles on la peut
« distinguer de toute autre nation; ainsi ce qu'elle a de particulier dans
« le culte religieux, dans les lois fondamentales, dans les cérémonies poli-

déens, ou seulement d'Indiens, que des malheurs publics auront forcés d'aller s'établir dans les pays occidentaux. Les objets dignes de notre méditation sont : 1° L'action providentielle qui imprime au mouvement initial , lors de la fondation d'un état, une direction qui se reproduit dans tous les âges et dont il ne s'écarte jamais ; 2° Cette prévoyance bienveillante pour les premiers jours de la Chine, lui donna une suite de princes dont les actes ont laissé à leurs lois ce cachet de permanence qui éternisera cet empire. Ainsi nous citerons les lois de **Y-Ao** , de Yu et de Xun, qui ont créé l'agriculture et l'ont réglée avec tant de sagesse, que le temps a peu ajouté à leurs premiers documens, et ils sont encore aujourd'hui invoqués comme ayant prescrit tout ce qui doit régler les travaux actuels. Heureux instinct qui sut deviner les méthodes que l'expérience des siècles respecte et que l'innovation tenterait en vain de changer.

Y-Ao aima son peuple , il fut le modèle que les empereurs chinois se proposent de suivre ; il aima ses sujets plus que sa famille, il exclut ses enfans du trône parce qu'ils n'avaient aucune des qualités qui font les bons rois ; il choisit Xun pour lui succéder. C'était un simple laboureur, digne du trône sur lequel Y-Ao le plaça à ses côtés, en le faisant son gendre. Ils régnèrent conjointement vingt-huit ans , et ne rivalisèrent que de vertus. Sous le règne de Xun, l'agriculture fut honorée, et les laboureurs respectés.

« tiques et civiles, dans les habillemens, dans les jeux, dans le commerce, dans les cérémonies funèbres, dans les poids et mesures. »

De ces divers points de comparaison qu'il établit, le pieux missionnaire conclut que les Chinois n'ont pas eu les Égyptiens pour auteur de leur population, qu'ainsi il n'y a pas eu de colonie égyptienne qui ait peuplé la Chine.

Yu , qu'il associa de son vivant à l'empire, marcha sur ses traces ; sous son règne, on inventa le vin de *riz* ou *arack* ; Yu en goûta, il sentit le danger, prévit les désordres que ce breuvage pouvait causer, et fit une défense qui ne fut pas même suivie sous son règne , de boire du vin de riz (1). Sous le règne de Ling , environ six cents ans avant J.-C., naquit Con-fu-tsée, surnommé Confucius dans nos langues européennes. Homme public, il porta tous ses soins vers l'agriculture.

Les auteurs classiques de la Chine ne sont pas d'accord sur le nombre de dynasties qui ont successivement gouverné la Chine, mais depuis celle de Xun , la suite chronologique des rois est bien suivie et ne laisse pas de lacune, et comme *Xun* vivait du temps d'*Abraham* , c'est-à-dire environ 2000 ans avant J.-C., nous pourrions donner cette longue série de rois dont la plupart n'ont laissé que peu de traces de leur histoire ; nous n'offrirons que quelques traits sur ceux qui ont mérité la reconnaissance de l'agriculture. Nous avons déjà mentionné les services de Fo-Hi, de *Chun-Ti*, de *Xun* et de *Hoang-Ti*, qui apparaissent avec les temps historiques ; parmi ceux qui figurent comme bienfaiteurs de l'agriculture , on célèbre *Chin-Nong* et *King-Ki*. Ce dernier fut le père de ses peuples ; il encouragea les défrichemens, fit connaître le travail que réclamait chaque saison , fut si aimé que la postérité, pour honorer sa mémoire , lui donna le titre d'*Esprit des Graines*.

Tous les règlemens relatifs à la police rurale furent promulgués sous l'empereur *hoang Ti-anq-hi* par les conseils de son habile ministre *Kou-Lang*. Ce vertueux manda-

---

(1) On l'appelle rack sur les marchés européens

rin mérita par ses services le titre d'*Esprit des Grains*. —
2,615 ans avant J.-C., on inventa les instrumens encore
actuellement en usage pour moudre les grains; dix ans
plus tard, Hoang-Ti créa l'industrie qui a tant servi les
intérêts commerciaux de la Chine; il sut tirer parti des
mûriers et des vers à soie (1). Ce fut sous son règne qu'elle
fut filée, et qu'on apprit l'art de tisser les étoffes; ce fut
encore sous le règne de Hoang-Ti qu'on établit les distinctions de hameaux, de villes et de villages.

Ces divers services furent récompensés par le titre
d'*Esprit des mûriers et des vers à soie*, nom sous lequel sa
mémoire est honorée par ce peuple idolâtre.

Trois cents ans plus tard, deux mandarins furent chargés de rendre fertiles d'immenses landes; ils creusèrent
des canaux, y dirigèrent les eaux nuisibles, écobuèrent les
terres en incinérant les herbes et les plantes dont les terrains étaient couverts. Cet essai d'écobuage réussit, et la
terre devint féconde; cette date qui est celle du déluge,
est celle où *Chun* et *Y* firent cette opération. On replanta
les cinq grains qui servent à la nourriture de l'homme.

Après avoir recueilli les données que nous avons trou-
vées éparses, sur l'origine de l'agriculture et sur l'antiquité des pratiques des Chinois dans cet art où ils excellent, nous nous contenterons de rapporter quelques traits
qui peuvent faire sentir l'importance dont jouit l'agriculture chinoise. — Les premiers rois favorisèrent tous l'agriculture, et dès l'origine de la monarchie, mirent en vigueur
cette série de maximes qui font la base du gouvernement,
et que la morale chinoise a formulée dans cette maxime :
L'empereur est la mère de ses peuples, et doit comme elle vel-

______

(1) Nous avons consacré une appendice à cette industrie.

ler à la nourriture de ses enfans; ce soin est le premier devoir du prince. Il y a quatre mille ans que, sans être guidés par les principes bâtards de l'économie politique, les empereurs en Chine ordonnèrent la division des terrains en neuf classes. Dès lors, des greniers publics resserraient le blé surabondant et le tenaient prêt pour les temps de disette, et comme dans un pays plus peuplé que l'Europe, avec les deux tiers de la superficie de cette partie du monde, il doit toujours y avoir des provinces où la récolte manque, l'administration y pourvoit en vidant les greniers et en dirigeant le riz et les grains là où le besoin se fait sentir.

Voici quelques traits qui prouveront toute la sollicitude des souverains de la dynastie actuelle, et leur désir de marcher sur les traces des premiers empereurs, et d'honorer comme eux l'agriculture.

Hong-Von, accompagné de son fils, visitait quelques provinces du céleste empire pour connaître les besoins de son peuple, tout à coup, il s'arrête au milieu d'une campagne où des laboureurs conduisaient une charrue, et adresse à son fils ces mots : « Apprenez à ménager des « hommes si estimables, et quand vous règnerez, gardez- « vous de les écraser d'impôts. »

L'empereur, chef de la famille des *Tang*, avait pour maxime que s'il y avait un homme qui ne labourât pas, ou une femme qui ne s'occupât pas à filer, autant d'hommes ou de femmes étaient prêts à mourir de faim. Ce même empereur, ayant reçu des échantillons de mines, les fit fermer, ne voulant pas fatiguer ses sujets par des travaux qui ne nourrissaient pas, qui ne vêtissaient pas.

Qui ne serait attendri en lisant les instructions que donnait l'empereur *Kang* en envoyant son frère *Fong* en

possession d'une principauté : « O mon cher *Fong*, lui
« dit-il, ayez pour le peuple des entrailles de père,
« que ses infortunes soient des plaies pour votre cœur.
« Tien (1) est bien redoutable, mais il aime et protège les
« hommes ; usez des châtimens comme le médecin des
« remèdes ; soyez avare de punitions comme une mère
« l'est des châtimens envers ses enfans ; soyez aimé, et
« les peuples se plieront d'eux-mêmes aux devoirs. »

Nous ne pouvons pas passer sous silence, malgré qu'ici
la mention que nous en faisons ait précédé le temps auquel nous sommes arrivés, le gouvernement si sage de
Ouen-Ty qui, pendant son long règne, fit fleurir l'agriculture et procura à ses peuples l'abondance et les bienfaits
d'un gouvernement modéré. Il rétablit la fête du labourage (2). Ce prince, qui vivait quinze siècles avant J.-C.,
inventa le papier de bambou.

---

(1) Le ciel, Dieu, l'être des êtres.

(2) Tous les ans, au mois d'avril, l'empereur fait la cérémonie du labourage. Un champ est choisi, il s'appelle *kenso*; il est partagé en plusieurs portions que les princes et les grands doivent labourer ; elles sont
marquées par des tablettes rouges. Les boîtes pour les grains, la charrue,
tous les instrumens du labourage y sont apportés. Un sacrifice est offert,
l'empereur quitte ses habits de cérémonie, les princes, les grands, qui
doivent labourer après lui, les quittent aussi ; on présente avec le plus
grand appareil la charrue, le fouet ; les mandarins qui en sont chargés le
font à deux genoux ; l'empereur ouvre le sillon, après avoir frappé la terre
du front, et adressé au ciel une courte prière, puis deux vieillards conduisent les bœufs, deux laboureurs soutiennent la charrue ; au premier mouvement, tous les grands déploient des étendards, les orchestres font retentir
les airs de chants au son des instrumens de musique.

L'empereur laboure trois sillons ; quand il les a finis, il bénit la terre et
la musique s'arrête ; l'empereur prie avant de rentrer dans son palais ; après
avoir repris son costume impérial, il ordonne de continuer ; trois princes
alors font chacun neuf sillons, neuf grands ensuite en font neuf ; après
quoi tous les assistans, saisissant chacun un instrument de labourage, se

L'âme tout entière de ce prince, son amour pour ses peuples, respirent, dans l'édit qu'il publia en forme de circulaire pour prescrire aux mandarins le soin qu'ils doivent apporter pour exciter les laboureurs au travail. « Il y a des terres qu'on néglige parce qu'elles sont com« munes, cependant, elles sont si nécessaires, que le père « des peuples y doit donner ses soins principaux, plus « qu'aux bonnes qui sont toujours recherchées. L'appli« cation d'un mandarin doit être d'exciter les laboureurs « à en entreprendre la culture ; quand le temps est venu « de labourer, d'ensemencer, le mandarin vigilant sort de « la ville, visite les campagnes ; quand il trouve des « terres bien cultivées, il honore de quelques distinctions « celui qui les a travaillées. Au contraire, il couvre de « confusion le laboureur indolent dont les terres sont né« gligées ou en friches. Quand on a su profiter du temps

---

mettant a genoux à trois fois, frappant à trois fois la terre de leurs fronts, remercient l'empereur. Tous les laboureurs, tous les vieillards finissent de labourer le champ ; quand cette opération est terminée, on avertit sa majesté que la cérémonie du labourage est achevée, et il reprend la route du palais.

Tous les ans, le même jour, dans chaque province, a lieu la même cérémonie. Le gouverneur sort de son palais avec un cortège nombreux ; il sort par la porte orientale, allégorie qui semble dire qu'il va au-devant du printemps ; partout, les rues sont jonchées de fleurs, les murs des maisons sont ornées de riches tapisseries ; le soir commence la fête des lanternes ; ces fêtes qu'il n'est pas dans notre plan de décrire, sont encore en l'honneur de l'agriculture, et on y révère les images de ceux qui par leurs exemples, leurs écrits, en ont étendu le bienfait.

Qu'il est beau le rôle de l'empereur de la Chine le jour de la fête des vieillards. Dans la capitale, après avoir partagé avec les plus anciens de Pékin un festin splendide, il se lève, boit en l'honneur des vieillards de son empire, et puis il passe la coupe où il a bu au plus ancien ; il ordonne à tous les gouverneurs des districts de célébrer une semblable fête.

« des semences, la récolte est un temps de joie et d'abon-
« dance; le peuple éprouve alors que ceux qui le gouver-
« nent sont attentifs aux besoins de l'État; c'est ce qui
« le soutient dans un rude travail. Un ancien a bien dit :
« visitez les campagnes au printemps , aidez ceux qui ne
« sont pas en état de les cultiver ; c'est là une manière
« excellente d'animer les gens au travail. Suivant cette
« maxime, un mandarin, qui est le pasteur du peuple ,
« voyant qu'un laboureur n'a pas de quoi avoir un bœuf
« pour cultiver son champ et qu'il manque de grains pour
« l'ensemencer, lui avance l'argent nécessaire et lui four-
« nit des grains, puis en automne, quand la récolte est
« faite, il se contente de prendre ce qu'il a avancé , sans
« exiger aucun intérêt. Cette conduite lui attire les plus
« grands éloges , on l'appelle avec complaisance le père
« du peuple ; on goûte le plaisir d'avoir un magistrat
« charitable ; le laboureur n'épargne point sa peine , les
« campagnes deviennent un spectacle agréable aux yeux;
« dans les hameaux, femmes et enfans partout comblent
« le mandarin de bénédictions. »

Les jours de calamité sont un temps d'épreuve, plus
encore pour les princes que pour les autres hommes;
c'est alors que l'amour des rois pour les peuples qui leur
sont confiés , se déploie tout entier : quand pour une population aussi pressée que l'est celle de la Chine , qui est
relativement aux contrées les plus peuplées d'Europe,
dans les rapports de 5 à 2 : si une famine vient désoler les
provinces de ce vaste empire, rien ne peut peindre l'excès
des souffrances. La mère abandonne sa fille ; le père vend
sa famille, la réduit en esclavage. Les herbes dont on se
nourrit pour assouvir la faim occasionent des maladies
qui moissonnent la population, la déciment entièrement;

c'est alors qu'on peut juger la sollicitude et l'inquiétude du prince.

Pendant une disette semblable, c'est encore Kam-Hi (1) qu'on peut citer aux rois de l'Europe , comme un modèle qu'ils doivent imiter; mais , ne peuvent. Il y eut, pendant un été, une grande sécheresse qui désola le céleste empire; le prince ressent toutes les misères de son peuple, s'en afflige, il pleure , il prie, il jeûne (2) jusqu'à ce qu'une pluie abondante ait fait cesser le fléau , et laissé l'espérance d'une récolte. Il conclut par ces paroles mémorables l'édit où il prescrit aux mandarins des mesures pour atténuer les calamités qui pèsent sur ses peuples.

« Il y a entre le Tien (le ciel) et l'homme une correspon-
« dance de fautes et de punitions , de prières et de bien-
« faits, remplissez vos devoirs , évitez les fautes; car,
« c'est à cause des péchés du gouvernement que le Tien
« punit les peuples. Priez, corrigez-vous et vous fléchirez
« le Tien. Je vous le répète, il y a entre le Tien et l'homme
« une correspondance de fautes et de punitions , de priè-
« res et de bienfaits. Dois-je me reposer quand mon peuple
« souffre ! ne suis-je pas son père , sa mère , tout pour
« lui. Il faut au plutôt secourir tant d'affligés : grands

---

(1) Kam-Hi, le troisième empereur de la dynastie actuelle, monta sur le trône en 1666, et mourut en 1722. Pendant son long règne il protégea les lettres, l'agriculture : on le soupçonna d'avoir pratiqué le christianisme secrètement ; ce fut sous son règne que les jésuites enseignèrent les mathématiques et les sciences qui en dépendent.

(2) Je ne sais si les annales de l'Europe civilisée pourraient offrir un si mémorable exemple de l'attachement et de l'amour d'un roi pour ses sujets. La fiction d'un roi constitutionnel, qu'une législation admet comme impeccable , offre-t-elle aux peuples une garantie plus forte que celle d'un prince qui regarde comme le résultat de ses fautes les maux dont le ciel afflige ses enfans ?

« de l'empire aidez-moi, parcourrez les endroits les plus
« obscurs, les plus reculés, découvrez le pauvre, afin
« qu'aucun malheureux n'échappe à vos recherches et à
« mes bienfaits.

« Je me promenais ; dit encore l'empereur Kam-Hi, les
« premiers jours de la sixième lune, dans des champs où
« l'on avait semé du riz, qui ne devait donner sa moisson
« qu'à la neuvième ; je remarquai, par hasard, un pied
« de riz qui étant déjà monté en épi s'élevait au-dessus
« de tous les autres et était assez mûr pour être cueilli ;
« je me le fis apporter, le grain en était très beau et
« bien nourri, cela me donna la pensée de le garder
« pour un essai et voir si, l'année suivante, il conser-
« verait ainsi sa précocité. Il la conserva en effet, tous
« les pieds qui en étaient provenus montèrent en épi avant
« le temps ordinaire, et donnèrent leur moisson à la
« sixième lune ; chaque année depuis a multiplié la récolte
« de la précédente, et, depuis trente ans, c'est le riz
« qu'on sert sur ma table, le grain en est allongé et
« la couleur un peu rougeâtre ; mais, il a un parfum fort
« doux et est d'une saveur fort agréable, on le nomme riz
« impérial, parce que c'est dans mes jardins qu'il a
« commencé à être cultivé. C'est le seul qui puisse mû-
« rir au nord de la grande muraille, où les froids finissent
« très tard et recommencent de bonne heure ; mais, dans
« les provinces du midi, où le climat est plus doux, plus
« fertile, on peut aisément en avoir deux moissons par an
« et c'est une bien douce consolation pour moi d'avoir
« procuré cet avantage à mes chers colons. (*Mémoires*
« *de la Chine*). »

C'est un orgueil bien noble et bien permis à un roi,
d'attacher plus de gloire à la découverte d'un riz nou-

veau, qui doit augmenter les moyens de subsistance de ses sujets, qu'à une victoire remportée sur l'ennemi.

Pour terminer le récit des bienfaits de Kam-Hi en faveur de l'agriculture ; nous allons le montrer dans les détails administratifs qui prouvent que rien n'échappait à sa vigilance ; il voulut connaître l'état de l'agriculture et récompenser ceux qui s'y distinguaient, il ordonne aux dix-sept gouverneurs des provinces, de lui désigner le laboureur qui sera le plus habile, dans la province, par ses succès ou par quelque nouveau procédé de culture, par son intégrité, par les biens qu'il répand sur les malheureux du canton ; sur le rapport du gouverneur, ce laboureur actif reçoit des honneurs, est cité comme modèle à tous les cultivateurs ; il obtient le droit de visiter le gouverneur, de s'asseoir en sa présence et quand il viendra à mourir, des obsèques magnifiques, dont l'état fait les frais, honoreront sa mémoire.

Cette continuité de soins, de la part des gouverneurs et des princes, est puissamment aidée par les prescriptions législatives qui toutes tendent au développement de l'agriculture, la protection éclairée se reproduit dans tous les actes qui, depuis le commencement de la monarchie, se sont succédés ; parcourons les mœurs et les coutumes, ouvrons les recueils de leur législation, et nous verrons qu'elles tendent au même but, étudions leurs rits, leurs sacrifices, et nous retrouverons que les symboles sont empruntés à l'agriculture : il n'est pas jusqu'aux monumens des arts qui ne soient une image fidèle du type que leur a fourni la nature champêtre.

Un Chinois obtient-il la permission de se présenter devant l'empereur, devant un mandarin, suivant l'usage de l'Orient, il doit offrir un présent au prince ou à son représentant.

L'agriculture fournit au solliciteur le présent qui doit lui faire trouver grâce. Pour l'empereur, le tribut se compose de trois pièces de soie, et comme ce présent est conseillé par le Che-King, l'usage en remonte à quinze cents ans avant J.-C. On offre aux mandarins des fruits, des pelletteries, des grains et tout cela est prescrit par un cérémonial dont ont ne s'écarte jamais ; les dépenses immenses que fait l'état ont toutes pour but d'obtenir de la terre une plus grande abondance de produits : les chemins sont le moyen le plus sûr d'éviter les encombremens, et de niveler le prix des denrées ; écoutez les mesures que prescrit la législation : « Les grands che-
« mins ont souvent besoin d'être réparés. Ce soin doit
« surtout s'étendre aux montagnes et aux lieux les plus
« écartés ; on donnera, en aplanissant le chemin, une
« issue aux eaux afin qu'elles s'écoulent. Quoi de plus
« doux pour un voyageur que de trouver, au milieu
« des abîmes et des précipices, un grand chemin qui le
« conduit à son but. Dans les lieux où il y a de larges
« et de profondes rivières, le mandarin y entretiendra
« une barque de passage. Ce qu'il en coûte est peu de
« chose, et le profit qu'on en retire est considérable. Dans
« les endroits où le ruisseau coupe le chemin, le mandarin
« fera faire des ponts et il contribuera le premier aux
« dépenses ; si un chemin ne passe pas par des terres
« labourables on y plantera de grandes allées de saules ou
« de pins suivant la nature du terrain ; en été le voyageur
« sera ainsi à couvert des ardeurs du soleil, et en hiver
« ces arbres fournissent du bois pour le chauffage. Ce
« soin regarde les voisins, s'ils se refusent à cette dé-
« pense, le mandarin la fera par lui-même, et les ar-
« bres appartiendront au public, et l'on louera à jamais
« le mandarin qui aura fait cette utile dépense. »

Ces chemins sont pratiqués avec des trottoirs pour les hommes de pied, et des reposoirs, placés à distances égales, servent à les abriter. Quand un mandarin a exécuté de semblables ouvrages, c'est pour lui un titre aux honneurs et à l'avancement.

Les canaux et la navigation n'ont pas moins occupé l'attention du gouvernement, qui s'est toujours montré pénétré de la nécessité de favoriser les communications entre les diverses parties de cet immense empire. Tous ces canaux sont couverts d'une immense quantité de barques ou de jonques, elles sont multipliées au point que les missionnaires ne craignent pas d'affirmer deux faits : le premier, qu'il y a presqu'autant d'habitans sur l'eau que sur la terre ; le second que, pour le service seul de l'empereur, on compte dix mille barques de cinquante à deux cents tonneaux, et montées de quatre-vingts à cent vingt-cinq hommes.

Le canal impérial fut construit par Chi-Tson, empereur de la vingtième dynastie, c'est, jusqu'à présent, le plus grand ouvrage de ce genre exécuté par les hommes. Ce prince, pour placer le siège du gouvernement au centre de son empire, se fixa à Pekin. Outre les barques employées pour les transports du commerce, il y en a toujours quatre ou cinq mille du port de quatre-vingts tonneaux, pour conduire à Pekin les vivres nécessaires à son approvisionnement, des quais de pierres, des plantations très étendues, des ponts jetés partout où il faut une communication, rendront à jamais cet établissement aussi admirable par la grandeur des proportions que par son utilité (1).

---

(1) Ce canal commence à *Kian-Nem*, ou fleuve jaune ; il court pendant trois cents lieues du nord au midi, reçoit plus de trente rivières qui

Outre ce canal, il y en a une immense quantité dont les eaux sont fournies par les rivières, par les issues données aux eaux des montagnes ou enfin par des eaux pluviales mises en réserve pour alimenter les irrigations. La maxime chinoise que le fumier de l'eau est le plus fertile, prouve le prix qu'ils attachent à l'eau, comme étant un élément de la culture, comme offrant un ferment doux qui active la végétation.

Le peuple a aussi ses éloges pour ceux qui ont bien mérité de l'agriculture. Voici un couplet que nous ont conservé les missionnaires, en l'honneur de Ko-Lin dont on salua, par une chanson populaire, les travaux.

« Vive Ko-Lin il a détourné le *Tschang* et le *Kie*, pour les faire entrer dans nos plaines, leurs eaux y serpentent en mille détours : depuis nos maïs et nos millets ne sont plus dévorés par la sécheresse, chaque année remplira nos greniers de grains, et nos bouches de son nom. — Il y a des siècles que la reconnaissance répète cette chanson, et qu'elle ne se lasse pas d'exalter le bienfait. »

Les Chinois ont conservé la mémoire de ce premier temps où leurs ancêtres ravirent aux eaux les terrains que la culture anime aujourd'hui ; il y a peu de landes et de terrains incultes, le terrain manque aux laboureurs ; aussi voit-on, chaque année, des travaux nouveaux conquérir sur les étangs d'immenses portions de terrain, le gouvernement concède à des conditions modérées les terres stériles. On accorde des secours, des exemptions d'impôts pour de longues années ; mais, en retour, on

---

l'alimentent, et va se jeter à dix lieues de *Nankin* dans une rivière, il trouve là un lac et une autre rivière qui le conduisent à Canton, distance de Pékin, point de départ, de six cent cinquante lieues.

met dans le contrat les conditions qui fixent le degré de fertilité où devront être les terres de cinq en cinq années.

La législation tend, dans toutes ses parties, à l'amélioration de l'agriculture, et, parmi les six classes de mandarins, entre lesquelles se partagent les détails de l'administration, il en est une uniquement consacrée aux intérêts de cette industrie ; en effet, après la première classe de mandarins qui prennent le titre *de vénérables présidens des affaires du ciel*, viennent immédiatement *les officiers des affaires de la terre* ; dont le devoir est de connaître la géographie du grand empire, les montagnes et leur culture, les forêts et le mode particulier à chaque localité de les exploiter ; ils doivent s'occuper de l'hydraulique, de l'art de rassembler les eaux, de diguer les rivières, de la distribution naturelle et artificielle des eaux, de l'horticulture, tout ce qui regarde les intérêts du commerce, les changes, les transactions, les signes monétaires : en un mot toute la vie matérielle d'un état et du ressort de cette classe de mandarins qu'on nomme *Ti-Koan*.

Ce n'est pourtant pas par la multiplicité des lois que les empereurs conduisent cette nation ; des soins vigilans, une attention de tous les instans, révèle leur sollicitude pour cette innombrable réunion d'hommes. Il ne faut pas, dit un de leurs livres classiques, beaucoup de lois à un peuple agriculteur, il faut faire respecter les lois, et on ne respecte que ce qui est rare ; on établit des agens pour les faire observer ; avec peu de lois, leurs lances, leurs épées sont utiles et deviennent des instrumens aratoires, et les bœufs, au lieu de transporter des bagages militaires, travaillent la terre et aident au laboureur.

Tels sont les maximes du gouvernement du prince qui

prit le titre de premier laboureur de l'empire, titre dont ses successeurs s'honorent.

Une maxime, qui rentre dans celle de Sully, qui avait pour règle de conduite, de gouverner le trésor de la France comme il régissait ses biens propres, est le fondement de l'administration de la Chine : on y voit que l'action du pouvoir et les actes de l'administration sont comme l'extension des maximes du gouvernement de la famille ; partout le soin d'un père pour ses enfans se reproduit, partout la tendresse des fils pour leurs pères se trouve résulter des rapports du prince et des sujets.

« Ce qu'il y a de remarquable dans le gouvernement « de la Chine, c'est l'art admirable qui préside à la re « cette, et aux dépenses des revenus de l'état. Les dé « penses dont la ramification est immense remontent « des petites villes aux grandes, de celles-ci aux pro « vinces, des provinces au trésor, de sorte qu'il n'y a « ni entraves, ni embarras pour en saisir le coup-d'œil, « ou pour en suivre les détails, le sang ne parcourt « pas avec plus de régularité les méandres des veines, « que les revenus ne le font pour arriver au trône géné « ral, et retourner là où le besoin les appelle : tout est « prévu, réglé, tout est juridique, tout est facile à véri « fier, rien n'est surpayé. »

Montrez, disait Fun-Tchy, que vous appréciez le laboureur, que vous ne lui demandez que l'impôt nécessaire, honorez-le, et la piété filiale, l'application et l'expérience feront croître des moissons sur le sommet des rochers.

Le gouvernement ferait peu pour l'agriculture, si par ses actes il ne favorisait pas l'écoulement et le placement des denrées qu'elle fournit ; voici, sans trop la vouloir ni justifier , ni blâmer, cette discussion nous mènerait trop loin, la marche que suit le gouvernement de la Chine : il pense d'abord qu'un empire. dont la circonférence a plus de dix-huit cents lieues , qui compte le double de population environ de l'Europe entière, doit offrir le plus précieux marché que l'industrie agricole doit désirer pour placer ses produits ; mais suivant aussi les besoins particuliers de cette vaste monarchie dans ses détails, il conserve pour chaque province un genre d'industrie propre ; il a en vue de placer à côté de la terre qui produit l'industrie, qui doit exploiter la denrée. Cette politique assure au commerce de chaque province une industrie spéciale et privative qui, pour cet objet, rend les autres provinces ses tributaires, tandis qu'elle-même l'est de ces provinces pour les autres denrées. Il y a loin de cette politique à la manie de centraliser dans la capitale des industries dont la main d'œuvre pourrait enrichir d'autres contrées ; ou à cet autre système non moins faux qui veut en plaçant plusieurs industries dans une même circonscription, la rendre indépendante des autres contrées du même état. Imitons la nature , et quand elle est libre, et laissée à elle-même. fait-elle produire plusieurs espèces de fruits à un même arbre ?

Ce système était celui de nos pères et n'eut-il pour résultat que d'éviter les perturbations industrielles et commerciales, il aurait son côté regrettable ; ne pourrait-on pas encore revendiquer l'avantage d'obtenir une fabrication et plus uniforme et meilleure. Il y a beaucoup à rabattre du défaut de bonne foi reproché aux négocians chinois. Si le gouvernement qui s'intéresse peu aux relations des Chinois avec l'étranger ne réprime pas assez les fraudes négocians de Canton, il veille à ce que ses sujets entr'eux agissent avec droiture et d'après les principes de l'équité la plus sévère.

Le commerce extérieur pour lequel les préjugés politiques de l'Europe sont trop favorables est de peu d'importance en Chine; trois ports seulement Ningpo, Emoni, Canton, villes maritimes, reçoivent les étrangers européens. Kiastcha, ville moitié russe et moitié chinoise, a deux foires par an pendant un mois; on y fait un commerce assez étendu, de là, par caravanes, les marchandises sont conduites au centre de la Russie (1). L'orgueil national ne permet pas à un Chinois de croire qu'il y ait un peuple supérieur à celui dont il fait partie, une nation, plus riche, un pays plus beau; tous les peuples qui ont méprisé les autres peuples, et ne sont jamais mêlés à eux, ont été plus près du bonheur que ceux qu'une philanthropie absurde égare. La loi chinoise punit de mort tout étranger qui, sans une permission de l'empereur, franchit les barrières et entre dans l'empire; elles bannissent à jamais tout sujet qui sort de la Chine. les Chinois ne font sur

---

(1) Pour apprécier la plus ou moins grande importance du commerce extérieur comparée à celle du commerce intérieur, il ne faut que juxtaposer les chiffres qui expriment leurs divers mouvemens. Rapprochant ainsi la masse des denrées générales produites par l'industrie agricole et par l'industrie manufacturière, on verra que la première est exprimée par un nombre de beaucoup supérieur; si maintenant on compare le chiffre de l'exportation avec celui de cette masse de produits, on verra ressortir les conséquences suivantes pour les deux peuples commerçans de l'Europe : pour l'Angleterre, le mouvement agricole et commercial est de 25 milliards, et l'exportation d'environ 12 a 1,500 millions; pour la France, la masse des produits est 8 milliards, et l'exportation ne va qu'a 500 millions; en Angleterre le 1/14e de la masse s'exporte, en France le 1 18e des produits seulement.

mer que des voyages autour de leur empire, et leurs **plus**
hardis navigateurs ne dépassent pas le détroit de la Sonde;
leur commerce est borné au Japon, à Siam, à Manille,
à Batavia. Une maxime chinoise, qui renverse nos théories industrielles, défend aux Chinois d'employer des animaux quand les hommes peuvent faire le même travail,
et les machines quand les animaux suffisent. Ce n'est
pourtant pas que les Chinois excluent entièrement les
machines, ils en ont d'ingénieuses pour puiser les eaux
à de grandes profondeurs ; ils se servent d'une machine
à vanner, et d'une autre qui fait la fonction de nos semoirs.
Cette dernière machine est recommandée parce que,
suivant l'édit, elle économise, non les bras ; mais la masse
des grains, et parce que, pour un même espace de terrain,
avec moitié moins de blé ou de riz, on obtient la même
récolte. En morale la règle de conduite se formule par
une maxime ; en politique ils en agissent de la même
manière ; en un mot il n'est pas une circonstance, ou une
maxime ne soit un axiôme, pour le Chinois philosophe, pour
l'artisan, pour le prince, pour le mandarin, pour ceux
qui obéissent et ceux qui commandent. Nous allons en citer
quelques-unes qui remplacent, pour les peuples, les théories abstraites, et si divergentes de notre économie politique ; l'homme prudent éprouve, sans les confondre, la
brise et le calme. L'agriculture bien comprise peut payer
deux tributs parce qu'elle a deux automnes. La loi n'est
nécessaire que quand la vertu ne domine plus rien,
quelque mauvaise que soit une récolte, le prince est coupable si le peuple en souffre.

L'empereur doit se réserver de prononcer sur la con-
damnation à mort, parce qu'il est plus sûr de son cœur
que de celui des juges. Le soleil était avant nous, voilà

pourquoi nous vivons, voilà pourquoi la terre produit. Le soleil est la cause de ce que l'on voit; le Tien est celle de ce qu'on ne voit pas. Mandarins, veillez que les cultivateurs n'aient pas des bœufs inutiles; il faut le double de terrain pour nourrir un bœuf, qu'il n'en faut pour nourrir un homme. Le bonheur et les devoirs se tiennent sans pouvoir être séparés; remuez la terre, les hommes naîtront.

Il y a quelque chose de vénérable pour le prince dans la pensée que les terres incultes ne le sont que parce qu'elles sont loin des regards de l'empereur. Qu'on dise à un ouvrier peu soigneux : *Si l'empereur passait?* et de suite il reprend l'ouvrage avec ardeur. On peut résumer toute l'agriculture chinoise dans cette maxime : *laboure, sème, fume, arrose, sarcle ton champ;* mais PRIE, parce que la prière envers le *Tien* et la piété pour les ancêtres seuls peuvent féconder les terres. Quand tout un peuple, le plus nombreux du globe, est imbu de cette maxime, quels miracles ne peut-on pas espérer de sa piété et de ses travaux?

Ainsi, comme on peut s'en convaincre, tout dépend de la vertu et de l'amour qu'on a pour le devoir; on a beaucoup porté d'accusations contre le gouvernement et le caractère chinois, on a cité des abus; mais où n'en trouve-t-on pas? Il ne nous reste plus, pour faire comprendre ce que les rois de l'Europe (même constitutionnels) pourraient faire de bien à leurs peuples, qu'à montrer les règles qui président à la répartition et à la perception de l'impôt.

L'impôt et la perception sont trop liés à la prospérité de l'agriculture, pour que nous ne cherchions pas à prouver par les faits, preuve non moins convainquante que celles métaphysiques, que là où l'impôt est modéré, l'agriculture reçoit et fait fructifier tous les capitaux que le fisc n'absorbe pas. Nous empruntons cet alinéa au mémoire du père de la doctrine économique, le docteur Quesnay, dans un article intitulé : *Despotisme de la Chine*. Il a extrait les documens des missionnaires avec un talent rare, et nous ne pourrions pas espérer de faire mieux que lui.

En Chine, la quotité de l'impôt est déterminée par la quantité de terres que le propriétaire possède. C'est le propriétaire qui paie, et jamais le fermier. L'impôt varie pour une même mesure de terre, suivant le plus ou moins de fertilité du sol; il est réglé pour le quarantième des terres médiocres, et ne dépasse jamais pour les terres fertiles, le dix-huitième de la récolte. Nulle portion du territoire, pas même celle affectée au culte, celle occupée par les temples, n'est soustraite à l'impôt (1).

Suivant certaines conditions, il est payé tantôt en argent, et tantôt en nature; mais toujours modéré d'après la maxime d'un de leurs empereurs. Si vous exigez double impôt des peuples, il faut doubler leur récolte et donner à la terre deux printemps.

Les provinces sont ainsi taxées en raison de la quantité d'arpens qu'elles contiennent, les mandarins requièrent et perçoivent. Des magasins sont placés et établis dans diverses localités ; le fermier est obligé d'y conduire les denrées que le propriétaire est chargé de payer. La plus grande partie des revenus, et presque tous ceux en argent, sont consommés dans la province, ils servent à payer les dépenses publiques, les pensions des employés et les trai-

---

(1) Qu'on ne croie pas que les renseignemens nouveaux aient ôté quelque force à ceux des missionnaires. Chaque fait prouve qu'eux seuls ont vu cette contrée, et qu'ils l'ont sainement jugée.

temens de ceux qui sont en activité. Ils fournissent en outre
à l'entretien des pauvres, c'est-à-dire de ceux qui sont ou
infirmes ou vieillards ; enfin, c'est sur ce fonds que se paient
les charges des provinces, pour l'entretien des routes, des
postes, pour les travaux publics. Le cinquième des revenus publics est toujours réservé pour soulager les arron-
dissemens affligés par quelque calamité extraordinaire.
La perception de l'impôt n'entraîne que peu de frais, les
délais nécessaires pour payer, sont accordés à ceux qui ne
peuvent pas payer ou qui se trouvent arriérés. Jamais sai-
sie, jamais ce luxe français d'exactions impitoyables exercées sous vingt noms différens, ne viennent ajouter au malheur de la position de celui qui ne peut assouvir l'avidité
du fisc. Les retardataires sont obligés de nourrir les vieillards à la charge de l'état ; on les leur envoie ; ils les dé-
fraient, et chaque journée vient en déduction de ce que
le contribuable doit. Quand l'impôt est acquitté, le pauvre
vieillard est placé chez un autre débiteur en retard. Avant
l'admission des missionnaires dans la Chine, la terre sup-
portait toute la masse des impositions, et ce sont ces pieux
ouvriers de la vigne du Seigneur qui ont fait adopter le système des douanes, on a trouvé l'impôt plus productif, plus
commode d'une perception plus assurée ; mais en Chine
on ne fit pas comme en Europe, et la terre fut soulagée
de toute la portion que le commerce eut à supporter. Le
chiffre des revenus est d'environ neuf cent soixante-quinze
millions pour toute la Chine, sept cent millions en argent. Le taux est le même chaque année : la portion en
corvée, est de cent vingt millions, et celle en denrées
est variable suivant la fertilité de l'année.

Aucun gouvernement n'est plus propre que celui de la
Chine à rassurer les intérêts de l'agriculture ; il est tout

entier modelé sur le gouvernement paternel, et comme ce sentiment doit encore être plus puissant que celui que donnerait l'autorité d'un père : l'empereur de la Chine s'intitule *la mère* du peuple, parce qu'il en a toute la tendresse, et qu'il en pratique les devoirs.

Mais ce qu'il y a de plus admirable dans l'assiette et la répartition de l'impôt, c'est l'équité qui y préside. Les réclamations sont rares, et les réclamans sont sûrs d'être compris : les torts sont promptement redressés. Là, telle est la puissance de la morale publique que les injustices sont des exceptions et jamais impunies. Un mandarin qui, dans la répartition de l'impôt, commettrait une injustice volontaire, serait mis à mort ou au moins privé de ses biens et envoyé en exil.

Dans nos théories modernes, malgré le principe reçu que l'impôt n'est payé par les peuples que par la certitude de la protection qui sera accordée à la propriété, le dédale de nos lois, dans une foule de cas, permet l'expropriation ; en Chine au contraire, quelquefois la loi donne un droit au créancier sur la personne du débiteur, jamais sur ses biens ; il en a la libre disposition, alors même qu'il est esclave. Le respect pour la propriété est si grand qu'une route, qu'un canal ne peut pas passer sur la propriété d'un citoyen, à moins que celui-ci n'y consente ; la terre est libre comme l'homme, et aucune loi ne peut la soumettre à ces servitudes si gênantes qu'on éprouve en Europe ; quant aux biens qui appartiennent à tous, comme les étangs, les canaux, les forêts, les fleuves, les rivières, ils sont la propriété de tous, et le droit de pêche et de chasse n'est nullement restreint. En rappellant combien l'agriculture gagne aux ménagemens dans la répartition de l'impôt, nous avons voulu faire connaître de nouveau tous les encouragemens qu'elle reçoit, tous les honneurs dont on entoure ce premier et ce plus noble des arts.

L'architecture chinoise, comme les coutumes, comme les arts de ce peuple, est empreinte du double caractère de stabilité, et de ce goût qui montre son origine agricole. Paw, le premier, a remarqué que dans toutes les constructions chinoises, on retrouve le type de la tente; elle a été le modèle des premières constructions, et toutes celles qui ont suivi, l'ont retracée. Cela tient à ce que les premiers habitans du pays ont campé à la manière des Tartares. La condition de pasteur a été leur état primitif. Leurs villes mêmes sont un vaste camp à demeure; renversez les murs d'une habitation, elle reste debout, car la toiture, soutenue par les colonnades, demeure. On voit que les pavillons en toile durent leur fournir les modèles. Les courbures arrondies qui terminent toutes les constructions chinoises, peignent les inflexions d'une toile qui se plie aux caprices de la main qui l'a dirige; leurs maisons enjolivées comme un meuble, ornées des paysages les plus variés, ont un caractère de gaîté que les constructions d'aucun autre peuple ne reproduisent. Outre le bois, les Chinois, pour faire leurs murs, font usage de briques, en les disposant successivement en long et en large, ils les entrelassent tellement, qu'une couche couvre les joints de l'autre, et rendent l'écartement impossible; ce qui diminue le travail, et économise le ciment qui doit lier et retenir les briques.

Rien n'égale la simplicité de leur échafaudage, de grands pins qui, quelquefois, ont soixante-quinze pieds de haut, enfoncés en terre soutiennent les planches et suffisent aux travaux. Un code réglementaire prescrit la forme, et la grandeur des palais des grands de l'état, suivant leurs fonctions, et rien ne peut y être changé.

L'intérieur des maisons est aussi uniforme que l'extérieur ; des nattes tapissent les murs à trois ou quatre pieds, au double de hauteur de nos lambris ; le reste des murs est couvert de papiers peints. L'usage que nous faisons de papiers pour la tapisserie qui, chez nous, ne date que de quatre-vingts ans environ, remonte, en Chine, à plusieurs milliers d'années. Les palais ne se font remarquer que par l'étendue superficielle du terrain qu'ils occupent. Le plus grand de l'univers est celui de l'empereur, à Pekin. Mais [la gradation de magnificence est inverse, et à travers l'enfilade de cours dont il est composé, la cour la plus reculée est toujours la plus ornée ; la grandeur du palais de l'empereur est telle que, suivant les missionnaires, il occupe, pour les bâtimens seulement, un espace cinquante fois plus grand que le Louvre ; le père Le Comte lui donne une étendue égale à celle qu'occupe Dijon. Les Chinois apportent encore plus de magnificence dans l'architecture qui préside à la construction de leurs temples.

Mais là, comme dans les maisons des particuliers, comme dans les palais, les fleurs les plus belles en font l'ornement. Aussi connaît-on le fameux proverbe chinois : où respirera-t-on le parfum d'une fleur, si ce n'est dans l'appartement de l'empereur? Nous devons d'ailleurs à ce peuple l'exemple des ponts de fer que nous n'avons su tenter que depuis quelques années, lorsque la hardiesse des constructeurs les ont établis même sur des montagnes cinq cents ans avant J.-C.

Les Chinois ont incontestablement créé cette sorte de jardins pittoresques qu'on a pendant long-temps appelés faussement jardins anglais, parce que ceux-ci les ont, les premiers, introduits en Europe. C'est dans l'art et le goût qu'ils y ont apportés qu'ils se sont le plus distingués.

Pour comprendre toute l'importance que les Chinois donnent à l'art de créer les jardins pittoresques, écoutons les missionnaires décrivant celui de l'empereur.

Dans le vaste terrain qu'il couvre, on voit des montagnes factices, jetées çà et là, comme par hasard, élevées à mains d'hommes, et ayant de soixante à cent pieds d'élévation; les pointes qui les terminent, malgré la solidité avec laquelle elles sont posées, semblent menacer de tomber et d'écraser ceux qui s'en approchent. On les élève de manière à ménager une immense quantité de petits vallons variés, et des plaines riches de culture, de fleurs, d'arbres fruitiers et de plantes potagères; là une rivière serpente, ici un canal est couvert de barques ornées. Derrière le bois, mon oreille attentive reconnaît le son de l'eau qui tombe en cascades. Partout, le coup-d'œil est animé, rien d'uniforme, et, pourtant, tout plaît. Quand vous sortez de ce vallon, vous entrez dans un autre, les fruits, les fleurs, font, de ce lieu, un véritable Eden, à la première vue on dirait que le hasard a présidé à l'harmonie de ces jardins et à la distribution des ornemens qui en font les délices.

Vous ne trouverez aucune symétrie dans l'encaissement des eaux, on ne voit pas de rives droites qui retiennent un canal. Ici l'eau serpente et se détourne en vingt formes différentes; là, un étang irrégulier sépare deux vallons; plus loin un pont suspendu, assez élevé, laisse passer les barques et leurs mâtures. Il se courbe en voûte ondoyante; un bâtiment est à côté d'un lac, c'est la maison d'un pêcheur; au milieu d'une prairie, une cabane est la demeure du pâtre; plus loin un corps de bâtiment abrite une famille de laboureur, et les troupeaux qui garnissent les cabanes. Les pavillons, les maisons sont tantôt formés de rocailles, parfois de briques vernies de vingt couleurs, elles font un effet délicieux; mais toujours ont le type de la tente.

Un amas d'eau de près d'une lieue de circonférence permet une culture de plantes aquatiques, tantôt utiles, tantôt agréables; une île flottante promène ses caprices sur cette mer, la terre retenue par des bambous et des joncs tressés, offre des fruits délicieux, de bons légumes, des fleurs, des prés émaillés de mille couleurs. Oh! le jour de la fête des lanternes, quand tous ces arbres, ces ponts, ces îles, ces bâtimens, ces barques sont chargées de milliers de lumières enfermées dans des lanternes de papier ou de soie de couleurs variées; quel coup-d'œil. Rien ne rend l'aspect enchanteur de cette scène magique.

Dès avant l'ère chrétienne, les Chinois connurent et pratiquèrent les principes de la culture forcée, ils comprirent que quand le climat, par des causes naturelles, s'opposait au développement d'une plante, une atmosphère factice, des circonstances sagement combinées, pouvaient tromper l'instinct de la plante, et la forcer à donner des fleurs et des fruits. Les serres ont donc été connues, en Chine, 527 ans environ avant J.-C. On les exposa au midi, on y fit régner une chaleur suffisante au développement et à la maturité des plantes; et dès lors, ce que nous n'avons pratiqué que dans les derniers temps, leur était familier, ils firent arriver de l'air chauffé dans la serre chaude pour ne pas exposer les plantes à l'âpreté de celui obtenu par les fourneaux (1). « Ils mettent, outre les murs, une terrasse

____

(1) Nous retrouvons, à l'article des vers à soie, le soin qu'ont pris les Chinois d'avoir une atmosphère factice et régulière lorsque les variations peuvent nuire aux plantes ou aux animaux.

« en contre-mur en à dos , les plantes sont enfoncées en
« terre , ce qui les fait participer en partie à la tempé-
« rature des caves. La serre ou fosse dans trois façades ,
« est garnie de gradins, la quatrième est toute en fe-
« nêtres ; elles ont en contre-bas 10 à 12 pieds , ils pré-
« fèrent plusieurs serres à une seule. Pour entretenir
« l'humidité ; ils ont dans les serres des vases d'eau sus-
« pendus, ils y apportent même des vases d'eau bouillante
« qu'ils font évaporer. Les fleurs malades ont pour hos-
« pices de petites serres où , suivant le genre de leurs
« maladies on les soumet à l'influence variée et détermi-
« née par la nature de leurs infirmités. » Cependant ils ne
hâtent que les cultures qui ne nuisent pas à la qualité : la
précocité n'est pas très estimée si elle altère le goût et la
saveur du fruit.

Avant de confier à l'air libre les marcottes et les boutures, on les soumet à une température moyenne qui devient un passage pour celle de l'atmosphère. Ils laissent à
l'air libre les marcottes et les boutures les plus robustes ;
celles délicates , ils les placent dans les circonstances qui
leur peuvent être favorables , jusqu'à ce qu'elles soient
entièrement prises. Ne croyez pas que l'agriculture chinoise recule devant des travaux plus grands quand ils sont
nécessaires à ses succès.

Voyez-les semer des roches remplies d'eau , des bassins
creusés sur des dimensions gigantesques , là sont amoncelées ou des eaux provenues des torrens transportés à dos
d'hommes en accumulant les neiges , ou bien d'autres eaux
obtenues par la déviation des torrens. Si le climat est plu-
vieux , ils aèrent le terrain. Obéir au climat ou le contra-
rier, est le but de tous leurs travaux , ils opposent des
collines à la direction des vents contraires , ils ornent les

eaux ; et les étangs aussi sont des jardins ; les espèces les plus variées de Keiou au double feuillage, les nenuphars de cent couleurs, les roseaux, les joncs dispersés, rassemblés, entremêlés avec des plantes agréables ; l'art fait tout combiner si adroitement, que vous sembleriez remercier le hasard d'avoir si bien ménagé vos plaisirs.

Mais c'est surtout dans le contraste des feuillages que les Chinois réussissent le mieux ; tantôt ils les groupent, tantôt ils les dispersent, ils ménagent des plaisirs pour chaque saison ; l'été a ses arbres favoris : le frêne, l'acacia ; le printemps son parterre émaillé de fleurs ; l'automne, ses trembles, ses saules, ses peupliers, ses arbres à fruit ; l'hiver, ses arbres verts, les sapins, les pins, les ifs.

Theou, qui fut le Néron de la Chine, créa le premier le luxe horticultural, il arracha cent mille colons à la culture des champs pour les occuper à des ouvrages de terrassement ; dix mille jardiniers sous les ordres d'un intendant général et de cent chefs présidaient aux travaux que Theou visitait souvent. Les plaines se couvrirent de collines jetées çà et là, les plantes de tout l'empire vinrent couvrir cette terre arrosée parfois de l'eau de la mer, et quelquefois de l'eau naturelle.

On creusa d'immenses bassins, on détourna un torrent dont les eaux rapides étaient retenues par des digues colossales avec des issues pratiquées pour qu'elles entretinssent partout une humidité salutaire. L'enclos de plus de trente lieues carrées fut entouré de murs. Pour compléter les notions sur cette partie intéressante de l'agriculture chinoise, invoquons l'histoire, elle confirmera et leur goût antique pour l'horticulture, et les résultats qu'ils obtinrent. Ils surpassent depuis plus de trois mille ans tout ce que la fable et l'histoire nous racontent du jardin des Hespérides et de ceux de Ninus et de Sémiramis.

L'histoire cite d'abord, le jardin de Kouen-Lun, placé sur le sommet d'une montagne dont le plateau laissait un emplacement pour la culture. C'était un rocher nu : des terres furent apportées à dos d'homme, les eaux pluviales furent renfermées dans des vastes citernes, et celles qui manquaient, quand elles s'étaient épuisées, une fontaine, placée à mille pieds plus bas, les fournissait. Le plus grand jardin connu, fut celui de Ouen-Ty, par ses palais, les cabinets, les collines, les grottes, il épuisait l'admiration, il avait 50 lieues de tour, trente mille esclaves, commandés par 1400 jardiniers en chefs, étaient chargés de l'entretien.

Pendant 400 ans, les jardins de quinze, vingt lieues trente même, furent de mode, villes, villages, étangs, collines, viviers, cascades, torrens, tout y fut multiplié à l'excès; ponts, passages, sentiers, chemins, s'y comptaient par centaines : la sculpture, la peinture et l'architecture rivalisèrent pour les orner.

Du 7me au 14me siècle de notre ère, on s'appliqua à défendre ces jardins, à en effacer le souvenir, et on en cultiva, où le goût et l'utilité, la grace et la sage distribution se firent remarquer.

Ne croyez pas que le hasard ait produit ces merveilles, les Chinois ont le sentiment du goût, et le génie, qui fait dépendre des prodiges de l'art, ceux de la nature. Écoutez *Lieou-Tcheou* que nous abrégeons, décrire ces jardins pittoresques. « Un jardin doit être une image vivante de « la campagne embellie par l'art, qui consiste à y fixer « si NAÏVEMENT, la verdure, l'ombrage, la douceur de « l'air, la solitude des champs, que l'œil trompé par ce

« fait SIMPLE et champêtre, que l'oreille déçue par le
« silence et le bruit mesuré des eaux et des feuilles agi-
« tées, que tous les sens entraînés par une jouissance
« naturelle y trouvent les délices de la vie.

« Rangez les collines, étendez les plaines, séparez les
« vallées, faites tomber les eaux en cascades, faites les
« couler en ruisseaux, imitez le *Tien* qui fit de l'univers
« un jardin si magnifique, si diversifié. »

En Chine, par la division des propriétés, par cette
seule observation que tous les travaux de l'agriculture se
font à mains d'homme, que les animaux sont rarement
employés : les machines rejetées, quand elles n'ont qu'un
but, d'abréger le temps on peut dire qu'ils n'ont qu'une
seule culture, la petite culture, la plus productive, relativement aux espaces cultivés ; la plus féconde, parce
qu'elle se prête à toute sorte de combinaisons, celle qui
pour nous a un grand prix, celui de laisser à l'homme
autre chose à faire, qu'à suivre aveuglement, les habitudes
d'un travail journalier, d'une routine, qui abrutit et détruit dans le travailleur, la nécessité d'employer les facultés de son esprit.

Les Chinois ont la plupart de nos légumes ; on a tenté
d'y planter des pommes de terre, elles ont médiocrement
réussi. Leur régime alimentaire est principalement emprunté au règne végétal, ce qui fait qu'ils s'adonnent à
la culture de tout ce qui peut augmenter leur ressource
dans ce genre ; cependant la culture du chou n'a pu
réussir dans la Chine, ni au midi, ni au nord ; mais
ils cultivent un grand nombre de légumes qu'ils apprêtent
comme nos épinards, ou qu'ils font cuire avec du porc
frais, et qui sont très tendres. *Voici les plus ordinaires :*
plusieurs convolvulus, surtout le convolvulus reptans, le

basilea nigra, *l'amaranthus poligonus*, *l'amaranthus tristis*,
etc. Mais le plus cultivé et le plus recherché des légumes,
aux environs de Pekin, est une sorte de moutarde que
les Européens, qui d'ailleurs la trouvent détestable, ont
appelée moutarde de Pekin, elle est le premier légume
vert que l'on peut donner aux bestiaux, sa précocité devrait
recommander son introduction.

Avant les Européens, les Chinois ont connu toutes les
ressources de l'art de l'horticulture, ils ont, à l'aide d'une
patience intelligente, surmonté tous les obstacles. Rien
n'est admirable comme cette suite de terrasses, distribuées par étages qu'ils ont pratiquées, quand l'éminence
par la nature constitutive, leur a permis de la couper, et de
la distribuer; ces étages vont en se rehaussant, se surmon-
ter, les uns aux autres, et le dernier offre ordinairement
un bouquet d'arbres fruitiers, ou d'utilité, si le terrain
ne permet pas de transformer cette petite surface en un
verger. Ainsi, on obtient de riches récoltes sur des montagnes, ou même dans l'orgueilleuse Europe on laisserait
croître des buissons et des ronces. C'est surtout, sur les
revers des montagnes, qu'on trouve ces habiles horticulteurs, qui pratiquent avec autant de hardiesse que d'intelligence, l'art de rapetisser les arbres, et de transformer les plus grands en arbustes, dont l'œil exercé a
même de la peine à reconnaître l'identité avec nos grands
arbres forestiers. Ils savent bien utiliser les eaux, et souvent les font serpenter en zig-zag, afin d'arroser une plus
grande étendue, avant de se rendre dans la plaine. Telle
est la cause de la fertilité des montagnes, et des terrains
élevés; quant aux plaines, nous croyons avec raison ainsi
que les missionnaires l'ont, les premiers, avancé, que
cette éternelle verdure tient à la profondeur de la couche

végétale, qui est souvent de 90 à 100 pieds et quelquefois
va jusqu'à 200 pieds.

Du reste pour ne pas empiéter sur les terres destinées
à la culture ; les Chinois n'ont ni haies, ni fossés. La
méthode de transplantation du riz a aussi pour but de
cultiver cette céréale sur une terre qui a déjà donné un
autre produit ; ils font ainsi deux récoltes sur un même
champ.

La coutume, qui veut, que les présens offerts à l'empereur, et aux grands soient des pièces de soie, est aux
yeux des peuples, une preuve du prix attaché à ce genre
d'industrie, il remonte à plus de 1500 ans avant J.-C.

Le gouvernement veut-il introduire une culture, ce n'est
pas par des livres, des circulaires qu'il recommande cette
nouvelle industrie. L'édit pour l'impôt, comprend pour
une portion la nouvelle matière : la nécessité devient un
aiguillon ; ce fut ainsi que le gouvernement ayant, compris toute l'importance de la culture, du coton, et s'étant
convaincu, que par la diversité de la nature des emplois, les
deux produits la soie et le coton pouvaient rivaliser entr'eux,
sans se nuire : il ordonna que le cinquième de l'impôt des
provinces où cette culture pourrait être introduite, serait
payé en coton : 6 ans après, le coton y prospérait, et aujourd'hui c'est un des articles les plus importans du commerce de la Chine.

Le gouvernement est convaincu, que tous les revenus
de l'état sortent en définitive de l'agriculture : et déter-
miné par cette considération, c'est en denrées que les
employés sont payés en partie, le degré de fertilité fixant
le taux de l'impôt : comme les provinces du midi font deux
récoltes, elles paient les deux dixièmes de leur revenus,
la portion payée en produits du sol, est partagée en deux

parties, l'une est distribuée sur le lieu même, aux divers agens du gouvernement, l'autre est conduite dans la capitale, et mise en réserve pour subvenir aux besoins des provinces affligées de quelques calamités.

Nous avons donné à notre article Chine beaucoup plus d'étendue, que nous nous l'étions proposé. Pressés par l'espace, nous renonçons à regret de parler de leurs méthodes de cultivation pour le thé, des fontaines jaillissantes dont ils tirent tant de profit pour l'irrigation; nous aurions pu consacrer un chapitre tout entier sur l'emploi de l'eau de mer comme engrais ; sur celui du broussonétia cultivé en oseraie dans les lieux marécageux, des plantes aquatiques cultivées, tant pour l'alimentation, que pour leur emploi dans les arts. Nous omettons les renseignemens dus au botaniste Goldback qui à Moscou a par ordre essayé toutes les semences qu'on a pu se procurer à Kiatcha. Par exemple des variétés de doura, de froment, de concombres, de melons; Plusieurs graminées dont peu pourtant paraissent devoir mériter d'être introduites, une circonstance singulière a éveillé l'attention du botaniste il a rencontré : diverses, capucines, des nicotianes, qu'on a cru long-temps appartenir à l'Amérique seule dont on les a supposées originaires : le savant a hésité à y trouver une occasion d'expliquer le passage, d'une race commune de Chine en Amérique, ou d'Amérique dans l'Asie. Si cette première ébauche est goûtée, nous l'étendrons en tâchant de lui conserver encore de l'intérêt et en y intercalant surtout les nombreux matériaux dont nous ne pouvons faire usage sur les végétaux particuliers à la Chine.

Il nous faudrait, pour terminer l'esquisse plutôt que le tableau de l'agriculture en Asie, plus heureux que les missionnaires, pénétrer dans la Cochinchine, la Corée, le

Tonquin, étudier les habitudes de culture de ces tributaires de la Chine, surtout par les différences qu'on y
rencontrerait avec ce qui se pratique dans la métropole.
La petite Boukarie, ou le Turquestan chinois, la Mongolie, la Mantchourie n'offriraient pas moins d'intérêt, et
ces îles nombreuses qui font partie de l'archipel chinois;
ces îles que les âges modernes ont vu s'élever au-dessus
des eaux, phénomène puissant que le philosophisme aujourd'hui voudrait exploiter au profit de l'incrédulité.
Mais, et la forme de notre travail, et le défaut de renseignemens sur des lieux dont plusieurs ne sont connus
que par la phrase géographique jointe à leur nom, nous
interdisent le droit d'en parler autrement que pour
rappeler chacune de ces contrées à l'attention; en signalant les traits caractéristiques de leur agriculture spéciale.

L'archipel, composé de trente-six îles placées entre
le Japon, la Corée et l'île de Formose, fixera d'abord nos
regards, elles sont tributaires de la Chine qui les a conquises par la généreuse bienfaisance de Kam-Hi (1), c'est
dans l'intérêt de l'empire qu'elle importe les produits de
son sol fertile : les mœurs de ses habitans, les productions sont les mêmes qu'en Chine. Mais comme ces îles
sont peu élevées au-dessus des eaux de la mer, les
maisons y sont pour ainsi dire suspendues ; on fait passer,
pour les assainir, un courant d'air entre le sol et les lieux
d'habitations.

La plus grande des îles abonde en légumes, riz, blé,
chanvre qui donne lieu à une immense fabrication de

____

(1) Ces îles, en 1708, auraient été dépeuplées entièrement si la générosité de Kam-Hi ne les eût nourries : par reconnaissance, ils consentirent
a un tribut annuel.

toiles ; elle produit encore du thé, du bois de constructions, de la cire, du poivre et du gingembre, des plantes
médicinales qu'ils vendent desséchées pour n'en pas perdre
le commerce.

L'une d'elles, Tsong-Min, fournit une immense quantité
de roseaux ; les habitans ont la singulière coutume d'arroser leurs rizières avec de l'eau de mer ; on y cueille du
sel qui se reproduit à mesure qu'on le ramasse. — Le
royaume d'Achem, dont les Chinois disent que c'est une
ruche d'hommes qui habitent dans des maisons de roseaux
rapprochés ou croisés; des bouquets de bois de bananiers,
de cocotiers et de bambous sont parsemés çà et là, et
donnent au pays un aspect qu'on peut également caractériser par les epithètes de *pittoresque* et de *poétique.*

Les lois font, au Japon, un devoir rigoureux de l'agriculture, l'eau manque partout, l'art y supplée, le plus
petit coin de terre, la cime même des montagnes, est
cultivée. Les montagnes sont coupées par des plateaux qui
forment des champs de riz et de plantes légumineuses.

Ils ont, outre les arbres et les plantes de la Chine, des
plantes particulières; le *thus-vernix* donne le plus beau
vernis oriental. L'arboriculture est aussi riche que variée
et leur industrie est très perfectionnée, le cotonnier leur
donne des toiles, l'ortie des cordes durables; ils ont trans-
formé en meubles, en bouteilles, en instrumens, tous
les bois qu'ils cultivent. Beaucoup d'arbres leur fournissent
des couleurs vives. L'acore aromatique, le gincko, le
laurus camphora, la gardène, les thuyas, les épicéas, et
une foule d'autres arbres particuliers à ce pays servent à
des usages économiques.

Il ne pleut jamais dans le royaume de Ha-Micon; les
habitans transportent de l'eau à l'énorme distance de

quinze lieues à l'aide de tuyaux emboîtés toute l'eau qui, avec elle des neiges fondues, mise en réserve, leur suffit pour vivre et arroser leurs terres.

Tous ces pays sont abondans en bambous qu'on pourrait naturaliser chez nous : le bambou, dont un empereur, à qui l'on proposait d'exploiter des mines, dit : le bambou, le thé, le riz, le coton, les soies, voilà les sources de la richesse des Chinois.

APPENDICES.

APPENDICE IER.

ANALYSE DU MÉMOIRE PRÉSENTÉ A L'ASSEMBLÉE CONSTI-
TUANTE SUR LES ABUS QUI S'OPPOSENT AUX PROGRÈS DE
L'AGRICULTURE ET SUR LES ENCOURAGEMENTS QU'IL EST
NÉCESSAIRE D'ACCORDER A CE PREMIER DES ARTS (1).

La liberté, l'intérêt de la propriété, la facilité d'acquérir, les encouragements propres à accroître la
reproduction territoriale, sources premières de la
richesse nationale ; tel a été le but des travaux de la
Société et de ses correspondants dans toutes les provinces. C'est sous ce point de vue qu'elle réclame
avec confiance de l'Assemblée nationale, un décret
contenant les principaux points du Code rural et
les plus instants à régler. La Société s'en rapporte,
au surplus, à la sagesse des représentants de la Nation pour modifier, rectifier et perfectionner les

---

(1) En comparant ce Mémoire et les plaintes aujourd'hui formulées
partout, on comprendra qu'on n'a pas tout fait ce que l'on pouvait pour
l'agriculture, et que, malgré ses progrès, on peut faire plus encore.

projets qu'elle ne s'est permis de soumettre à l'Assemblée nationale, que par le désir de lui prouver son zèle pour la prospérité publique, que dans la vue de concourir à préparer ses déterminations et à ménager ses instants précieux pour les objets importants qui lui restent encore à examiner. En conséquence, la Société royale d'Agriculture propose, au nom des cultivateurs, de décréter les articles suivants :

SOMMAIRE ET RÉSULTAT

DE CHAQUE ARTICLE.

ART. Ier.   *Que tout propriétaire aura le droit de cultiver son terrain de la manière qu'il lui plaira, et d'employer sa propriété à la culture des objets auxquels il donnera la préférence.*

ART. II.   *Que le droit de parcours sera aboli dans les cantons et les provinces où il existe encore, et que chacun sera libre de clore sa propriété, de quelque étendue qu'elle soit, sans que personne puisse l'en empêcher.*

ART. III.   *Que personne ne pourra s'opposer au partage des communes, et que les assemblées provinciales seront chargées de le surveiller dans les lieux où il se réalisera, en ayant égard aux droits légitimes de chacun.*

ART. IV.   *Que personne ne pourra s'opposer au dessèche-
ment des marais ou terrains inondés, à la
destruction des moulins ou étangs que la nature
des travaux pourrait exiger ; que les propriétaires desdits moulins et étangs pourront seulement réclamer une indemnité, laquelle sera déterminée par les assemblées provinciales ou
municipales.*

ART. V.   *Que les terres du domaine, et toutes celles qui
seront décidées appartenir la Nation, pour-
ront être vendues et aliénées, soit à prix d'argent, soit en rentes rachetables, après toutefois
que la valeur en aura été constatée par les assemblées provinciales.*

ART. VI.   *Que les baux ruraux pourront être, dans tout le
royaume, portés à dix-huit ans et au-delà,
sans donner lieu à aucun droit fiscal ou autre
envers qui que ce soit, et que les baux des bénéfices ne pourront être, pour aucun terme, au-
dessous de dix-huit ans ; qu'en outre, dans le
cas de changement de titulaire, les nouveaux
seront tenus de maintenir les baux de leurs
prédécesseurs, et qu'en aucun cas, lesdits bé-
néficiers ne pourront faire de baux généraux.*

ART. VII.   *Que, vu l'importance de multiplier les propriétaires cultivateurs, de faciliter la division des
propriétés, les droits de franc-fief et d'échange,*

*perçus par le fisc, seront entièrement supprimés,
et les autres droits d'échange seigneuriaux stipu-
lés rachetables.*

ART. VIII.   *Que, pour faciliter le commerce des terres et assurer les propriétés, il ne sera fait à l'avenir au-
cune substitution, ni exercé aucune espèce de
retrait.*

ART. IX.   *Que la forme actuelle des saisies réelles, dont
l'effet est d'attaquer, de détériorer les propriétés,
et de les rendre souvent stériles pendant leur durée, sera supprimée et remplacée par toute autre
qui n'aura pas le même danger.*

ART. X.   *Que l'administration et l'inspection des bois et forêts du domaine, du clergé, des communautés
et des hôpitaux, seront confiées aux assemblées
provinciales et municipales.*

ART. XI.   *Que les entraves apportées jusqu'à présent, par la
législation, à la formation et à l'extension des
prairies artificielles, seront détruites, et les
plus grands encouragements donnés à cette
branche de culture.*

ART. XII.   *Que, vu l'importance d'encourager la multiplication des abeilles, la production des cires indigènes, et de remédier aux importations des cires
étrangères, les ruches seront déclarées insaisis-
sables pour cause d'imposition.*

ART. XIII.   *Que, vu l'importance du produit des vignes, les différents droits d'aides, en ce qu'ils tendent à violer les domiciles, à entraver le commerce des vins, seront entièrement supprimés.*

ART. XIV.   *Que la défense de cultiver le tabac et quelques plantes à huile, étant contraire au principe de la liberté, la culture de ces plantes sera permise dans toutes les provinces du royaume, sauf à faire supporter une imposition particulière aux terres qui y seront employées.*

ART. XV.   *Que le régime de la gabelle sera entièrement supprimé.*

ART. XVI.   *Que les assemblées provinciales s'occuperont des moyens de ramener les divers poids et mesures de toutes les provinces à l'uniformité désirée depuis long-temps.*

ART. XVII.   *Que, pour rendre plus facile le transport des denrées et le commerce intérieur du royaume, les assemblées provinciales destineront, chaque année, une somme pour l'entretien et la confection des chemins vicinaux.*

ART. XVIII.   *Que le régime actuel des milices, enlevant des bras nécessaires à la culture et troublant les travaux des cultivateurs, sera changé.*

ART. XIX.   *Que la célébration de toutes les fêtes sera renvoyée au dimanche.*

ART. XX.   *Que les dépôts de mendicité seront supprimés et remplacés par des ateliers publics, sous l'inspection des assemblées provinciales et municipales.*

L'Assemblée nationale est suppliée de prendre, le plus tôt possible, en considération les demandes qui lui ont été adressées par la Société royale d'Agriculture. En promulguant les décrets qu'elle jugera favorables à l'agriculture, avant l'hiver prochain, elle mettrait les cultivateurs à même de se livrer, l'année prochaine, à des travaux qui concourraient considérablement à augmenter les produits territoriaux.

ENCOURAGEMENTS (1).

ART. Ier.   *De l'utilité d'honorer les laboureurs et les cultivateurs.*

ART. II.   *D'une caisse de prêt.*

---

(1) La Société d'Agriculture a éprouvé l'inconvénient, qui est pour nous comme pour elle; elle a peint avec énergie les maux de l'agriculture et l'impuissance des moyens de curation qu'elle indique se fait sentir dès l'abord. L'article de l'établissement d'une caisse de prêt est le seul des quatre articles qui pût offrir quelque intérêt. Mais nous y reviendrons, lorsque nous mettrons l'action financière en regard avec les intérêts de l'agriculture.

ART. III. *De l'utilité d'une Société d'Agriculture pratique, et qui s'occuperait principalement :*

    1° *De l'art vétérinaire ;*

    2° *De la panification ;*

    3° *De la manipulation des chanvres et des lins ;*

    4° *De l'art des accouchements ;*

    5° *Du chaulage des grains ;*

    6° *De l'emploi des plantes perdues pour le commerce;*

    7° *Des plantes potagères;*

    8° *Du parcage des bêtes à laine, etc., etc., etc.*

ART. IV. *Observations sur le commerce des grains et farines.*

ART. Ier *Liberté de la Propriété.*

Dans tous les pays , chez tous les peuples , les progrès de l'agriculture et de l'industrie ont toujours été en proportion directe de la liberté des peuples. Tant que la France a été en proie aux vexations de la féodalité , on conçoit que l'agriculture a dû rester stationnaire dans quelques localités , nulle dans d'autres. Ce premier des arts n'a pu prendre quelques développements que lorsque l'autorité royale, accordant sa protection aux malheureux serfs , leur permit de devenir propriétaires et de transmettre à leurs enfants les DÉPOUILLES (1) des grands vassaux. Sans doute , cette ten-

---

(1) Le texte porte *destruction*. *Dépouilles* est l'expression par laquelle on l'a remplacé; ce mot est l'effet mis pour la cause que le mot *destruction*

dance aux droits territoriaux a été long-temps comprimée par les prétentions onéreuses des agents du fisc ; et , bien qu'une législation plus libérale ait concouru efficacement à assurer la propriété , il intervient à certaines époques des lois qui laissent dans l'esprit des cultivateurs des doutes sur la sécurité dont ils devraient jouir sans restriction. Sous ce rapport , nous dirons que la facilité des expropriations est une cause de décadence.

La facilité de l'éviction laisse des craintes, et cette crainte est une restriction destructive des améliorations qui ne doivent qu'être réalisées dans un temps plus éloigné. Enfin , la liberté de jouir de son héritage suivant sa volonté est si importante , qu'il est impossible que la culture fleurisse partout où cette liberté n'est pas !

La loi qui assurerait à la propriété , le droit reconnu par les Romains , *d'user et d'abuser*, pris dans le sens le plus large , aurait moins d'inconvénients que les formes restrictives.

ART. II. *Droit de Parcours et de vaine Pâture.*

Une longue expérience a démontré que le droit de parcours , sans intérêt pour celui qui en jouit , est dangereux pour l'agriculture en général. Celui qui le souffre ne peut se livrer à aucune amélioration. Les cultures alternes deviennent dès lors impossibles ; et l'un des plus graves inconvé-

---

assigne ; mais ces mots ont produit leur résultat voulu. Le bonheur a-t-il surgi de ces éléments de mort ? Que la propriété soit libre, j'y consens; mais je la veux, cette liberté, pour le suzerain comme pour le vassal, pour le grand propriétaire comme pour un manouvrier.

nients, celui du piétinement des bestiaux, dérange l'ordre des façons, que d'ailleurs il rend impraticables et presque entièrement inutiles. Malgré les efforts tentés, depuis 1790, pour obvier à ces inconvénients, la législation n'a pu parvenir à des améliorations, à cause des préjugés vivaces qu'elle rencontre dans les campagnes, à l'exécution de ses sages dispositions.

Cependant, dès 1766, un édit du mois de mars a aboli ce droit en Champagne, dans le Barrois et la Franche-Comté, et a permis aux propriétaires de se clore. Il y a cinquante ans que le comté d'Auxerre jouit des mêmes avantages. D'autre part, c'est vainement que les provinces où la culture des oliviers est admise, ont réclamé depuis long-temps l'abolition de ce droit. Il nous semble qu'un gouvernement paternel devrait prendre en considération des réclamations d'un aussi haut intérêt.

La Société d'Agriculture, outre ces raisons générales, fit valoir ce que l'expérience confirme : l'excédant de produits donne en plus entre une terre libérée du droit de parcours et celle qui y est sujette; elle affirmait alors, et nous ne croyons pas le chiffre exagéré, que quatre arpents cultivés donnaient plus de produits que cinquante en vaine pâture.

ART. III. *Du Partage des Communaux.*

C'est en raison de l'étendue des terrains vagues et incultes possédés par les communes, qu'il serait intéressant de les rendre à l'agriculture privée (1). On ne peut se dissimuler

---

(1) En France, le nombre des arpents en friches ou en communaux, était, en 1780, évalué à 8,000,000, ou plus de 1/13e de la totalité du ter-

que les communaux n'étant à personne, il deviendrait facile de les utiliser dans l'intérêt commun. La propriété indi-
viduelle est active, celle des communaux inerte. On n'amé-
liore pas quand on ne doit pas retirer les fruits. Il est
d'ailleurs d'observation pratique, que la pâture prise sur les
communaux s'oppose à la bonne santé des bestiaux qu'on
y conduit, attendu la pénurie des herbages. La nourriture
à l'étable est de beaucoup préférable (1). L'intérêt bien
compris des petits possesseurs de bêtes à cornes exigerait
qu'une législation bien entendue redressât les préjugés qui
entretiennent la misère de cette classe si nombreuse. On ne
saurait douter que la plupart des épizooties qui accablent les
animaux ne soient contractées dans les communaux où,
réunis pêle-mêle, sans discernement, ceux malsains commu-
niquent aux autres le germe des maladies dont ils sont atteints.

C'est une grave erreur que de citer l'Angleterre comme
un modèle de prospérité agricole, et de croire que sa révolution politique a accru le bien-être de ses habitants sous ce
rapport. L'examen des effets du paupérisme, dans ce pays,
réfute victorieusement les bienfaits prétendus résultant du
partage des communaux. Les efforts de l'industrie anglaise
sont toujours et uniquement dirigés vers les perfectionne-

---

rain; il paraîtrait, d'après quelques rapprochements, que ce nombre
était inférieur au véritable chiffre, et aujourd'hui, malgré de nombreux
défrichements et malgré la vente de beaucoup de communaux, il dépasse
6.500,000, 1/16ᵉ environ.

(1) Cette proposition en dehors des motifs du Mémoire, n'est pas
tellement résolue qu'elle n'éprouve des contradictions; la plus mar-
quante est celle de l'hygiène des animaux, qui s'y oppose. Nous espérons avoir occasion de revenir sur ce point.

ments commerciaux. Son sol ingrat et infertile , trop restreint d'ailleurs , offre çà et là des champs bien cultivés ,
mais dont les produits sont d'une cherté proportionnée aux
frais considérables qu'exigent les engrais. Réduite à ses seules ressources, l'Angleterre serait bientôt affamée , si ses
vaisseaux n'allaient chercher au loin la subsistance de ses
habitants.

Les mesures prises en 1715, par le roi de Prusse , ont
apporté de véritables améliorations dans ses états. Au
moyen des prix qu'il avait fondés pour les défrichements et
l'abolition des communes , à l'aide des exemptions de la
dîme et autres impositions pendant quinze ans , ce roi philosophe a vu ses efforts couronnés du plus grand succès (1).

En France , un édit du mois de juin 1769, enregistré,
sans représentations , au parlement de Metz , a permis le
partage des communes. Les avantages de cette mesure ont
été l'accroissement rapide des bestiaux dans la commune
de Chevillon, qui , avant le partage, n'avait que vingt-cinq
feux , et en comptait déjà soixante dès 1789. Nous pourrions citer encore d'autres exemples en faveur de l'adoption
du partage des communaux : disons, pour corroborer notre
opinion, qu'en 1744, la Champagne, où il y a beaucoup de
communaux , éprouva une cruelle épizootie , et que l'année
suivante, une maladie populaire y moissonna une grande
quantité d'habitants des campagnes.

───────────────

(1) Boncerf, dans une brochure qui a eu trente-cinq éditions *réelles*
et non pas comme celles de nos jours *nominatives*, avait établi et exagéré
les inconvénients des droits féodaux ; il a depuis vu les torts et les abus
de la liberté qui l'ont conduit si près de l'échafaud , et causé sa mort ;
il eut une voix en faveur de son acquittement ; mais, à quelques jours
de là, il mourut de chagrin.

La Société d'Agriculture ne se dissimulait pas les difficultés que rencontrerait le partage des communaux, en raison des modes constitutifs si divers de la propriété; et cependant, malgré les efforts de la législation et des grands propriétaires, avant 1789, pour diminuer l'influence des communaux, la Société exprime amèrement ses regrets de voir encore aujourd'hui l'agriculture française privée de plusieurs millions d'arpents de terre.

La Société d'Agriculture voyait dans la féodalité le principal obstacle; la *féodalité*, l'épouvantail de l'époque, a pu arrêter l'essor; mais on lui donnait trop d'importance alors.

Le rédacteur du Mémoire rappelle les titres à la reconnaissance de l'agriculture de Frédéric II, roi de Prusse, qui encouragea l'agriculture, en encourageant les défrichements, et en abolissant les communaux; ceux du vertueux duc de Penthièvre, qui concéda, dans sa principauté de Lamballe, d'immenses terrains en vaine pâture. Les particuliers répondirent au bienfait du prince, et de riches moissons couvrent ces terres.

ART. IV. *Dessèchements.*

Les améliorations ne peuvent avoir lieu qu'autant que le gouvernement facilitera aux particuliers les moyens d'assainir et de rendre à l'agriculture les terrains submergés. Dès Henri IV, ce prince avait exprimé ses vues d'administration sous ce rapport. « Entre les moyens licites, dit ce bon prince, que nous avons recherchés pour soulager et enrichir nos sujets, depuis notre avénement à la couronne, ayant reconnu que le revenu de la terre était le plus utile et le plus assuré , comme étant celle qui produit les fruits et les matières propres pour toutes sortes de nourritures, d'ouvrages et de manufactures, qui sont au commerce des hommes , nous avons, à cette occasion , désiré et fait rechercher les moyens de dessécher un grand nombre de marais , desquels le fond est bon et fertile , s'il était en état d'être cultivé. »

Déjà , en 1790 , plusieurs provinces françaises appelaient de tous leurs vœux , des mesures pour l'assainissement de leurs territoires : mais l'intérêt mal entendu de quelques grands propriétaires intéressés , s'est opposé à ce qu'un nombre considérable d'arpents fussent rendus à la culture , et on a ainsi sacrifié la santé de plusieurs milliers d'individus. Cependant les encouragements nous venaient de l'étranger ; le margrave de Baden avait fait élever un monument public en l'honneur d'un paysan de Carl-Furche, pour avoir opéré le desséchement d'un marais.

Depuis cette époque, l'empire, dans ses grandes prévisions administratives, a rendu, en 1810, une loi sur le desséchement des marais , et des sommes considérables ont été employées pour cet objet. On avait compris alors l'importance de cette question : peut-être ne l'avait-on pas envisagée sous toutes ses faces. Le comble du succès serait de rendre à l'irrigation, les eaux enlevées à la stagnation : on pourrait obtenir par ce moyen des canaux dont l'utilité est réclamée en France, pour un si grand nombre de départements du centre , dont les richesses sont le domaine forcé de leurs habitants, mais au détriment des propriétaires. Et cependant, quelle reconnaissance les Parisiens ne doivent-ils pas au bon Henri , pour l'exécution du canal de Briare , dont les premiers travaux ont été entrepris sous la protection des armes!

Qui peut douter des immenses bienfaits qui résulteraient pour l'Anjou, le Berry, la Camargue et les environs d'Arras, des travaux de desséchement qu'on pourrait y entreprendre aisément? Ne pourrait-on pas tirer parti du flux et du reflux de la mer, pour dessécher les marais voisins du littoral? Il faudrait que l'administration voulût prendre le soin d'étudier ces données, consentît à jeter un regard bienveillant sur l'agriculture et s'intéressât à la santé publique ! *Nous ne saurions trop le répéter, les sommes dépensées pour d'inutiles palais, pourraient, consacrées au desséchement des marais, cessant d'être improductives, vivifier de grandes contrées, y faire naître une population nouvelle et ôter à l'air les émanations funestes qui déciment chaque année les habitants qui en affrontent les dangers.*

ART. V. *Inaliénabilité des Biens domaniaux, ecclésiastiques et de main-morte.*

Cette demande, que formulait alors la Société d'Agriculture, est aujourd'hui sans intérêt. Les biens ecclésiastiques ont été vendus. L'intérêt particulier en a profité ; mais l'état a perdu les ressources, et au lieu des impôts légers demandés au superflu des habitants, un énorme budget vient chaque année renouveler ses pesantes exigences et désoler l'agriculture, qui succombera bientôt sous le faix.

ART. VI. *De l'Instabilité des Baux ecclésiastiques, et de leur trop courte durée.*

L'article précédent nous dispense de réflexions sur l'objet de celui-ci. Il ne peut être question ici que de baux particuliers.

L'opinion de la Société d'Agriculture sur les avantages de leur longue durée est incontestable : ce n'est qu'à l'aide de longs baux que le fermier pourra se décider à faire des avances à la terre. C'est, dans tous les cas, mal comprendre ses intérêts que de passer un bail à ferme, avec l'arrière-pensée qu'il pourra être un obstacle à la vente ou à l'aliénation du fonds. Quant à l'action de l'autorité, dans les transactions de cette nature, elle est nulle, et ne pourrait se manifester avantageusement qu'en rendant plus légères les lois fiscales. François Ier, qu'on est étonné de citer comme bienfaiteur de l'agriculture, ne consentit à l'aliénation de son domaine de Gonesse, qu'à la condition expresse d'en conserver le fermier.

Ne serait-il pas possible de favoriser les longs baux, par une modification des droits, qui diminueraient en proportion du plus ou moins de délai ?

Dans l'état actuel de la législation, on ne saurait s'opposer au mode adopté par quelques grands propriétaires, d'affermer leurs terres à des fermiers-généraux. Ceux-ci exercent sur les sous-fermiers des vexations inouies. Ils prélèvent des pots de vin exorbitants, en effrayant les fermiers secondaires, par la crainte de faire passer leurs fermes en d'autres mains : ils leur présentent des actes simulés, et abusent de leur crédulité. La loi pourrait, sans porter atteinte à la propriété, atteindre les fermiers-généraux, en soumettant à des formalités les actes de représentation, et en prenant, pour les actes de passation, des précautions que commanderaient l'intérêt de l'agriculture et ceux bien autrement importants de la morale.

ART. VII. *Droits d'Échange et de Francs-fiefs.*

Ces droits ayant été abolis, il est inutile d'entrer dans aucun détail à ce sujet.

ART. VII. *Des Substitutions et des Retraits lignagers.*

Nous ne rétracterons pas, malgré l'opinion contraire de la Société d'Agriculture, ce que nous avons dit sur les substitutions et sur le côté moral d'où nous les avons envisagées : pour nous, les familles cherchant à perpétuer la possession d'un bien qu'elles ont reçu de leur père, est un objet plus intéressant que la pensée du revenu qu'apporte au fisc, le changement de propriétaires, ou ce qu'on appelle la mobilisation de la propriété.

ART. IX. *Des Saisies réelles.*

Rien n'est plus abusif que les saisies réelles. La cupidité des gens de justice est encore aujourd'hui la cause de la ruine d'une foule de petits propriétaires. Les frais qu'entraînent ces exactions dépassent et absorbent bientôt les fortunes médiocres. Le Code civil, en s'opposant à un grand nombre d'abus de ce genre, n'a pas servi les intérêts ruraux dans ses dispositions, et les campagnes sont encore en proie aux abus de 1789. Les agents ministériels, pour être appelés avoués, n'en sont pas plus honorables ni plus désintéressés que les anciens vampires des cultivateurs, nommés procureurs.

ART. X. *Bois et Forêts.*

Les craintes manifestées dès 1790, par la Société d'Agriculture, sur la disette des bois, ne sont malheureusement
que trop réalisées aujourd'hui (1). L'excès du prix de cet
objet de consommation, déjà très élevé en 1790, a excité
la cupidité et l'a augmentée. L'administration est restée dans
une sécurité impardonnable ; elle a été trompée par ses
agents. La circonscription des bois qui fournissaient aux besoins de Paris, en 1750, ne s'étendait pas à plus de 30 lieues :
aujourd'hui elle embrasse un rayon de 72 lieues. Il existe
peu de provinces, surtout dans le Midi, où cette disette ne
se fasse sentir (2). Encourager les propriétaires, les protéger, leur fournir même des fonds pour les exciter à semer
ou à planter des bois, serait une œuvre digne d'un gouvernement prévoyant. Comme il est toujours sage d'observer
la nature, de l'étudier et même de faire des essais avant de
se livrer aux travaux en grand, pourquoi ne profiterait-on
pas des rapports demandés dans ce but aux inspecteurs des
eaux et forêts? L'expérience est le seul livre utile où doivent
lire les cultivateurs et les administrateurs publics chargés de
protéger l'agriculture (3). Déjà, le bois de construction de-

---

(1) Les difficultés que l'on éprouve pour avoir, même dans le Nord,
les bois de construction, les nouveaux gaspillages que la vente des bois
de l'état ont occasionnés, ont ruiné toutes les espérances de la silviculture. Cependant, l'exemple de l'Egypte devrait éclairer et faire voir
combien est important le repeuplement prompt de nos forêts.

(2) Dans toutes les montagnes du Jura et des Vosges, les usines ont
souvent fait quadrupler, mais presque toujours tripler la valeur vénale
du bois. Aujourd'hui, il y a un temps d'arrêt, parce que le prix élève
trop la main-d'œuvre.

(3) Messieurs les administrateurs aiment bien mieux se livrer à l'é-

vient d'une rareté et d'un prix excessifs : il est plus écono‑
mique d'employer le fer.

La propagation des bois , par semis , devrait être surtout
recommandée et protégée : l'Angleterre décerna au duc de
Bedfort, une médaille nationale , avec cette inscription :
Pour avoir semé du gland !

Il est facile de concevoir dans quel état de dépérissement
tomberont bientôt les usines et les manufactures qui ne peu‑
vent remplacer le bois, comme combustible, par la houille,
à l'extraction de laquelle on n'accorde d'ailleurs qu'une fai‑
ble protection , bien qu'elle soit rare dans une grande par‑
tie de la France.

Il y a plus : l'octroi , à Paris surtout, pèse assez sur cette
espèce de combustible , pour que le prix en soit doublé par
la perception de l'impôt. Mais une absurdité qu'on ne sau‑
rait trop signaler , c'est l'établissement de l'octroi sur la
houille , qui affecte assez le prix de la main-d'œuvre pour
être un élément d'augmentation des produits fabriqués , et
c'est à Orléans, c'est à Rouen, que des administrateurs
imprévoyants ont ainsi arrêté la concurrence pour le prix
de plusieurs articles de fabrique.

Dès 1789 , dans le Mémoire que nous analysons, la So‑
ciété d'Agriculture s'y plaint que dans plusieurs provinces,
on manquait assez de bois pour être forcé à chauffer les
fours avec de la paille; que sera-ce aujourd'hui que le nom‑
bre des arbres sur pied a diminué de plus d'un tiers , tandis

---

tude de formes administratives qui, en entravant la marche d'une affaire,
les rendent nécessaires, qu'à réfléchir au moyen d'améliorer réellement
les intérêts dont ils sont chargés. J'ai été souvent, mais pendant six ans
surtout , témoin des inconvénients de la fatuité administrative.

que la consommation va croissant ? Un abus que signale le Mémoire, et que nous avons retrouvé dans plusieurs localités , c'est la coutume de se servir de liens de bois pour les gerbes ; les paysans coupent les brins les plus droits et les mieux venant. On a cité une paroisse des environs de Puysaie, et on a constaté l'emploi de onze mille liens de 7, 8 à 10 pieds. Il y a environ 30,000 communes rurales. Qu'on juge du dégât !

ART. XI. *Prairies artificielles.*

Leur introduction a amené des assolements utiles, augmenté les bestiaux en même temps que les engrais. La multiplication des bestiaux devrait s'unir avec la sage association qui, dans la Franche-Comté et dans la Suisse, ont créé les fromageries. Ces associations doubleraient les produits isolés.

En multipliant les fourrages et les bestiaux , nous n'exporterons pas chaque année, chez l'étranger, des sommes énormes pour le beurre , le fromage , le cuir en poil , les peaux non apprêtées , le suif , etc., etc.

Le produit d'un arpent, suivant Gilbert, est : en luzerne, de 4,604 ; en trèfle, 4,561 ; en vesce, 2,733 livres ; produit très considérable, et qui, généralisé, permettrait de doubler le nombre de bestiaux qu'on peut élever.

C'est surtout sur la multiplication des bestiaux et la beauté des produits qu'il faut appeler les regards de l'administration ; nous avons déjà cité Caton et nous en rappellerons l'axiome : Il n'est pas de culture plus fructueuse que celle des bestiaux, et de quelle importance ne seraient pas , non seulement sous le rapport du nombre ; mais encore sous celui de la beauté des produits, les soins donnés à l'éducation des bestiaux, des bœufs surtout. Aucun intérêt n'est plus vif pour l'agriculture, pour l'hygiène; la rareté des bestiaux augmente leur prix. Aujourd'hui, au marché de l'approvisionnement de Paris, on présente des bœufs au-dessous de 3 à 6; et cependant, pour que le bœuf ait acquis toutes les qualités pour la boucherie, il faudrait qu'on le laissât parvenir à l'âge de 7 à 8 ans. Les fermiers n'ont pas assez de fourrages et de moyens d'en obtenir. Il sera difficile d'empêcher la viande de monter à un prix exorbitant. La culture des betteraves, leur manipulation par le fermier lui-même, pour faire de la cassonade, pouvait laisser l'espoir qu'il aurait plus de moyens de nourrir ses bestiaux. Un malencontreux projet de loi a menacé de faire taire , d'anéantir cette industrie, lorsqu'elle commençait à naître. Voici comment le conseillait la Société d'Agriculture , en 1789 :

« La Société royale d'Agriculture s'est convaincue que la
« variété des plantes qui forment les prairies artificielles,
« pouvait s'assortir à celle des terrains; le sainfoin indi-
« gène sur les montagnes, vient très-bien sur les terres ru-
« des et graveleuses; le trèfle, sur les terrains durs et hu-
« mides, même sur ceux qui sont sablonneux; la luzerne,
« les vesces croissent également bien sur toutes celles qui
« sont substantielles, que les labours peuvent atténuer et
« préparer.

« Nous nous attacherons moins à développer les avan-
« tages de ces prairies qu'à représenter à l'Assemblée na-
« tionale, qu'il y a de vastes provinces où cette culture si
« précieuse est inconnue; d'autres où elle l'est peu, et
« qu'une seule élection de la généralité de Paris en con-
« tient plus d'arpents que le Berry ou le Poitou. Des abus,

« la routine, les défauts de moyens s'opposeront encore
« long-temps à cette partie précieuse de l'économie rurale :
« l'Assemblée nationale s'empressera, sans doute, de l'in-
« diquer aux assemblées provinciales, comme un des prin-
« cipaux objets qui doivent faire prospérer l'agriculture, et
« de les autoriser à employer des secours du trésor public,
« pour faciliter les cultivateurs que les impôts, les mal-
« heurs, la misère mettraient dans l'impuissance de s'y
« livrer ; en le faisant, elle ouvrira un trésor inépuisable.

« L'aisance et les richesses des cultivateurs dépendent
« absolument de la multiplication des bestiaux. L'Assem-
« blée nationale sait quelle sorte de nourriture soutient,
« dans le temps présent, et depuis si long-temps, l'habi-
« tant de la campagne ; un pain noir, malsain, inférieur à
« celui que consomment tant d'animaux de luxe, quelques
« laitages, rarement des légumes, sont les aliments ordi-
« naires de ces citoyens qui travaillent si péniblement aux
« reproductions des denrées de première nécessité. Elle
« sait encore que te commerce seul des bestiaux répand
« quelque argent dans les villages et hameaux ; qu'en mul-
« tipliant les fourrages, les bestiaux suivront exactement la
« même proportion ; que de cette multiplication découlera
« l'aisance des cultivateurs, la richesse des propriétaires,
« et une plus grande population : en multipliant les fourra-
« ges et les bestiaux, nous n'exporterons pas chaque année
« chez l'étranger des sommes considérables. En 1787, on
« a exporté : pour du beurre, 2,507,000 livres ; pour fro-
« mage, 4,522,000 livres ; pour cuir en poil, 2,707,000
« livres ; pour peaux non apprêtées, 1,180,000 livres ; pour
« suif, 3,111,000 livres. La France pourrait dans peu d'an-
« nées exporter tous ces objets ».

Depuis le Mémoire de la Société d'Agriculture, la théorie des assolements est venue offrir son mode progressif ; mais elle fait sentir aussi à côté de grands avantages la nécessité de modifications pratiques. La théorie des engrais a voulu avoir ses explications qui ont également démontré leurs inconvénients ; quand dans une science, en agriculture surtout, un nouveau mode se présente, il ne réalise jamais toutes les espérances.

ART. XII. *Des Abeilles.*

Cette branche importante de l'économie rurale réclame des encouragements, afin que le pays soit affranchi du tribut que l'étranger prélève sur la France. Le Levant, la Hollande, les villes Anséatiques, la Russie, nous envoient leurs cires pour des sommes énormes (1); nos habitants des campagnes sont privés d'une boisson saine et agréable, faute de miel pour la fabrication de l'hydromel. Si le gouvernement voulait accorder sa protection à ce genre d'industrie, que l'exemple de Laverdy lui serve de leçon ! Ce ministre voulant encourager la culture des abeilles, envoya des circulaires en Normandie, pour annoncer son projet, et demanda l'état des abeilles existantes. Les habitants crurent entrevoir dans cette démarche ministérielle, des recherches pour asseoir un nouvel impôt : presque toutes les abeilles furent aussitôt détruites !.... (2).

____

(1) Environ 4 millions par an. Cette somme ne peut que s'augmenter: la cire redevient de mode.

(2) Et c'est en présence d'un pareil fait que le fisc rêve l'impôt sur le sucre de betterave. Je me hâte de résumer ici toutes les raisons contre la loi projetée qui le veut taxer : si elle devenait loi, nous n'aurions

ART. XIII. *Des Droits d'Aide, de la Vigne et du Commerce des Vins.*

La Société d'Agriculture se plaignait du tribut excessif exigé par le fisc. Ce droit, appelé libre, d'autant plus dangereux que ses rigueurs étaient inconnues à ceux qui devaient les supporter, s'opposait réellement à la liberté du commerce ; il ralentissait la culture de la vigne et démoralisait les citoyens, parce qu'il créait sans cesse des intérêts contraires aux dispositions de la loi. Il était l'objet des réclamations universelles à l'époque de 1790. L'exécution de ce droit était représentée comme contraire à la liberté de la propriété, comme forçant à violer sans cesse le domicile du citoyen, comme ayant pour pénalité les amendes, la prison et souvent la mort.

La France est pourtant le pays vignicole le mieux situé ; elle pourrait trouver, sous ce rapport, dans l'extension de son commerce, de grands dédommagements. La Société d'Agriculture pensait que le commerce national demandait des soulagements ; qu'il fallait briser les entraves qui enchaînaient les provinces, les paroisses, les hameaux ; que la France verrait doubler la population des cantons qui s'adonneraient à la culture de la vigne ; que telle est la nature de cette culture, que, lorsqu'elle prospère, le cultivateur en est victime, car alors le droit surpasse de beaucoup la valeur vénale du vin ; la société termine par ces mots mémorables : « LE JOUR, disait-elle, *où l'Assemblée natio-*

---

plus qu'à gémir et à l'effacer de nos codes ; mais il faudrait obéir, car l'apôtre l'a dit : « Il faut obéir aux princes, aux puissances dont les droits sont contestés : *etiam discolis.* »

nale abolira les droits d'aide , sera un jour de fête dans TOUT *le royaume* (1). »

Que serait-ce aujourd'hui , que la consommation est arrêtée par l'exagération du droit , où les pays vignicoles sont démoralisés même par la nécessité de la fraude , où l'horreur de la perception n'a d'égale que la faiblesse de ceux qui la souffrent et l'immoralité de ceux qui l'exigent? On invoquera le titre sacré de loi? Mais elle est du nombre de celles dont on a dit que de pareilles lois doivent être effacées par des pleurs!....

ART. XIV. *Du Tabac.*

Il serait possible de retirer le même produit en soumettant la culture libre à un droit élevé par hectare ; et , en raison de l'importance de la fabrication , exiger un droit de licence du débitant.

Il y a de quoi s'étonner de l'art du fisc , qui , pour une culture qui n'a pas cent cinquante ans d'existence , a déjà su créer tout un système monstrueux et obtenir 45,000,000 de produits.

La Société rappelle les utiles oppositions du parlement de Rennes, qui fit brûler 40,000 livres de tabac gâté ou avarié , et que sans lui on eût livré à la consommation (2). Elle ajoute qu'en 1785 , un de ses membres , chargé par le

____

(1) Rien ne fait présumer qu'en 1836, cette fête puisse s'établir; les rigueurs nouvelles sont mieux calculées que les anciennes, et elles sont si lourdes qu'on doit s'étonner que la culture des vignes puisse en supporter le poids.

(2) Je ne parle pas de la qualité du tabac qui est aujourd'hui fournie aux consommateurs : dans le commerce libre , d'après des renseignements que nous avons obtenus, une semblable qualité reviendrait au prix

gouvernement d'examiner le tabac suspecté , trouva que , sur 100 livres de tabac , il y en avait 20 d'eau surabondante à sa préparation ordinaire , plus 5 livres de sel. Aujourd'hui que le tabac est d'un poids plus énorme ; qu'il importerait au moins aux consommateurs, d'en avoir de bon, ceux-ci n'ont plus l'avantage de recourir à une autorité qui peut en surveiller la fabrication dans son intérêt , ni d'en contrôler la qualité.

Si la culture du tabac devenait libre , nous ne porterions pas chez l'étranger douze à quinze millions qui sont perdus pour nous.

ART. XV. *De la Gabelle.*

La Société d'Agriculture, en exposant le tableau des vexations , des crimes, des meurtres commis par les agents de la gabelle , demandait sa suppression entière , en abandonnant aux négociants le commerce du sel. La Société proposait cependant de faire rentrer dans la main du gouvernement cette branche importante du revenu public , en indemnisant les propriétaires de salines et délivrant le sel à un sou dans ces salines. L'état n'a consenti que la concession à son compte. Cependant vingt combinaisons pouvaient offrir au Trésor les mêmes revenus , avec l'odieux de ses agents en moins.

---

de 90 cent. la livre; une supérieure pourrait être livrée et ne dépasserait pas 1 fr. 25 c. à 1 fr. 30 c.; et on ferait taire la contrebande qui , malgré les rigueurs de l'administration, fournit plus du cinquième du tabac consommé. D'après les formes de la législation qui règle la matière et avec notre prétendue liberté protectrice des intérêts du faible , si une qualité détériorée était livrée à la consommation, quelle autorité oserait ce que ne craignit pas de faire le parlement de Rennes ?

Non, non, la révolution a menti à toutes ses promesses, à toutes ses espérances; et ce mensonge, prolongé depuis quarante ans, paraît devoir long-temps encore se perpétuer.

Il serait facile de dénaturer le sel avec le goudron, et de l'approprier à la culture. On pourrait réduire l'impôt de plus de moitié, et les bestiaux en consommeraient une énorme quantité, et l'on verrait disparaître cette nuée d'agents du fisc, qui, sous vingt noms et vingt formes différents, sont l'effroi et la ruine de l'agriculture.

ART. XVI. *De l'Uniformité des Poids et Mesures.*

L'intérêt du commerce commandait impérieusement l'uniformité des poids et mesures pour la France entière. Charlemagne en avait déjà compris la nécessité. La féodalité fut plus puissante que sa volonté (1). Napoléon a réalisé la mesure; mais la science a nui à son succès, en ne se rapprochant pas assez des habitudes publiques.

ART. XVII. *De l'Entretien des Chemins Vicinaux.*

La liberté et la facilité des communications et des transports, l'économie des voitures, sont essentielles aux progrès du commerce et de l'agriculture, parce que le défaut de pouvoir les déplacer, ou les trop grands frais qu'il faudrait faire, font tomber les denrées à un si bas prix, que leur culture est nécessairement languissante.

----

(1) Le système décimal, si avantageux, n'est pas encore compris. Les Chinois, 3,000 ans avant nous, avaient pris la base dix pour le type de leur numération et pour celui de la graduation de leurs mesures.

La corvée, que, par une singulière anomalie, on a abolie en 1776, sans qu'elle ait été établie par aucun acte public ou législatif, vient d'être réintégrée, au grand détriment de l'agriculture, parce que les conditions onéreuses font taire les avantages et ressortir les inconvénients.

Les canaux, les rivières navigables, sont également et même plus favorables au commerce et à l'agriculture que les voies de terre ; mais les frais de navigation et de péage sont si multipliés, si excessifs, qu'on préfère ces dernières dans beaucoup de provinces, et notamment à Auxerre, à cause du péage de Joigny. Partout où la fiscalité s'introduit, elle sait empoisonner le bien lui-même, et fait reculer devant son adoption (1).

ART. XVIII. *Des Milices.*

La conscription les a remplacées ; et nous renvoyons nos réflexions à la section où nous apprécierons les rapports de l'agriculture avec l'art militaire.

ART. XIX. *De la Suppression des Fêtes.*

On obtient, par cette suppression, plus de produits ; mais la main-d'œuvre diminue d'autant, et le peuple, en regard du prix croissant des denrées, n'en est que plus malheureux. Il y avait tant de bonheur, tant de poésie, tant de souvenirs dans ce partage de l'année sainte, que nous ne

---

(1) Nous avons, dans une discussion où nous étions admis, et où on cherchait à fixer le tarif des droits de navigation, vu un administrateur trop vanté, vouloir les rapprocher le plus possible du taux où la navigation n'offrirait qu'un faible avantage sur le roulage.

pouvons nous reporter au souvenir de notre enfance sans pleurer sur l'âge actuel.

ART. XX. *De la Mendicité et du Glanage.*

Laissez faire la civilisation, et la mendicité, dont se plaignait la Société d'Agriculture, et les inconvénients du glanage, seront des époques peu redoutables, comparées aux maux qu'entraîne après lui le paupérisme, qui devient chaque jour plus exigeant, et pourra bien plus tard échanger en droit les supplications qu'il formule aujourd'hui en demandes.

Le paupérisme est la plaie de l'Europe et le plus puissant levier pour anéantir la civilisation.

ENCOURAGEMENTS.

En lisant avec quelque attention l'énoncé des propositions faites pour favoriser l'agriculture, on demeure étonné qu'après avoir si énergiquement et avec tant de force montré le mal, après avoir si habilement signalé les symptômes alarmants, une société royale ait proposé de si impuissants palliatifs.

Une seule question grave est soulevée : c'est la demande d'une caisse de prêt à l'agriculture. Depuis vingt ans, la solution du problème nous occupe ; nous hasarderons nos vues et nous espérons présenter des données nouvelles; nous appelons les méditations de tous ceux qui s'intéressent à la prospérité de l'agriculture, et nous nous plairons à nous voir aidés dans cette œuvre vraiment française.

APPENDICE II.

A la séance de la Société royale d'Agriculture, du 3 février 1836, M. Héricart de Thury lut une lettre de Henri IV, datée du 27 septembre 1600, à Olivier de Serres qu'il aimait à appeler son seigneur-maître en fait de ménage des champs ; elle était conçue en ces termes :

« M. du Pradel, vous entendrez par le sieur de Bordeaux, « par les mains duquel vous recevrez la présente, l'occa- « sion de son voyage en vos quartiers, et ce que je dé- « sire de vous ; je vous prie donc de l'assister en la charge « que je lui ai donnée, et vous me fairez service trés-agréa- « ble.

« Sur ce, Dieu vous ait, M. du Pradel, en sa garde, ce « 27 septembre, à Grenoble. *Signé*, HENRI. »

La mission confiée au sieur de Bordeaux, était relative à la résolution, qu'au milieu de ses différends avec la Savoie, Henri IV avait prise, de faire planter des mûriers blancs dans les jardins de ses maisons, afin d'en encourager la plantation.

Déjà l'année précédente, 1599, Henri IV avait demandé à Olivier de Serres, de lui faire connaître les moyens d'introduire la soie en France, « pour qu'elle se voye rédimée,

« disait-il, de la valeur de plus de quatre millions d'écus
« d'or (environ vingt-cinq millions de francs), que tous les
« ans il en fallait sortir pour la fournir des estofes compo-
« sées de ceste matière, ou de la matière mesme. »

C'est au sujet de la demande de Henri IV à Olivier de
Serres, que celui-ci écrivit son livre de la *Cueillette de la
Soye*, dédié à Messieurs de l'Hôtel-de-Ville de Paris,
auxquels il dit :

« Pour donner l'exemple, le roi a voulu que des mûriers
« soient plantés dans tous les jardins de ses maisons ; et,
« pour cest effect, l'année en suivant, que **Sa Majesté** fit le
« voyage de Savoie, elle envoya, en Provence, Languedoc
« et Vivarais, M. de Bordeaux, baron de Colonces, surin-
« tendant-général des jardins de France, seigneur rempli
« de toutes rares vertus, et par cette même voie, le roi me
« fit l'honneur de m'escrire, pour m'employer au recou-
« vremens desdites plantes de mûrier, où j'aportais telle
« diligence qu'au commencement de l'an six cent un (1601),
« il en fut conduit à Paris, jusqu'au nombre de quinze à
« vingt mil, lesquels furent plantés dans les jardins des
« Tuileries où ils se sont heureusement eslevés..... Et pour
« d'autant plus se accélérer et avancer ladicte entreprise,
« Sa Majesté fit exprès construire une grande maison, au
« bout de ses jardins des Tuileries, à Paris, accommodée
« de toutes choses nécessaires, tant pour la nourriture des
« vers, que pour les premiers ouvrages de la soye....

« Voilà le commencement de l'introduction de la soye
« au cœur de la France. »

REVUE ÉTRANGÈRE
DE LÉGISLATION
ET
D'ÉCONOMIE POLITIQUE,

PAR UNE RÉUNION DE JURISCONSULTES ET DE PUBLICISTES
FRANÇAIS ET ÉTRANGERS ;

PUBLIÉE PAR M. FOELIX,

AVOCAT A LA COUR ROYALE DE PARIS.

On s'abonne à Paris, au bureau de la *Revue étrangère*, chez GUSTAVE PISSIN, libraire, place du Palais-de-Justice. Prix de l'abonnement, 25 fr. par an.

A partir du mois de novembre 1835, troisième année de la publication de la *Revue étrangère*, elle prendra le titre de *Revue étrangère et française ;* elle sera consacrée en partie à la législation française : chaque cahier contiendra cinq feuilles d'impression ; néanmoins, le prix ne sera pas augmenté.